U0845160

肥料施用技术问答

第二版

马星竹　周宝库　主编

化学工业出版社

·北京·

内容简介

本书为帮助读者科学合理高效施肥，适应生产、推广与学习的需要，在第一版的基础上进行了全面更新。精选了400余个肥料施用技术常见问题，以问答的形式，系统介绍了肥料施用基础知识，化学肥料、有机肥料等肥料的性质及施用方法，大田粮食作物、大田经济作物、果树、蔬菜及其他作物的需肥特点和施肥技术，以及选择、购买、运输和保存肥料过程中的注意事项等。

本书适合肥料生产和营销人员、基层农业技术人员及广大农民等阅读，也可供从事肥料、植物营养等相关专业的师生参考。

图书在版编目（CIP）数据

肥料施用技术问答 / 马星竹，周宝库主编. -- 2版. 北京：化学工业出版社，2026. 3. -- ISBN 978-7-122-50003-8

Ⅰ. S147.2-44

中国国家版本馆CIP数据核字第20263UQ559号

责任编辑：孙高洁　陈思逸　刘　军　　文字编辑：李娇娇
责任校对：李雨晴　　装帧设计：关　飞

出版发行：化学工业出版社
（北京市东城区青年湖南街13号　邮政编码100011）
印　　装：河北鑫兆源印刷有限公司
880mm×1230mm　1/32　印张9　字数270千字
2026年4月北京第2版第1次印刷

购书咨询：010-64518888　　售后服务：010-64518899
网　　址：http://www.cip.com.cn
凡购买本书，如有缺损质量问题，本社销售中心负责调换。

定　　价：49.00元

本书编写人员名单

主　　编： 马星竹　周宝库

参编人员： 郑　雨　赵　月　王建国　郝小雨

孙　磊　刘双全　姬景红　陈福元

盖如春　马占洲　刘月辉　邢占强

郭　炜　范　磊　刘万言　刘洪波

石天闻　杨春阳

前言

本书第一版自出版以来，以其系统性、全面性、科学性和实用性受到了读者的广泛好评，成为他们案头随时翻看查阅的肥料施用技术手册。近几年肥料在研发与施用等领域发展迅速，应读者要求，在第一版基础上，根据目前我国肥料施用技术发展现状，进行了修改、更新和完善等工作，精简了部分适用性不强的内容，补充了相关反映我国肥料研究和施用等领域的新技术和新成果，实用性和指导性均进一步增强。

“十四五”期间是促进经济发展全面绿色转型、建设人与自然和谐共生现代化的关键时期，农业发展进入加快推进绿色转型的新阶段。以保障粮食和重要农产品有效供给、促进种植业绿色高质量发展为目标，加快构建现代科学施肥技术体系、管理体系和制度体系，着力科学施肥、精准施肥、绿色施肥，推进机械施肥、水肥一体，加强肥料新产品、新技术、新装备集成创新和推广应用，促进施肥精准化、智能化、绿色化、专业化，实现化肥减量增效和肥料产业高质量发展，为稳粮保供、绿色发展、乡村振兴提供有力支撑。2020～2024年我国化肥产量呈现波动增长的趋势，其中2024年产量同比增长8.5%，创下了历史新高。为加快推进化肥农药减量增效，健全化肥农药减量化机制，2022年11月农业农村部制定了《到2025年化肥减量化行动方案》。合理和科学施肥是保障粮食安全和维护农业可持续发展的主要手段之一。施肥作为农业生产中的重要技术措施，其目的是增加作物产量、改善作物品质、培肥地力以及提高经济效益。

编者根据国家发展目标、多年的科研体会和生产实践，组织相关科研院校生产一线专家、学者修订了本书，供肥料生产和营销人员、基层农技及推广人员、广大农民等阅读，也可供从事肥料相关专业的师生参考，为合理、高效、绿色施肥以及现代农业的可持续发展做出相应的贡献。

本书分四个章节，以问答的形式分别介绍了肥料施用基础知识、肥料性质及施用、主要作物施肥技术以及肥料选购与贮存。第一章为肥料施用基础知识，共收集了55个关于肥料及施用方面的问题。第二章为肥料性质及施用，分别介绍了化学肥料、有机肥料、微量元素肥料、绿色肥料、新型肥料的性质、作用、施肥技术和相关注意事项以及新型肥料施用技术，共收集了216个问题。第三章为主要作物施肥技术，重点介绍了大田粮食作物、大田经济作物、果树、蔬菜及其他作物的需肥特点和施肥技术等，共收集了172个问题。第四章为肥料选购与贮存，重点介绍了肥料在选择、购买、运输以及保存过程中的注意事项等，共收集了29个问题。同时整理附录4个，包括常用氮肥、磷肥以及钾肥的成分、性质和施用技术要点，主要肥料执行标准目录等。其中，马星竹、周宝库编写了第一章的内容，马星竹、郑雨、赵月、王建国、孙磊、陈福元、盖如春、马占洲、刘月辉、邢占强、郭炜编写了第二章的内容，马星竹、赵月、郑雨、郝小雨、姬景红、刘双全、范磊、刘万言、石天闻、杨春阳、刘洪波编写了第三章的内容，马星竹、周宝库、郑雨、赵月编写了第四章的内容和整理附表部分，全书最后由马星竹、周宝库统稿。

本书在编写和出版过程中先后得到了国家重点研发计划（2022YFD1500905-2）、黑龙江省农业科技创新跨越工程农业基础数据监测项目（CX23JC02）、现代农业省实验室项目（ZY04JD05-002）、国家重点研发计划（2022YFD1500804-6）、国家农业重大科技项目（05）、黑龙江省现代农业产业技术协同创新体系以及农业农村部土壤质量南岗野外科学观测研究站等项目的资助，在此表示衷心的感谢！

由于编写人员水平有限，书中难免存在疏漏与不足之处，敬请广大读者批评指正。

编者

2025年10月

第一版前言

本书是在2011年出版的《化肥施用技术问答》的基础上，经过内容调整和增补而成的，补充了实用性较强的一些技术和成果，删减了已经被替代的技术，书名更改为《肥料施用技术问答》。

施肥是农业生产中一项重要的技术措施，实现高产、优质、高效的农业离不开合理的施肥技术。笔者根据多年的科研和生产实践体会认为，合理施肥必须掌握施肥的理论和技术，有效地用好肥料，为保障粮食安全提供技术和理论支撑。

本书分三个章节，以问答的形式介绍了肥料施用基础知识、肥料性质及施用以及主要作物施肥技术。第一章为肥料施用基础知识，共收集了45个关于肥料及施用方面的问题；第二章为肥料性质及施用，分别介绍了化学肥料、有机肥料、生物肥料、微量元素肥料以及其他新型肥料的性质、作用、施用技术和相关注意事项，共收集了165个问题；第三章为主要作物施肥技术，重点介绍了水稻、玉米、小麦、马铃薯等粮食作物施肥技术，同时介绍了蔬菜、果树、麻类等作物的需肥特点和施肥技术等，共收集了154个问题。其中马星竹、周宝库编写第一章的内容，马星竹、周宝库、李一丹、郝小雨编写第二章的内容，马星竹、郝小雨、迟凤琴编写第三章的内容。

感谢张秀英老师给予的指导意见和建议。

由于时间仓促，加之编写人员水平有限，书中疏漏与不当之处在所难免，敬请广大读者批评指正。

编著者

2019年7月

目录

CHAPTER 1

第一章 肥料施用基础知识

第一节 肥料基础知识

1. 化学肥料的定义和特点是什么？

化学肥料的简称是化肥，是以矿物质、水、空气为原料，经化学及机械加工制造而成的肥料，包括氮肥、磷肥、钾肥、复合肥料等。

化肥具有如下特点：

(1) 营养成分含量高　如尿素含氮约为46%，硝酸铵含氮约为34%，过磷酸钙含磷（P_2O_5）16%～18%，单位化肥含有的营养元素相当于有机肥料的几十倍至几百倍。

(2) 肥效快　多数化肥是水溶性的或弱酸溶性的，施入土壤后能迅速被作物吸收利用。

(3) 养分种类单一　化肥不像有机肥营养元素种类多，每种化肥一般只含一种元素，最多两三种，而作物正常生育需要十几种营养成分。

(4) 施用方法不当容易发生烧苗现象　多数化学肥料由于养分浓度高，溶解度大，如直接接触种子或根系，容易发生烧苗现象，施用须注意。

2. 化肥是怎样分类的?

化肥的品种很多，通常按照养分、物理状态以及肥效持续时间进行分类，具体如下：

（1）按化肥所含的养分进行分类 ①单质肥料——氮肥、磷肥、钾肥；②复合（混合）肥料——二元肥料、三元肥料、多元肥料；③其他肥料——矿物质肥料，含农药化肥、稀土微肥、腐植酸类肥料等。

（2）按化肥的物理状态进行分类 ①固体化肥——粒状化肥、粉状化肥；②液体化肥——溶液型液体肥料、悬浮型液体肥料。

（3）按肥效的持续时间分类 ①速效化肥——肥料中的有效成分能溶于水，肥效快，但肥效期较短，后劲较差；②长效（缓效）化肥——长效化肥中的有效养分释放速度缓慢，这类肥料一般是在原肥料的基础上进行改性，或加入缓释剂或进行包被等。速效化肥和长效化肥养分释放的速度差别很大，应注意搭配使用，以保证农作物整个生育期内对养分的需求。

3. 化肥在农业生产中的作用是什么?

化肥在农业生产中起很大作用，不但能够提高作物产量、改善产品品质，还有利于培肥地力。具体包括两方面：

（1）满足农业持续发展的需要　我国是农业大国，人多地少，大部分耕地潜在肥力低，只投入有机肥料满足不了粮食需求，要多产出就要合理地投入化肥。化肥适当施用，每千克养分可增产粮食 8～10 千克。

（2）改善土壤肥力和农产品品质　施用化肥不仅增加粮食产量，通过秸秆还田还可增加土壤有机质含量，也可增加土壤中的全氮、全磷等养分含量。同时，磷、钾肥的施用能够提高农作物的产量和改善农产品品质。

4. 常用化学肥料如何鉴别?

掌握化学肥料的简单鉴别方法，对肥料的贮藏、施用具有重要意义。主要鉴别方法有以下 6 种：

（1）外观颜色　磷肥一般呈粉状，大多颜色较深，多为灰色或灰黑色，而氮肥和钾肥则呈白色晶体或颗粒。

（2）溶解度　一般氮肥和钾肥都溶于水，而磷肥仅部分溶于水或不溶于水。

（3）熔融情况　可将肥料放在小铁片上在火上烧热，观察其熔融情况，不同肥料熔融情况如下：

① 不熔融直接升华或分解呈气态：氯化铵、碳酸氢铵；

② 熔融或呈液态或半流动态：硝酸铵、尿素、硫酸铵、硝酸钙；

③ 不熔融仍为固态：磷肥、钾肥。

（4）灼烧　将氮肥投入烧红的炭火上，燃烧并发亮的为硝酸盐类。如其水溶液中加入10%氢氧化钠，如无氨味，灼烧时呈黄色火焰的为硝酸铵，紫色火焰的为硝酸钾，而灼烧时熔化发出白烟的为尿素。当加入10%氢氧化钠有氨味产生，燃烧时不发亮，加入5%氯化钡有白色沉淀的即为硫酸铵；不发生沉淀时，加入1%硝酸银有絮状物即为氯化铵，如产生黄色沉淀即为磷酸铵。

（5）用石灰鉴别　把化肥与石灰混合加水研磨，或用热水将肥料溶解后加入碱面，如有氨则为铵态肥料，如硫酸铵、硝酸铵、氯化铵、磷酸铵、碳酸氢铵等。

（6）化学性质鉴定　鉴别过磷酸钙和钙镁磷肥时，过磷酸钙呈酸性，钙镁磷肥呈中性。鉴别氯化钾和硫酸钾时可加入5%氯化钡溶液，产生白色沉淀为硫酸钾（K_2SO_4），如加入1%硝酸银，产生白色絮状物的即为氯化钾（KCl）肥料。

5. 什么是生理酸性肥料？

肥料中含有容易被作物吸收利用的阳离子和被作物利用较少的酸根，当作物吸收阳离子以后，把酸根留在土壤溶液中，使土壤酸度增加，这种肥料称为生理酸性肥料。常见的生理酸性肥料有硫酸铵、氯化铵、硫酸钾、氯化钾等。所以生理酸性肥料是当作物将其中的主要营养成分吸收利用之后，才显示出明显的酸性性质。

也有一些肥料，如普通过磷酸钙，pH值为3～4，这种本身就具有强酸性质的肥料，叫作化学酸性肥料。

6. 什么是生理碱性肥料？

肥料中含有被作物利用较多的酸根和被作物利用较少的金属离子。当作物吸收了酸根后，将金属离子残留在土壤中，金属离子使土壤溶液变成碱性，这类肥料就是生理碱性肥料。生理碱性肥料本身的化学反应不一定是碱性的。如硝酸钠、磷酸钠等，只是由作物选择性吸收的结果引起了土壤碱性化。所以生理碱性肥料施在酸性土壤上，除肥效作用外，还有调节土壤酸度的作用。有一些肥料本身呈碱性，如氨水、液氨、钙镁磷肥等，叫作化学碱性肥料。生理碱性肥料和化学碱性肥料一样，都不适于施在碱性土壤上。

7. 什么是速效性肥料？什么是缓效性肥料？

根据化合物溶解快慢、溶解度的高低以及分解速度的差别，分为速效性养分和缓效性养分。如尿素易溶于水，是速效性氮肥，而脲甲醛不易溶解，所以叫缓效性氮肥。有时为了延缓肥效，把易溶肥料加上包衣，使之溶解速度放慢，称为缓效肥料，又叫长效肥料。

8. 肥料利用率的定义是什么？

肥料利用率又叫肥料回收率，也就是所施的肥料成分被作物吸收了多少，通常用百分数表示。比如说尿素的利用率为 30%，就是指施用的尿素含有 50 千克氮素，被作物吸收利用了 15 千克。

计算肥料的利用率一般采用以下公式：

$$\text{肥料利用率}=\frac{\text{施肥区收获物中某种元素含量}-\text{未施肥区收获物中某种元素含量}}{\text{施用的肥料中某种元素含量}}\times 100\%$$

更直接的计算方法是：

$$\text{肥料利用率}=\frac{\text{每亩粮食增产量}\times\text{某种元素含量（\%）}\times 2^{\#}}{\text{亩施肥量}\times\text{有效成分（\%）}}\times 100\%$$

[$2^{\#}$：增产的粮食中含某种元素的量×2，近似于生物学产量（包括粮食、秸秆等全部产物）的元素含量。1 亩约为 667 平方米]

9. 肥料利用率的影响因素有哪些？

影响肥料利用率的因素很多，为了提高施肥的增产效益，必须注意这些因素，调整和适应这些因素。其中包括肥料本身的因素、施肥方法、土壤、气候以及作物因素等。比如肥料成分搭配比例适当与否，施肥部位、施肥深度、施肥时期恰当与否，土壤不同养分的丰缺程度和施肥成分之间协调与否，雨量的多少和土壤水分适宜与否，都能影响肥料利用率。特别是作物的不同种类和不同品种以及不同栽培管理水平，更能影响作物本身的吸肥能力，所以肥料的利用率更多与农作物本身的吸肥能力相关。总之，任何对农作物生育的不利因素都会降低肥料的利用率，反之，任何对农作物生育有利的因素都会提高肥料的利用率。

10. 增产效率和施肥量有什么关系?

化肥是农业生产中不可缺少的重要生产资料，提倡科学地增施化肥。确定施肥量时，要多年份比较，比如这块地去年已经施用了大量的磷肥，今年就可以多施一些氮肥，又如预计在今年夏季要给某一地块多追氮肥时，在春播期间就要施入足够的磷肥作种肥，只有这样，才能达到氮磷肥的适宜比例，有利于提高增产效率。

11. 什么是肥料效应函数法计量施肥?

肥料效应函数是建立在田间试验和生物统计基础上的配方施肥法。不用通过化学或物理手段去揭示农田土壤的养分供应量、农作物需肥量和肥料利用率等参数，而是借助于田间试验，通过输入（肥量）与输出（产量）之间的数学关系，得出一元或多元肥料效应方程，由此再计算出施肥量。这是以“黑箱”理论为依据的数学方法。把农作物产量（Y）视为施肥量（X）的函数：

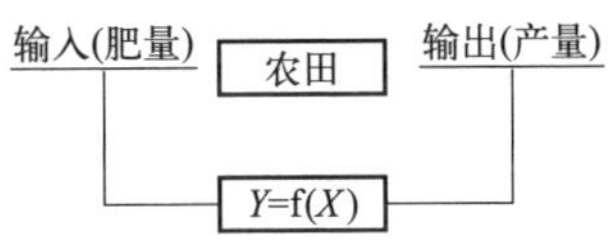

描述施肥效应曲线或曲面的方程称为肥料效应回归方程。根据方程不仅可以直接看出不同元素肥料的增产效应，以及各种元素之间配合施用的联合效果，而且还可以分别计算出最高产量的施肥量、最佳施肥量和最大利润施肥量，作为建议施肥的依据。

肥料效应函数法指导施肥的优点是，能够客观地反映影响肥效诸因素的综合效果，精确度高，反馈性好。缺点是有地区局限性，需要在不同地区、不同土类、不同作物上进行多年多点试验后方可实施。

12. 利用地力差减法确定施肥量需要掌握哪些参数?

作物的目标产量所需要养分量与土壤可供应养分量之差用施肥来补充，从而获得目标产量的方法叫地力差减法。作物在不施任何肥料的情况下获得的产量称为空白产量，它所吸收的养分全部来自土壤，产量的高低表示土壤供肥能力。从目标产量中减去空白地块产量，就是施肥所增加的产量。地力差减法计算需肥量的公式如下：

$$需肥量=\frac{作物单位产量的养分吸收量\times（目标产量-空白产量）}{肥料中养分含量\times肥料当季利用率}$$

这种确定施肥量方法的优点是不需要进行测土。但是空白产量是上年（或上季）获得的，它和本年空白产量有些差距，所以指导当季施肥时是一个近似值。

13. 作物品种与施肥有什么关系?

如农作物属于早熟品种，则生育期短，一般繁茂性较差，在肥料三要素中氮肥的施肥量偏高一些，也不会贪青。与此相反，农作物的晚熟品种，生育期长、繁茂性强，在肥料三要素中磷钾的施用量应当偏高一些，否则容易贪青晚熟，甚至发生倒伏。

作物的早熟品种与晚熟品种，由于生育时间长度不同，产量水平不同，需要的养分量不同，因而施肥量与追肥时期、追肥次数等也不同。

14. 什么是地力分级配方法?

在一个地力等级范围内，作为一个配方区，土壤肥力应作为分级的基础。按照土壤肥力的高低，把土壤分成若干个等级，或划出一个肥力均衡的田块，作为一个配方区，利用土壤普查资料和过去的田间试验结果，结合农民的实践经验，估算出这一配方区适宜的肥料种类和施用量。

地力分级配方法的优点是有针对性，提出的用量和措施接近当地经验，推广的阻力比较小。但其缺点是，有地区局限性，依赖于经验较多。适用于生产水平差异小、基础较差的地区。在推广过程中，必须结合科学试验，逐步扩大科学测试手段和理论指导的比重。

15. 什么是目标产量配方法?

目标产量配方法是根据作物产量的构成，由土壤和肥料两个方面供给养分的原理来计算肥料的施用量。先做田间试验，用不施任何肥料的空白区产量和最高产量区（或最经济产量区）产量进行比较，在不同土壤条件下，通过多点试验，获得大量的成对产量数据。以空白产量作为土壤肥力的指标，用 X 表示自变量，其最高产量（或最经济产量）用

Y 表示，求得一元一次方程的经验公式：

$$Y=a+bX$$

式中，a 为回归直线在纵坐标上的截距；b 为回归系数，即回归直线的斜率。

应用上述公式，只要取得当地不施肥产量 X，就可以求得目标产量 Y。

在推广配方施肥时，常常不能预先获得不施肥产量。可以当地前三年作物的平均产量为基础，增加 10%左右作为目标产量。目标产量确定后，计算作物需要多少养分，再根据土壤供肥量确定施用的各种肥料量。

16. 如何预测实现目标产量所需要的化肥量?

要准确地预测实现目标产量所需化肥量，主要根据三个指标：①化肥在粮食增产中的贡献率；②单位肥料的增产量（即肥效）和增产潜力；③改善施肥环境对提高肥效的作用。

粮食增产是由品种、施肥、灌溉、病虫害防治、田间管理技术等多方面综合因素构成的，化肥在增产中所占的份额就是化肥贡献率。在正常生产条件下不施化肥，作物产量依靠吸收土壤养分形成，这就是地力产量。

1 千克化肥能增产多少粮食也是需肥预测的重要依据，但 1 千克化肥的实际增产差别很大，在生产中应充分地发挥其增产潜力，如通过调整施肥量及肥料结构、改进施肥技术等措施，施肥效率可以进一步提高。长期施用氮磷肥，配合施用钾肥不仅提高产量，还能提高氮磷肥肥效，改善产品品质，也就是说 2+1>3。

施肥环境对施肥效益的影响很大，所谓施肥环境是指与肥效发挥相关的各种自然条件和农业生产条件，以及科学种田水平和劳动力素质等。

第二节　植物营养与施肥

17. 作物正常生长需要哪些营养元素?

作物体内包括水分和干物质两部分，其中组成干物质的化学元素有几十种，其中有十六种，即碳、氧、氢、氮、磷、钾、钙、镁、硫、铁、锰、铜、硼、锌、钼、氯是作物生长不可缺少的元素，对作物的生长发育有不可替代的作用。

碳、氧、氢是构成作物体的有机物质，如纤维素、淀粉、蛋白质、脂肪、有机酸、维生素等主要成分。

氮、磷、硫是作物细胞里蛋白质的组成成分，对作物细胞的增长和分裂起着重要作用。

钾、钙、镁对作物体内有机物质和养分的合成、转化与运输起着重要作用。

铁、锰、硼、铜、锌、钼、氯与作物体内酶的形成有密切关系，对调节作物的新陈代谢有重要作用。

18. 大量营养元素对植物生长发育的主要生理作用是什么？

植物必需的大量营养元素包括碳、氢、氧、氮、磷、钾 6 种，它们在植物生长发育过程中起着十分重要的生理作用。

（1）碳、氢、氧　它们是植物体内各种重要有机化合物的组成元素，如碳水化合物、蛋白质、脂肪和有机酸等；植物光合作用的产物——糖是由碳、氢、氧构成的，而糖是植物呼吸作用和体内一系列代谢作用的基础物质，同时也是代谢作用所需能量的原料；氢和氧在植物体内的生物氧化还原过程中起着很重要的作用。

（2）氮　蛋白质和核酸中都含有氮素，而蛋白质又是构成原生质的基本物质。氮是叶绿素的组成成分，而叶绿素是绿色植物进行光合作用不可缺少的物质。氮也是植物体内许多酶的成分。酶是一种催化剂，如同发面时用的发酵剂，能控制体内各种生物化学反应的过程。一些维生素和生物碱中也含有氮素。

（3）磷　磷是细胞核和核酸的组成成分，核酸在植物生活和遗传过程中有特殊作用。磷脂中含有磷，而磷脂是生物膜的重要组成部分。腺苷三磷酸（简称腺三磷）成分中有磷酸，而腺三磷是植物体内能量的中转站，积极参与能量代谢作用。磷是植物体内各项代谢过程的参与者，如参与碳水化合物的运输，蔗糖、淀粉及多类化合物的合成；磷有提高植物抗旱、抗寒等抗逆性和适应外界环境条件的能力。

（4）钾　钾是光合作用中多种酶的活化剂，能提高酶的活性，因而能促进光合作用；钾能提高植物对氮素的吸收和利用，有利于蛋白质的合成；钾具有控制气孔开、闭的功能，因此有利于植物经济用水；钾能促进碳水化合物的代谢，并加速同化产物向贮藏器官中运输；钾能增强植物的抗逆性，如诱导抗病等。

作为肥料三要素的氮、磷、钾，是首先应该充分供应的养分。要发挥其他养分的作用，也必须建立在氮、磷、钾充足的基础上。由此可见施用氮、磷、钾肥的重要性。

19. 中量营养元素对植物生长发育的主要生理作用是什么？

植物必需的中量营养元素包括钙、镁、硫 3 种，它们在植物生长发育过程中起着十分重要的生理作用。

（1）钙　钙是质膜的重要组成成分，有防止细胞液外渗和早衰的作用；钙是构成细胞壁不可缺少的物质，缺钙会影响细胞的分裂和新细胞的形成；钙是某些酶的活化剂，例如淀粉酶；钙有中和酸和解毒的作用，如草酸钙的形成，对细胞的透性调节十分重要。

（2）镁　镁是叶绿素的组成成分，缺镁时植物合成叶绿素受阻；镁是糖代谢过程中许多酶的活化剂；镁能促进磷酸盐在体内的运转；它参与脂肪的代谢和促进维生素 A 和其他维生素的合成。

（3）硫　有 3 种氨基酸中含有硫，因此，它是蛋白质的组成成分，缺硫时蛋白质形成受阻；在一些酶中也含有硫，如脂肪酶、脲酶都是含硫的酶；硫能提高豆科作物的固氮效率；硫参与植物体内的氧化还原过程；硫对叶绿素的形成有一定的影响。

随着农业生产的发展和作物单产的不断提高，植物对中量营养元素的需要量日益增多。由于施用的高浓度单质磷肥和复混肥料的数量增加，在一些地区及某些作物上陆续出现缺乏中量营养元素的症状。因此，施用含钙、镁、硫的肥料，对提高作物产量十分必要。

20. 微量营养元素对植物生长发育的主要生理作用是什么？

植物所需的微量营养元素共有 7 种，即铁、硼、锰、铜、锌、钼和氯，它们的生理作用可归纳为以下几方面：

（1）是某些酶的成分　大多数微量营养元素是某些酶的组成成分。如铁是细胞色素氧化酶、过氧化氢酶、过氧化物酶的成分；锰是某些脱氢酶、羧化酶、激酶、氧化酶的成分；铜是多种氧化酶的成分；锌是碳酸酐酶的成分；钼是硝酸还原酶的成分。

（2）参与体内碳氮代谢　微量营养元素积极参与植物体内碳水化合物和蛋白质的合成和代谢作用。如硼能促进碳水化合物的运输，有利于蛋白质的合成，并能促进籽粒的受精作用；锰能促进氨基酸合成肽，有利于蛋白质合成，也能促进肽水解生成氨基酸，并运往新生的组织和器官；锌与碳水化合物的转化有关，也能促进蛋白质的合成；铜对氨基酸活化及蛋白质合成有促进作用；钼能促进豆科作物固氮。

（3）与叶绿素合成及稳定性有关　铁是合成叶绿素时所必需的，植物缺铁会导致叶绿体结构破坏；锰直接参与光合用过程中水的光解；叶绿体中含有较多的铜，它不仅与叶绿素的合成有关，而且能提高叶绿素稳定性，避免叶绿素过早地被破坏。

（4）参与体内的氧化还原反应　铁与有机化合物结合后能提高其氧化还原能力，以调节体内氧化还原状况；铜是植物体内很多氧化酶的成分，它以酶的方式积极参与体内氧化还原反应；锰参与氧化还原反应，影响硝酸还原作用。

（5）促进生物固氮　钼能促进豆科作物固氮。豆科作物缺钼表现为根瘤发育不良，根瘤少且小，固氮能力降低。铜对共生固氮作用也有影响。当植物缺铜时，根瘤内末端氧化酶的活性降低，从而使固氮能力下降。

（6）促进生殖器官的发育　硼对作物生殖器官的发育有特殊作用。它能刺激植物花粉的发育和花粉管的伸长，有利于受精。甘蓝型油菜的“花而不实”，棉花的“蕾而不花”，小麦的“穗而不实”，花生的“有壳无仁”，以及果树的坐果率低、果实畸形都是缺硼的表现。

总之，尽管作物对微量营养元素的需要量很少，但它们所起的生理作用却很重要。目前全国缺乏微量元素的农田面积有逐年增加的趋势，但是微肥的合理施用尚未引起广大农民足够的重视。从养分平衡和平衡施肥的角度来看，合理施用微肥将是进一步提高作物产量的重要措施。

21. 什么是有益元素？主要包括哪些元素？

除必需营养元素外，还有几种化学元素对植物增产是有益的，被称为有益元素。有益元素是指能促进植物生长发育和提高作物产量，但并不是所有植物所必需的，或者只是某些植物所必需的元素。常见的有益元素有钠（Na）、硅（Si）、钛（Ti）、硒（Se）、钒（V）和碘（I）等。随着人们对有益元素认识的提高，含有益元素的肥料或制剂在农业生产上已得到应用，并显示出它们在提高作物产量方面的积极作用。

（1）钠肥的施用　由于不同作物对钠的反应有差异，所以在以下3种情况下施钠可能得到有益的效果：①对喜钠植物如甜菜、水稻、番茄等作物；②当土壤中有效钾含量低时；③季节性干旱地区，由于土壤缺水钾的有效性降低时。

（2）硅肥的施用　硅是水稻的有益营养元素，这已成为人们的共识。在高产栽培条件下，硅不仅能使水稻增产，而且对稻谷品质也有重要影响。常用的硅肥是硅酸钙。施硅的效果主要表现在硅能减轻水稻土中由锰和铁含量偏高引起的毒害作用；硅能增加叶片直立度，减少相互遮阴，增强抗倒伏性。在其他禾谷类作物上，施用硅肥也有类似的作用。

（3）钛制剂的施用　试验结果表明，喷施3%左右的柠檬酸钛水剂在多种大田作物、蔬菜和果树上均有明显的增产效果。粮食作物平均增产10%～20%；蔬菜、瓜果平均增产15%～30%；经济作物平均增产15%～20%，经济效益十分显著。

钛的功效概括起来有几点：

① 可明显提高叶绿素含量，增强光合作用效率，从而增加干物质积累；

② 明显提高作物体内多种酶的活性，特别是固氮酶；

③ 能促进根系生长，提高吸收土壤养分的能力；

④ 能增强作物的抗逆能力，如抗病、抗寒、抗旱等；

⑤ 能促进作物早熟。

合理施用氮、磷、钾和微量元素肥料将会给未来农业带来新的跃进，同时，大力推广应用有益元素肥料或相应的制剂，将是今后发展农业生产不可忽视的新举措。

22. 作物是怎样吸收利用养分的？

作物的根系是吸收养分和水分的主要器官，其生长发育所需要的养分大多是靠根系从土壤中吸取的。由根系吸收的养分，主要是溶于土壤溶液中的各种无机态营养离子，包括阴离子和阳离子。例如，吸收的氮素主要是铵离子（NH_4^+）和硝酸根离子（NO_3^-），吸收的磷素主要是磷酸氢根离子（$H_2PO_4^-$、HPO_4^{2-}），吸收的钾素为钾离子（K^+）等。离子吸收分为主动吸收和被动吸收，离子主动吸收是指进入根表皮中的养分，经作物的代谢作用，有选择地吸收而进入细胞，通过细胞与细胞之间的传递转移到作物需要的部位，这是一个消耗能量的过程。离子被动吸收是指作物根系的呼吸作用产生的阳离子（H^+）和阴离子（HCO_3^-）。与土壤黏粒表面吸附的离子或土壤溶液中的离子进行交换，通过扩散和质流使养分进入植物体内，这种被动吸收没有选择性，作物不消耗能量。

作物除根部吸收养分外，叶部也能吸收养分。叶部吸收养分一般是从叶片角质层和气孔进入，最后通过质膜进入细胞内。它与根部吸收大体相似，也以吸收矿物质营养为主，也能吸收一些有机营养物质（如腐植酸等）。叶片吸收的养分，不仅在叶片中参与代谢活动，还能供茎和根部利用，根据作物吸收养分的这种特性，将营养物质配成一定浓度的液体，洒在作物的叶片上，这种施肥方式称作根外追肥。

23. 什么是光合作用？光合作用和养分吸收有什么关系？

光合作用又叫碳素同化作用，是绿色植物利用太阳光能，吸收空气中的二氧化碳和从根部吸收的水以及营养物质，在叶绿素的存在下，合成有机的碳水化合物并放出氧气的过程。

植物体的生长，包括植物根群的生长，都是以光合作用产物为基础。首先是根群的生长和扩展，能直接增强植物吸收水分和养分的能力和范围。而且光合作用和养分吸收之间更重要的关系在于光合作用产物能将从根部吸入植物体内的氮磷等无机盐类合成有机物质，不断地降低植物体内汁液中无机盐类的浓度，从而有利于无机盐类继续不断地进入植物体内。试验证明，减弱光合作用能明显地降低根吸收养分的能力和吸收养分的数量。

24. 什么是呼吸作用？呼吸作用和养分吸收有什么关系？

植物和动物都进行呼吸，吸入氧气，呼出二氧化碳，借以氧化其体内存在的具备化学能量的有机物质，从而利用这种能量进行机体的各种生命活动。

植物没有专门呼吸的器官，其周身接触空气的地方都有换气的功能。特别是根部，由于埋在土中或水中接触新鲜空气的机会少，因而有时因空气不足而影响其生命活动能力。在这种情况下，根呼吸作用受阻就会明显影响植物对无机养分的吸收。水培试验证明，如果不向培养液中通入空气，植物的根部就会因窒息而不能充分地吸收利用培养液中的养分。

25. 什么是蒸腾作用？蒸腾作用和养分吸收有什么关系？

蒸腾作用是指植物从根部吸收水分，并通过叶片或茎的表面以水蒸气的形式将水分释放到空气中的过程。蒸腾作用要消耗汽化热，从而防止植物叶部因日光直射，温度升高所造成的危害。更重要的是由于蒸腾作用消耗水分的结果，促进了根的吸水作用，因而也就增加了土壤中无机养分移向作物根际的动力和进入根内的机会。

26. 什么是报酬递减律？与合理施肥有什么关系？

当土壤中的养分含量不足，成为提高作物产量的限制因素时，施肥就可以明显地提高作物产量。但在施肥量由低到高递增的过程中，作物的增产效应并不是按比例上升的。最初的增产率比较高，但当施肥量增加到一定程度后，增产率就逐渐减小了，这一现象叫作报酬递减律。报酬递减律通常是以技术条件不变为前提的。

所谓合理施肥，不仅要求获得较高的单位面积增产量，而且还要求每一单位肥料投资具有尽可能高的经济效益。因此单位面积产量最高的施肥量，往往不是经济收益最大的施肥量。一般最佳施肥量都低于产量最高的施肥量。特别是耕地面积大、化肥供应量较少的生产单位，如还不能做到全面施肥，就应避免集中大量施肥，要尽量扩大施肥面积，这是提高化肥增产效益的一种做法。

报酬递减率是一定条件下的相对规律，不断改善各项农业技术，就能够在不断提高施肥水平的条件下，增加施肥的经济效益；同时，也可以把经济合理的施肥量推向更高水平。

27. 什么是最小养分律？

最小养分律是植物矿质营养学说的创始人，即德国化学家李比希提出来的。他认为要使植物正常生长，就必须具备各种无机养分，而且它们的数量是要有一定比例的，如果其中某一养分的数量不足，植物的生育和产量就要受这一不足的养分的限制，而与其他种养分无关，这就是最小养分律。后来有人把这个学说加以发展，认为在作物栽培的各种自然条件和人为条件中，任何一项最短缺的条件，就是限制作物生育产量最关键的因素，只有改变这一条件，才能取得最明显的增产效果。如果不把最短缺的条件补充上去，无论怎样提高其他条件，都不会取得显著效果，这样最小养分律就成了“最小律”。

28. 作物营养诊断法如何指导施肥？

根据作物的营养指标，通过作物生育期间植株养分含量的测定，来确定是否需要施肥的方法叫作物营养诊断法。营养诊断是对植株某一部位进行组织汁液中养分含量的测定，再按丰缺临界值来判断作物体内丰缺与否，以便决定施肥（追肥或喷肥）的方法。

作物营养诊断不能代替土壤诊断，只是比土壤测定更能深入了解作物生长期间养分的吸收、运转及肥料的效果。这种方法能在缺素症状出现前或尚未明显时，发现潜伏缺乏现象，从而起到预报作用，以便采取对策。

营养诊断法包括形态学（叶色卡比色、显微形态结构）、化学（植物化学诊断、土壤化学诊断）、生物学（酶学、室内培养、田间试验等）和物理诊断（电子探针、遥感技术等），这里介绍常用的几种方法。

（1）叶色卡比色　叶色卡比色法是依据作物叶色深浅与叶片全氮含量之间具有良好的线性关系原理研制出标准叶色卡，根据实际作物叶色深浅诊断养分的丰缺，进而指导施肥。该方法简单、方便，并使营养诊断呈现半定量化，易于看到实效。然而，由于品种或基因型的不同，该方法对叶色的判读存在一定的人为因素，导致一些误差。另外，叶色卡比色法还不能辨别作物失绿是由缺氮还是由其他因素引起的。

（2）作物营养临界值法　当植株内养分低于某一浓度时，就会影响生长发育，严重时出现“缺素症”，该浓度称为“临界浓度”，又叫临界值。临界值是植株生长速度或产量刚刚开始下降的浓度。

（3）营养诊断施肥综合法　营养诊断施肥综合法，简称 DRIS 法。它是用叶片养分诊断技术，综合考虑营养元素之间的平衡状况和影响生长的因素，研究土壤与环境条件的相互关系，从而确定施肥次序。DRIS 法优点在于不论时间、部位、株龄和品种，只要对营养功能叶进行打孔取样分析即可。但是必须以典型的高产树和低产树为对象进行基础研究，确定诊断标准。不足之处在于它仅指出了作物对某种养分的需要程度来确定施肥的数量。

（4）光谱技术　植物叶片的光谱特征与植物营养状况密切相关，利用作物的光谱特性对其营养状况实时监测和快速诊断是近年来研究的新方法。

植物光谱诊断原理是，物体对不同波段光谱的响应特性叫光谱特性，植物光谱反映了植物内部物质（叶绿素及其他生物化学成分）的吸收波形变化，因而可通过植物的光谱特性监测植物的营养状况。植物缺乏营养元素不仅会严重影响其生长速度和产量，而且还能引起植株体内相关生化成分的变化，外观表现为叶片、叶色、形态、结构以及其他各种不同的缺素症状，导致某些波长处的光谱反射和吸收产生差异，从而产生了不同的光谱反射率。在非成像光谱上表现出反射率不同的波形曲线，在成像光谱上表现出图像亮度、饱和度等色阶的差别，然后利用光谱上产生显著差异的敏感光谱或关键波段建立估测模型，反演作物体内生化成分含量。

29. 什么是作物营养的临界期？

作物在生长发育过程中的某一个时期对某种养分的要求，虽然绝对数量不多，但当这种养分含量缺少或多时反应很敏感，对作物生长发育和产量的影响较大，即使以后供应这种养分或采取其他补救措施，也难以纠正或者弥补损失，这个时期叫作物营养的临界期。

作物营养临界期多出现在作物发育的转折时期。一般地讲，各种作物的生长初期对外界环境条件有较强的敏感性，此时胚乳中贮存的养分已消耗殆尽，必须及时供给充足的养分才能维持幼苗正常发育。

作物的氮营养临界期，如水稻在三叶期和幼穗分化期，小麦在分蘖期和幼穗形成期。这个时期适时供给氮素，就能增加分蘖数，为形成大穗打下基础。缺氮会减少分蘖数和颖花数，即使以后多补给氮素，只能增加茎叶量和提高粒重，但不能增加穗数和粒数，相反，氮素过多，则无效分蘖增加，造成早期郁闭、穗籽粒少或倒伏而减产。玉米的氮营养临界期在穗分化期，缺氮或氮素过多，都会造成后期穗小而减产，供给氮素适量则穗大、花多，粒也多。棉花的氮营养临界期在现蕾初期，缺氮时植株生长矮小，果枝短，易引起蕾铃脱落。氮素过多，易造成茎叶徒长，招致花蕾大量脱落。

作物的磷营养临界期在生长初期。冬小麦、水稻在分蘖始期；棉花、油菜在幼苗期；玉米在三叶期。缺磷时水稻和小麦根系细弱，延迟分蘖或不分蘖，容易形成“子老苗”；棉花叶片呈暗绿色，现蕾推迟，霜后花多；玉米基部叶片和叶鞘成紫红色。凡是作物苗期因缺磷而使生长受到抑制，均会导致不同程度的减产。

水稻的钾营养临界期在分蘖初期和幼穗形成期。分蘖期茎秆中含钾（K_2O）量在1.0%以下时，则分蘖停止。幼穗形成期如含钾（K_2O）量在1.0%以下，则每穗颖花数显著减少。

30. 什么是作物营养的最大效率期？

作物营养的最大效率期是指在作物生长过程中，吸收养分速度最快、吸收量最大，且此时施肥的增产效果最显著的时期。这个时期通常是作物生长最旺盛的阶段，或者是营养生长和生殖生长并进的时期。

研究结果表明，油菜的氮肥最大效率期在开花期，因此，油菜要重视花肥，这就是所谓“菜浇花”。棉花氮磷的最大效率期均在花铃期。在南方常把磷肥和牛栏粪混合提前于蕾期施用，到花铃期起作用，既可满足花铃期对氮磷营养的需要，又能防止棉花后期早衰。其他作物，如玉米氮肥的最大效率期在喇叭口至抽雄初期，小麦在拔节期至抽穗期。同一作物不同营养的最大效率期并不是完全相同的。例如甘薯生长初期，氮素营养效果最好，而块根膨大时，磷、钾营养效果较好。

作物营养的最大效率期与营养临界期同等重要，同是作物营养阶段两个关键时期，保证在这两个时期有足够的养分供给，对提高产量具有重要意义。但必须指出，作物营养既有阶段性，又有连续性。比如，晚稻分蘖期施了较多的氮肥，幼穗分化期生长良好，就可以少施或不施氮肥。反之，如分蘖期氮肥用量少，那么在幼穗分化期就会感到氮素不足，就必须补施氮肥。对冬小麦也是如此，如播种前施足底肥，返青期可以不施，对旺苗还应推迟施用拔节肥，反之，则应早施重施拔节肥。

31. 什么是养分归还学说？

养分归还学说是指植物收获物从土壤中带走的养分必须“返还”给土壤，才能维持土壤的生产力。这一学说由 19 世纪的德国化学家李比希提出，也被称为养分补偿学说。

连年种植作物，必然要消耗大量的土壤养分，使土壤地力下降，要恢复土壤的再生产能力，保持土壤养分平衡，就必须施入被作物吸收的各种营养成分。随着人们从土地中取走的粮食、秸秆及其他副产品，在生产中得不到补偿，土壤就逐渐失去了再为作物提供养分的能力，土壤肥力衰竭，土壤生产力遭到破坏。

32. 什么是根外追肥？怎样进行根外追肥？

根外追肥是一种将水溶性肥料或生物性物质的低浓度溶液喷洒在作物叶面上的施肥方法，也称为叶面施肥。叶子通过表皮细胞和气孔，将肥料吸入体内，由于肥料不施于土壤，又不通过根部吸收，因而这种追肥法称为根外追肥。

根外追肥有许多优点，分别是：①肥料不经过土壤，可避免变换、渗漏、固定等损失，所以肥料利用率较高；②根外追肥用肥量少，单位肥料的增产率比土壤施肥高，施肥的经济效益较大；③能解决作物生育中后期的缺肥问题，而又难于进行土壤追肥，特别是当作物根系吸肥能力衰退之后，根外追肥的效果往往比土壤追肥更好。但是，根外追肥也有一定的局限性，首先，进行根外追肥时要求的外部条件比较严格，比如空气湿度、温度、降雨等。条件不适宜时，追肥效果不好。其次，需要一定设备，特别是大面积进行时最好用飞机、喷雾车等。另外，为了避免叶片烧伤，溶液的浓度和喷洒量有一定的限制，所以根外追肥只能作为一种补充措施。

根外追肥一般在地面覆盖度达 60%以上时才能进行，特殊需要可随时进行。一般每公顷每次喷肥液 600～900 千克。喷 2～3 次，每次间隔 10～15 天。喷肥最好在早晨和傍晚进行，喷肥期的空气湿度以 40%～50%为宜，干旱而炎热的天气不宜进行。喷肥后 6 小时内如果降雨则必须重喷。用飞机喷洒农药时常常可以顺便进行根外追肥。飞机根外追肥由于用水量小，可按每公顷的喷肥量计算，适当增加溶液浓度。

33. 氮素在作物生长中的作用是什么?

氮素是作物生长发育不可缺少的重要营养元素之一。首先，氮是构成作物体内蛋白质和酶的主要成分，在蛋白质中氮的含量占 16%～18%。蛋白质又是原生质的主要组成成分，而原生质是一切生命活动的基础，所以说没有氮就没有蛋白质，没有蛋白质便没有生命。酶是作物体内各种代谢过程的接触剂，没有酶作物生育便不能正常进行。其次，氮是叶绿素的重要组成部分，而叶绿素是作物进行光合作用、制造有机物质的关键物质。缺乏氮素，叶绿素的数量就少，叶色浅黄，光合作用减弱，光合产物减少。当氮素供应充足时，作物营养体和叶面积增加，叶绿素含量高，叶色显得浓绿，光合作用旺盛，进而促进新器官的形成，提高作物产量，改善产品质量。

34. 作物如何吸收和利用氮素?

作物直接吸收的氮素形态，主要是铵态氮和硝态氮，也吸收一部分亚硝酸态氮及少部分可溶性的氨基酸、酰胺等含氮有机物。豆科作物通过根瘤的共生固氮作用，还能吸收空气中的游离态氮。

作物根系对铵态氮和硝态氮的吸收，主要依靠根细胞呼吸所产生的氢离子和碳酸根离子，与土壤溶液中的铵离子和硝酸根离子进行离子交换。温度升高，通气状况良好，根的呼吸作用增强，促进作物对氮素的吸收。但一次大量施肥，使土壤溶液浓度过大，造成作物吸水困难，或pH 值过高或过低，作物生育不正常，对氮肥的吸收也会减弱。

作物除根部能吸收氮素外，叶也能吸收氮素，叶面吸收是通过气孔、细胞间隙和细胞膜吸收尿素态氮、铵态氮和硝态氮。

35. 磷素在作物生长发育中有哪些作用?

磷素是作物生长发育不可缺少的营养元素之一。作物对磷的需要量仅次于氮和钾。磷素多存在于作物的生长点和果实种子之中。作物体内许多重要的有机化合物，如核酸、核蛋白、磷酸腺苷、磷脂和很多酶的成分中都含有磷。多种农产品的组成成分中，氮和磷的含量大体是3∶1的重量比例。

磷在作物营养中的作用是多方面的，分别是：

（1）磷影响细胞的增殖　植物体的成长是体内细胞不断增多和增大的结果，而细胞的增多，又是靠细胞核分裂形成新细胞。磷素就是细胞核的主要成分，缺乏磷素时，细胞核的分裂慢，影响作物的发育和生长。

（2）磷对作物吸收养分有很大的促进作用　磷能促进根系发育，扩大吸收营养的范围。磷在植物体内存在的形式之一是磷脂，它具有亲水性，能和很多水分结合，提高细胞渗透压，有利于吸收养分。

（3）磷在作物养分的转化过程中有极其重要的作用　碳水化合物和氮化合物的合成、水解和转移，都要有磷素参加。因此，施用磷肥能促进作物开花结实，提早成熟，穗粒增多，籽实饱满。特别是在低温年份，对籽实成熟不利时，磷肥的促熟作用更为明显。磷还能提高甜菜的含糖量和大豆的含油量、马铃薯的淀粉含量。

（4）磷能提高植物细胞质的缓冲性能，增强植物对外界不良环境的抵御能力。

从作物的生理需要来讲，幼苗时期对磷的需要最为迫切，苗期缺磷所遭受的损害，后期施磷是无法补救的。前期施磷，虽然有时在作物的茎叶等生育表现上不太明显，但对作物体内一系列的生物化学变化却起到了良好的作用，这些作用表现在后期籽实的产量与品质上。

36. 什么叫需磷临界期和磷素最大效率期?

磷素在作物不同生长发育阶段所起的营养生理作用各不相同，既有阶段性，又有连续性。幼苗几乎占尽了种子中的磷素营养，开始吸收土壤中速效磷的时期，称为作物的需磷临界期。如果这个时期土壤缺磷，会严重阻碍作物的生长发育。同时，因作物生长阶段的顺序性，即使后期再施磷，也不能挽回临界期缺磷所造成的损失。所以，在缺磷的土壤上，施磷肥作基肥或种肥以满足作物临界期对磷的需要非常重要。

作物吸收磷素的高峰期，也是生长最多最快的时期，称为磷素最大效率期。在这期间，作物营养器官和生殖器官的生长并进，营养器官中的磷素不断向生殖器官运转，同时根系又从土壤中吸收大量磷素养分。如果这一时期土壤磷素丰富，便可以促进作物开花结实，促进早熟。在寒冷地区，对避免作物遭受霜害有很大作用。

37. 作物吸收利用什么形态的磷？

作物主要吸收正磷酸盐，也能吸收偏磷酸盐和焦磷酸盐。作物不仅能吸收无机态磷酸盐，也能吸收某些有机磷化合物，如己糖磷酸酯、蔗糖磷酸酯、甘油磷酸酯，甚至分子量较大的核酸等。已有研究结果表明，幼苗的根不仅能吸收核糖核酸，而且吸收的速率甚至超过无机磷酸盐。对核糖核酸的吸收可促进根系对氮的吸收和体内蛋白质的合成，所以在生产实践中，不可忽视施用有机肥料中所含有机磷对作物营养的作用。

此外，作物还能吸收难溶性磷，如油菜、荞麦及某些经济林木等，都有较强的吸收难溶性磷的能力。一般来说，双子叶植物的吸收能力强，十字花科植物对难溶性磷的吸收能力也比较强。

38. 哪些因素影响作物吸收磷？

作物进行根部营养吸收的主要途径是根系截获、质流和扩散，而磷在土壤中移动性差，吸收效率受这三大途径制约，加之作物-土壤-营养体系处在动态平衡中，因此影响作物吸收磷的因素很多。

（1）作物种类　喜磷作物吸收磷的能力比一般作物强。根系发达的作物，可增大根部对磷的截获量，也可缩短磷扩散到根部的距离，从而增加扩散作用所供应的磷素总量，在同一时间内，有根毛的根比没有根毛的根所吸收磷的量要多 3～4 倍。

（2）土壤供磷状况　土壤中磷的强度因素、容量因素、扩散系数和缓冲能力均强烈地影响作物对磷的吸收。土壤溶液中 P_2O_5 的浓度小于 0.03 毫克/升，作物对磷的吸收显著减弱，甚至完全不能吸收，可见磷的强度因素控制着根对磷吸收的速率。

（3）溶液中的其他离子和水分含量，以及温度、通气性、光照等环境条件　溶液中的 NH_4^+、K^+、Mg^{2+} 等阳离子的存在，均能促进作物对磷的吸收，但 Ca^{2+}、Fe^{2+} 浓度较高以及 NO_3^-、Cl^-、OH^- 等阴离子都能降低作物对磷的吸收。SO_4^{2-} 在酸性土壤中降低作物对磷的吸收，而在石灰性土壤中能提高作物对磷的吸收。水分影响磷的有效性及其向根际的移动。通气不良、低温和光照不足，都显著降低作物根系的吸磷能力。

39. 作物缺磷和施磷过多时有什么症状？

作物缺磷时，各种代谢过程受到抑制，植株矮小，生长缓慢，延迟成熟。缺磷时，叶色暗绿或灰绿，缺乏光泽，这主要是由于植株叶发育不良，细胞变小，叶绿素减少。同时，植株缺磷，有利于铁的吸收和利用，间接地促进叶绿素的合成，使叶色变深暗。当缺磷严重时，植株内糖类相对累积，会形成较多的花青素。如玉米、番茄和油菜缺磷时，茎叶上明显地呈现紫红色的条纹或斑点，从下部叶开始，叶缘逐渐变黄，然后枯死脱落，茎细小，根不发达。

缺磷使禾谷类作物分蘖延迟或不分蘖；延迟抽穗、开花和成熟；种子小而不饱满，千粒重低，玉米果穗常产生秃尖；油菜落荚，果树花、果脱落，马铃薯薯块变小，耐贮性差。

磷素过多对作物也会产生不良影响。因为磷素过多时，强烈地促进了作物的呼吸作用，消耗大量糖分。所以谷类作物无效分蘖和秕粒增加；叶肥厚而密集，植株矮小；繁殖器官早熟，个小；茎叶生长受到抑制；早衰；根茎叶之比变大。叶菜类纤维增多，烟草的燃烧程度差，豆科作物籽粒中蛋白质含量降低，品质变劣。磷素过多，能阻碍硅的吸收，水稻容易发生稻瘟病。因此，作物因磷素过多而引起的病症，通常以缺锌、缺铁、缺锰等的失绿症表现出来。

第三节　土壤性质与施肥

40. 如何评价土壤肥力？其对于合理施肥具有什么意义？

植物生长的土壤因素大致包括土壤水分、土壤养分、土壤空气和土壤热量等。这些因素又称为土壤肥力因素。土壤肥力或称土壤肥沃度，就是指土壤能够不断提供和协调作物对水、肥、气、热要求的能力。各种肥力因素之间是互相影响、密不可分的。所以，土壤肥力是各种肥力因素的综合表现，是决定作物产量的重要因素之一。

土壤肥力是不断发生变化的，它可以变好也可以变坏，可以提高也可以衰退。各地高产稳产农田的建成是土壤肥力不断提高的例证；而土壤沙化和贫瘠化都是不重视培肥土壤、提高土壤肥力的结果。

要按照土壤发生发展规律，科学地利用土壤和管理土壤，特别是因土种植和因土施肥，其中包括不同作物的轮作、倒茬，以及合理施用有机肥料、化学肥料，才能使土地越种越肥，实现高产稳产。

41. 土壤有机质的作用是什么？它与化肥施用有什么关系？

农田耕层土壤有机质含量和分布，除表现出地带性特点外，还与土地利用情况有关。例如同一地区，土壤有机质含量就存在菜地和高产田高于一般大田、水田高于旱地的趋势。以华北地区为例，大多数农田耕层土壤有机质含量为1%～2%，很少超过3%的，华北地区土壤中有机质的含量虽少，但对土壤性状和植物生长的影响却很大，主要表现在以下三方面：

（1）是植物养分的重要来源　土壤有机质分解以后可为植物提供各种养分，特别是氮素。因为土壤矿物质一般不含氮素，除施入的氮肥外，土壤氮素主要就是有机质分解后提供的。土壤有机质分解所产生的二氧化碳，可以供给绿色植物进行光合作用的需要。此外，有机质也是土壤中磷、硫、钙、镁以及微量元素的重要来源。所以有机质多的土壤养分含量也就多。

（2）提高土壤的保蓄性和缓冲性　土壤有机质中的有机胶体带有大量负电荷，能吸附大量的阳离子和水分，其阳离子交换量和吸水率比黏粒要大几倍甚至几十倍，所以它能提高土壤保肥、蓄水的能力，同时也能提高土壤对酸碱的缓冲性。

（3）改善土壤物理性质　土壤有机质的黏性远远小于黏粒的黏性，只是黏粒的几分之一。一方面，它能降低黏性土的黏性，减少耕作阻力，提高耕作质量；另一方面它可以提高砂土的团聚性，改善其过分松散的状态。土壤有机胶体是形成水稳性团粒结构不可缺少的胶结物质，所以有助于砂性土形成良好的结构，从而改变土壤孔隙状况和水、气比例。此外，由于有机质色暗，有利于吸热，可以提高地温。

根据土壤有机质的这些重要性质和作用，不难看出，土壤有机质含量多的土壤，其土壤肥力水平较高，不仅能为作物生长提供较丰富的营养，而且土壤保水保肥能力强，能减少养分的流失，节约化肥用量，提高肥料利用率。有机质含量较少的土壤，情况则相反。因此，应该千方百计地增施有机肥料，提高土壤有机质的含量，这样才能充分发挥化肥的增产效益。

42. 什么叫氨化作用?

在耕层土壤中生存着一种土壤微生物——氨化细菌，氨化细菌能够将土壤中的有机质和施入的有机肥或尿素中的酰胺态氮素分解生成铵态氮，这种作用叫氨化作用。氨化作用是有机态氮分解转化成为可被作物吸收利用的无机态氮的过程，其是土壤中的有机物或施入的含氮有机物进行矿化作用的最初过程。氨化作用进行的强度和速度，与含氮有机物中碳氮比（C∶N）、土壤酸碱度、微生物生命活动条件（温度、水分等）等因素有关。一般在有机物中的含氮量达到1.8%以上时，就会发生氨化作用。当土壤水分为田间持水量的60%～80%，土壤呈中性反应，温度在28～30℃，碳氮比小于25时，最适于氨化过程的进行。

43. 什么叫硝化作用?

土壤有机质或施入的有机肥，经氨化作用而生成的氨，或者施入土壤的铵态化学氮肥，在一定的温度、湿度和通气条件下，受土壤中的亚硝酸菌和硝酸菌的作用，变成亚硝酸态氮，进一步变成硝酸态氮，这个过程叫作硝化作用。

硝化作用是一种氧化作用，只有在通气良好的条件下，才能顺利进行。耕作、排水等措施，能促进通气，有利于硝化作用进行。硝化作用在疏松、温暖而湿润的耕层土壤中能迅速进行，并随着温度提高而增强，在25～30℃时达到高峰。当土壤温度低于4～5℃时，硝化作用便进行得很慢。当土壤水分达田间持水量的60%左右时，硝化作用最旺盛。

44. 什么叫反硝化作用?

土壤中的硝酸态氮素受反硝化微生物的作用，生成氧化亚氮、二氧化氮或分子态氮素等气体，扩散到大气中去的现象叫反硝化作用。施入水田土壤的硝酸态氮肥，或者铵态氮肥经硝化作用生成的硝酸态氮素，在随水下渗到还原层之后，就会发生反硝化作用。

反硝化作用是水田中氮肥利用率低的一个原因，在水田土壤缺氧的嫌氧条件下，硝酸盐和有机物共存就容易发生反硝化作用。参与反硝化作用的不是一两种特定的细菌，土壤中大多数的细菌都具有这种能力。因此，在水田推广全层施肥法和深层施肥法。在旱田土壤中，促进反硝化的因素还不够清楚，土壤水分过多或施用过多的有机物质使土壤变成还原状态，是引起反硝化作用的重要条件。

45. 什么叫固氮作用?

把空气中的分子态氮素（也叫游离态氮素），转变为氨或铵离子，并同其他元素结合成一种含氮化合物的作用叫固氮作用。一般高等植物都不能直接吸收利用空气中的分子态氮素，但能吸收利用某些含氮化合物中的氮素，因此，固氮作用对农业生产和生物的生活具有重要意义。

固氮有两种途径。一种是工业固氮，目前各种氮肥工厂，就是利用触媒使空气中氮气和氢气化合，生成氨，进而制成尿素、碳酸氢铵、硝酸铵等含氮化学肥料；另一种是生物固氮，就是固氮微生物在土壤里把空气中的氮素转化为含氮化合物，或直接供给农作物吸收利用，或贮存在土壤之中，以增加土壤肥力。固氮微生物主要是固氮菌。固氮菌可分为两类，一种是同高等植物共生的叫共生固氮菌（如大豆根瘤菌、豆科牧草根瘤菌等），另一种是自生固氮菌。农业上常采取豆科植物接种根瘤菌和向土壤或有机肥料中接种自生固氮菌，或改善土壤中固氮微生物生活条件等方法，以促进其增殖和固氮活动。

46. 土壤保肥性能的原理是什么?

在正常情况下，施用一定数量的氮肥，除了被作物吸收外，土壤中总会存留一部分氮素，它们为什么不会随水向下层淋失呢？这是因为土壤具有很强的保肥性能。实质上，土壤保肥性能与土壤胶体吸附性有密切的关系。

土壤胶体具有巨大的表面积和充沛的表面能，这是它能吸附分子态物质的根本原因；土壤胶体一般带有负电荷，它能吸附阳离子，而具有保肥性能。因此，土壤保肥性能对合理施肥的意义在于：首先，根据保肥性能的大小，合理掌握施肥量，过量施肥不仅浪费资源，而且会造成环境污染，施肥不足则会造成减产；其次，应通过增施有机肥料提高土壤有机质含量，增强土壤保肥能力，使化肥施用更加高效。

47. 土壤缓冲性指的是什么？它与施肥的关系如何？

当酸性或碱性物质进入土壤时，土壤溶液的 pH 值并不表现出明显或剧烈的变化，这种性能就称为土壤缓冲性。土壤之所以具有缓冲性是由于土壤中存在着多种缓冲系统，其中真正制约土壤缓冲性能的是土壤中的交换性阳离子。无论是酸性或是碱性物质的干扰，均可通过阳离子交换反应使土壤溶液的 pH 值不发生明显的变化。

应当强调指出，缓冲容量大小与阳离子交换量，尤其是与土壤中有机质含量和黏粒的多少密切相关。由此可见，施用有机肥料，增加土壤有机质含量是增强土壤缓冲能力的重要而有效的措施。

正是由于土壤有一定的缓冲性能，才避免了如有机质分解、微生物活动、施用酸性（或碱性）肥料以及排放污染物等引起土壤 pH 值的巨大变化。对于施肥来讲，由于土壤阳离子交换量的增加，土壤缓冲容量也相应增加，因而施用酸性或碱性肥料后，也能使土壤保持多种作物可以正常生长的适宜酸碱条件。

48. 什么是土壤养分丰缺指标法配方施肥？

利用土壤养分测定值和作物吸收养分之间的相关性，通过田间试验，把土壤测试值以一定的级差分等，制成不同作物养分丰缺和应施肥料数量检索表，指导施肥时，取得土壤实测值后，就可以对照检索表，按级确定肥料推荐量。丰缺指标用毫克/千克表示，它与作物相对产量相对应。土壤测定值只是表示土壤养分丰缺程度，而不是具体供应作物营养的绝对量。这种方法是属于定性或半定量的性质的。丰缺指标一般划分为丰富、中等、缺乏等若干等级。

49. 土壤酸碱度和施肥有什么关系？

土壤酸碱度和施肥之间关系密切，主要体现在以下四个方面：

（1）影响肥料的溶解度和有效性　土壤的酸碱度直接影响肥料的溶解度和有效性。例如，在酸性土壤中，磷酸盐等营养元素容易与铁、铝等结合形成沉淀，导致这些元素的有效性降低；而在碱性土壤中，钙、镁等元素的有效性也会受到影响。因此，选择适合土壤酸碱度的肥料种类对于提高施肥效果至关重要。

(2) 影响植物对营养元素的吸收　土壤的酸碱度还会影响植物对营养元素的吸收。例如，酸性土壤中，植物对钙、镁、钾等阳离子的吸收会受到影响，而在碱性土壤中则会影响铁、锰、铜等微量元素的有效性。因此，了解土壤的酸碱度可以帮助农民选择合适的肥料种类和施肥量，从而提高施肥效果。

(3) 影响微生物活动　土壤的酸碱度对微生物的活动也有显著影响。在最适 pH 范围内，微生物分解有机化合物的能力较强。例如，细菌在 pH 6～8 范围内活动最佳，放线菌和真菌则在 pH 5～8 范围内活动最佳。因此，调节土壤酸碱度可以优化土壤微生物群落，进而影响土壤肥力和作物生长状况。

(4) 影响土壤理化性质　酸性土壤中氢离子和铝离子浓度较高，可能导致土壤结构破坏，盐基淋失；而碱性土壤中钠离子浓度高，可能导致土壤颗粒分散，影响通气透水性。因此，调节土壤酸碱度可以改善土壤的理化性质，从而优化作物生长环境。

50. 土壤养分含量水平和施肥有什么关系？

化肥和有机肥料都能增加土壤养分，满足作物生长对养分的需求。化肥大多易于溶解，施用后除部分为土壤吸收保蓄外，作物可以立即吸收。有机肥料，除少量养分可供作物直接吸收外，大多数须经微生物分解，才能被作物吸收利用。有机肥料在分解过程中，会产生各种有机酸和无机酸，能促进土壤中某些难溶性矿质养分溶解，增加土壤中有效养分的含量。

51. 土壤物理性质和施肥有什么关系？

土壤物理性质和施肥之间存在密切的关系，主要体现在以下几个方面：

(1) 土壤孔隙性　土壤孔隙性直接影响土壤的通气性和透水性。良好的通气性和透水性有助于根系的呼吸和养分的吸收，从而影响作物的生长。适当施肥可以改善土壤结构，增加孔隙度，进而提高土壤的通气性和透水性。

(2) 土壤结构性　土壤结构是指土壤中固、液、气三相的比例关系。具有良好团粒结构的土壤能够调解土壤中水分和空气的矛盾，同时协调保肥和供肥的能力，从而改善土壤的物理化学性质。施肥可以调节土壤结构，优化固、液、气三相的比例，提高土壤的肥力和作物生长环境。

（3）土壤耕性　土壤耕性是指土壤对耕作操作的反应和适应能力。合理的耕作和施肥可以改善土壤的耕性，使其更适合农业操作和作物生长。例如，适当的深耕和施肥可以增加土壤的疏松度，提高土壤的保水保肥能力。

52. 土壤障碍因素和施肥有什么关系?

影响作物生育的各种障碍因素，如强酸性土壤、强碱性土壤、漏水的沙土、不渗水的黏土，对作物的生长都有不良影响，因此，作物就不能充分吸收、利用施入肥料中的各种养分。在这种情况下，如果大量施用肥料，就会造成肥料的浪费。应当根据不同土壤的障碍因素，采用不同的肥料和适宜的施肥方法。

53. 化肥与土壤肥力有什么关系?

（1）化肥对土壤肥力的影响

① 提供养分。化肥中包含的氮、磷、钾等多种营养元素是作物生长的关键成分。氮元素构成蛋白质和核酸等有机物质，磷参与能量传递和储存，钾则对细胞分裂和水分平衡有重要调控作用。

② 改善土壤结构。适量施用化肥可以改善土壤结构，增加土壤的持水性和透气性，从而提高土壤的保肥性。

③ 增强作物抗病能力。化肥中的微量元素如硼和锌等，能够提高作物的抗旱性和抗逆性，减少病害发生，从而提高作物的产量和品质。

（2）化肥施用对土壤肥力的长期影响　虽然化肥能够迅速提高土壤肥力，但其长期使用也会带来一些问题：

① 土壤酸化。长期使用化肥会加速土壤酸化，降低土壤肥力。

② 微生物活性降低。化肥的使用会影响土壤中的微生物活性，减少有益微生物的数量，从而影响土壤的生态平衡。

③ 重金属积累。化肥生产过程中可能混入重金属元素，长期使用会导致土壤中重金属含量增加，影响作物安全。

④ 养分失调。过量使用氮肥会导致磷、钾等营养元素失调，影响作物营养的全面吸收。

54. 磷素在土壤中以什么形态存在?

土壤中磷的形态分为有机态磷和无机态磷两大类:

(1) 有机态磷　有机态磷占全磷的 10%～30%，以磷脂、核酸、核蛋白等形式存在，来源于有机肥和生物的残体，需要经过土壤微生物的分解后，作物才能吸收利用。

(2) 无机态磷　以磷酸盐形式存在，占全磷的 70%～90%，无机态磷含量与土壤母质关系密切，根据作物吸收的程度可分为三类:

① 水溶性磷酸盐。溶于水，如磷酸一钙 [$Ca(H_2PO_4)_2$]、磷酸二氢钾 (KH_2PO_4) 等。水溶性磷酸盐易被作物吸收利用，但含量少又极不稳定。

② 枸溶性磷酸盐。溶于弱酸不溶于水，如磷酸氢钙 ($CaHPO_4$)、磷酸氢镁 ($MgHPO_4$) 等。它们多分布在中性土壤中，易被根部分泌物溶解，转化为水溶性磷酸盐。

③ 难溶性磷酸盐。只能溶于强酸，如磷酸三钙 [$Ca_3(PO_4)_2$]、磷酸铁 ($FePO_4$) 等，它们是土壤无机态磷的主要成分，作物很难吸收。

在土壤无机态磷和有机态磷中，有少部分能被作物当年吸收利用，这部分磷称土壤速效磷，其含量不足全磷的 1%。土壤速效磷以枸溶性磷酸盐和水溶性磷酸盐为主。其含量多少与土壤熟化程度、有机肥施用量等条件有关。

55. 磷素在土壤中如何变化?

磷在土壤中存在的形态包括有机态磷和无机态磷，无机态磷又分为水溶性磷、枸溶性磷和难溶性磷。各种形态的磷不是一成不变的，在一定条件下会相互转化。难溶性磷酸盐可以转变为水溶性，有效性提高，是有效化的过程，也称为磷的释放。水溶性磷酸盐也可转变为难溶性，其有效性下降，是无效化的过程，也称为磷的固定。

(1) 磷的释放　土壤中磷的释放主要与以下土壤条件密切相关。

① 土壤有机质。有机质为微生物提供能源，有利于微生物的繁殖，微生物中的磷细菌在适宜的条件下，能使土壤中的难溶性磷逐渐分解为速效磷。同时，土壤有机质在微生物的作用下，产生的二氧化碳和有机酸类物质，也能加速磷的释放。

② 土壤酸碱度。中性土壤不仅速效磷比较稳定，又是微生物生长

的良好环境。因此，酸性土壤、碱性土壤分别加入适量的石灰、磷石膏中和，既能减少速效磷的固定，又有利于难溶性磷的释放。

③ 土壤水分。酸性土壤在淹水状况中，pH 值提高，还原性增强，一部分“闭蓄态磷酸铁”还原为“非闭蓄态磷酸铁”，提高了土壤速效磷含量，相反在干旱条件下，土壤速效磷含量降低。

(2) 磷的固定　土壤中磷的固定是一个很复杂的过程。

① 在酸性土壤中，速效磷主要被土壤中铁、铝固定，生成难溶性的磷酸铁和磷酸铝，溶解度降低，作物很难吸收利用。

② 在接近中性土壤中，速效磷大部分与土壤中钙离子（Ca^{2+}）结合生成磷酸二钙，另一部分被土壤镁离子（Mg^{2+}）固定，生成磷酸二镁，不易被作物吸收利用。

CHAPTER 2

第二章 肥料性质及施用

第一节 化学肥料

一、氮肥

56. 什么是氮肥？

氮肥是指以氮元素为主要成分的化学肥料，其主要功能是为植物提供氮素营养。氮是植物生长的必需元素之一，参与蛋白质、叶绿素等关键物质合成，对作物的生长发育至关重要。

57. 氮肥主要包括哪些种类？

按化合物形态和酸碱性，氮肥的品种分类如下：

- 按化合物分类
  - 铵态氮肥——碳酸氢铵、硫酸铵、氯化铵、氨水、液氨
  - 硝态氮肥——硝酸钠、硝酸钙
  - 硝态铵态氮肥——硝酸铵
  - 酰胺态氮肥——尿素
- 按酸碱性分类
  - 酸性肥料
    - 化学酸性氮肥
    - 生理酸性氮肥——氯化铵、硫酸铵
  - 碱性肥料
    - 化学碱性氮肥——氨水、液氨
    - 生理碱性氮肥——硝酸钠、硝酸钙
  - 中性氮肥——尿素

58. 怎样根据土壤条件合理分配氮肥?

各种类的氮肥性质各不相同，要根据土壤条件选择和分配适宜品种的氮肥。例如酸性土壤应选用碱性或生理碱性氮肥，一方面可以降低土壤酸性，另一方面，在酸性条件下有利于作物吸收硝态氮。而碱性土壤，就要选用酸性或生理酸性肥料，比如硫酸铵等铵态氮肥，既能调节土壤碱性，又便于作物吸收铵态氮。在盐碱土上不宜施用含氯离子的氯化铵，以免增加盐分，影响作物生长。

除土壤本身性质与氮肥品种的选择和分配有密切关系外，土壤肥力高低与氮肥分配也有关系。肥沃土壤施氮肥的数量要少些，而且施氮肥时期不宜过晚，以免作物贪青晚熟。

59. 怎样根据作物营养特性合理分配氮肥?

各种作物对氮素营养的要求不一样，如玉米、水稻、小麦等禾谷类作物需要氮肥较多，而豆科作物能利用空气中的游离氮，对氮肥的需要量就少些，所以在分配氮肥时应重点供应需氮较多的作物。

不同作物对氮肥形态的选择也有所不同。水稻以施用铵态氮肥，如氯化铵、尿素和氨水等效果较好。马铃薯也是用铵态氮肥较好。硫对马铃薯生长有利，最好使用硫铵。含氯离子的氯化铵会妨碍薯类淀粉的积累，应少用或不用。甜菜适于施硝态氮肥，以硝酸钠为最好。烟草用硝铵比较好，因硝态氮和铵态氮配合，能改善烟叶的品质，含氯的氯化铵肥料会降低烟草的燃烧性，应避免使用。一般禾谷类作物对铵态氮和硝态氮肥料都同样有效。

同一作物不同品种，耐肥能力都不一样，必须根据品种特性合理分配氮肥，以提高氮肥的经济效益。作物各个生育期施氮的效果也不一致。一般在作物需肥的关键时期，如营养临界期进行施肥，增产作用显著。如玉米在五六片叶时进行追肥效果最好，小麦在三叶期至分蘖期，大豆在分枝至开花始期。要考虑到各种作物不同生育阶段对养分的要求，掌握适宜的施肥时期和施肥量，是经济施用氮肥的关键措施之一。

60. 怎样根据氮肥品种特性合理施肥?

硝态氮肥在土壤中移动性大、肥效快，最好给旱田作物作追肥施用，水田追肥要用铵态氮肥或尿素。碳酸氢铵和氨水易挥发损失，适于作基肥深施，其他铵态氮肥品种如硫酸铵、氯化铵也可用作基肥深施。

有些肥料对种子有毒害，如碳酸氢铵、氨水等不宜作种肥；尿素、硫酸铵、硝酸铵作种肥一定要与种子有一定距离（最好是种子侧下方3～5厘米处）。

在雨量偏少的干旱地区，硝态氮肥的淋失问题较小，因此在分配化肥时，以硝态氮肥较合适；而在多雨地区和降雨季节，由于硝态氮肥容易淋失，以分配铵态氮肥和尿素较好。

61. 怎样鉴别各种氮肥？

区别不同氮肥品种，可通过外形、颜色、气味、溶解度、受热变化等不同特性进行简易的鉴定。常用方法如下：

（1）形态　除氨水和液态氨是液体外，其余氮肥都是固体结晶或颗粒。

（2）颜色　硝酸铵、尿素、硫酸铵、碳酸氢铵、氯化铵均为白色；硫硝酸铵、硝酸铵钙具有棕、黄、灰等杂色。

（3）嗅味　碳酸氢铵有浓氨味，副产硫酸铵有煤膏气味，其他固体氮肥均无味。

（4）在水中溶解状况　在玻璃杯或白瓷碗中放入清水，将肥料研成粉末放入水中，摇动后观察其溶解程度。硝酸铵钙部分溶解，其他氮肥都能在水中溶解。

（5）灼烧反应　把木炭烧红后，往上放少量肥料，根据其燃烧、熔化、烟色、烟味与残烬等情况，判断是什么氮肥。

① 逐渐熔化，并出现“沸腾状”，冒白烟，可闻到氨味，有残烬，是硫酸铵。

② 迅速熔化并消失，白烟甚浓，又闻到氨味和盐酸味，是氯化铵。

③ 逐步熔化时冒白烟，有氨味，是尿素。

④ 边熔化边燃烧，冒白烟，有氨味，是硝酸铵。

62. 常用氮肥品种间怎样互相换算施用量？

常用氮肥用量相互换算，见表2-1。

63. 怎样判断氮素的不足或过剩，其对作物生长发育有什么影响？

作物缺乏氮素时，由于蛋白质形成少，细胞小而壁厚，特别是细胞分裂减少，使作物生长缓慢，植株矮小，叶片少而瘦小。叶片先呈浅绿

表 2-1　常用氮肥用量相互换算表

肥料名称及含量	施用量/(千克/公顷)							
碳酸氢铵(17%)	15	150	225	300	375	450	525	600
硫酸铵(21%)	12	120	180	240	300	360	420	480
硝酸铵(34%)	7.5	75	112.5	150	187.5	225	262.5	300
尿素(46%)	5.55	55.5	84	111	117	121.5	172.5	222
氨水(17%)	15	150	225	300	375	450	525	600
氯化铵(25%)	10.2	102	153	204	255	306	357	408

色甚至发黄，最后干枯。这种症状先发生在老叶上，逐渐扩展到新叶，这与受干旱胁迫叶片变黄不同，旱害的植株几乎全株上下叶片同时变黄。禾本科作物缺氮时，第一片叶子比其他叶子长，后长出来的叶子越来越短，分蘖少，成熟期略有提前，但灌浆不好，秕粒多，产量低。

氮素过剩时，尤其是当磷、钾元素配合不上时，作物体内维管束和果胶缺少，细胞壁的加厚受到限制，茎叶的衰老变化缓慢，营养器官较长时间停留在幼嫩状态，分蘖和分枝多，延迟成熟。禾本科作物一般表现生长过旺，叶片下垂相互遮阴，影响通风透光，茎秆软弱，容易倒伏和感染病害，降低抗逆性，大豆、棉花施肥过多，引起徒长，出现严重落花落荚（落铃）现象，导致产量降低、品质不良，蔬菜因组织柔软多汁而不耐贮藏。所以，氮肥用量要适当。

64. 怎样提高氮肥利用率?

提高氮肥利用率的方法包括以下几种：

(1) 深施覆土　将氮肥施入土壤深处并覆盖土壤，可以减少氮肥的挥发和流失，提高利用率。实验显示，施肥深度达到 10～20 厘米时，利用率可高达 65%。

(2) 调控水分　在一定土壤含水量范围内，氮肥的利用率随水分含量增加而增加。旱田可以通过灌溉调节，水田则需注意排水。合理的水分管理可以显著提高氮肥的吸收效果。

(3) 与有机肥、磷钾肥配合施用　将氮肥与有机肥、磷钾肥混合施用，可以保持土壤养分的均衡，提高养分的利用率。这种方法不仅能提高肥效，还能改良土壤结构。

(4) 喷施　尿素分子小，极易被叶片吸收，适合叶面喷施。这种方法针对性强，吸收迅速，不受土壤环境影响，养分利用率高。

（5）使用脲酶抑制剂和硝化抑制剂　这些抑制剂可以控制氮肥的转化和释放，减少氮素的损失，提高肥效。

（6）滴灌施肥　通过滴灌系统施肥，可以精确地将养分输送到植物根部，减少氮肥的损失。

（7）豆科植物间作　豆科植物与固氮细菌共生，能够固定大气中的氮。将豆科植物与其他作物间作，可以提高氮素利用率，减少对合成肥料的需求。

（8）最佳施氮量　通过土壤测试和作物需求进行精确施用，避免过量或不足，优化氮的使用。

（9）全基因组测序　利用先进技术揭示与氮利用效率相关的分子变化，从分子水平上提高氮肥利用效率。

65. 铵态氮和硝态氮的区别是什么？

铵态氮和硝态氮都是作物能够很好吸收利用的氮源。但铵态氮是还原态，为阳离子；硝态氮是氧化态，为阴离子。由于形态不同，作物对它们的吸收能力也不同。

甘薯、马铃薯等含碳水化合物较多的作物，吸收铵离子之后，立即被同化为有机态氮化合物，不会因氮素积累造成危害，所以适于使用铵态氮肥。反之，含碳水化合物少的作物，特别是在苗期，则吸收硝酸盐多于铵盐。由于作物对酸碱度的适应性不同，对两种形态氮源的吸收也有差异。例如玉米对生理碱性氮肥硝酸钠的反应良好；而喜欢酸性的水稻，则适于施用硫酸铵。水田适于施用铵态氮肥，除了水稻本身的吸肥特性外，还由于铵态氮在淹水条件下，淋失和反硝化脱氮造成的氮损失要比硝态氮小。另外，有的作物生育前期和后期，对铵态氮和硝态氮的吸收能力也不相同。如小麦苗期对铵盐的吸收强于硝酸盐。番茄则不同，前期喜欢吸收铵盐，后期又喜欢吸收硝酸盐。

总的来说，适于施用铵态氮肥的作物有水稻、甘薯和马铃薯等；适于施用硝酸态氮肥的有玉米、棉花、向日葵等。只有合理分配使用不同氮肥才能更好地发挥其增产作用。

66. 铵态氮肥有哪些特点？如何施用？

氮肥种类很多，一般根据氮肥中氮素化合物的形态可分为铵态氮肥、硝态氮肥和酰胺态氮肥 3 种类型。肥料中的氮素以铵离子或气态氨的形态存在的，就属于铵态氮肥一类，如液体氨、氨水、碳酸氢铵、硫酸铵和氯化铵等。

铵态氮肥的特性是：

(1) 易溶于水　铵态氮肥都易溶于水，并能产生铵离子及相应的阴离子，作物能直接吸收利用。由于它是速效性养分所以作追肥时肥效快。

(2) 能被土壤胶粒吸附　铵态氮肥中的铵离子与土壤胶粒上已有的阳离子进行交换后，可吸附在土壤胶粒上，形成交换态养分。铵离子被吸附后，移动性小，不易流失，可逐步供给作物吸收利用。所以相对来说，它比硝态氮肥的肥效长，因此铵态氮肥既可作追肥也可作基肥施用。

(3) 碱性条件下易分解　铵态氮肥遇碱性物质会分解，分解后释放出氨气而挥发损失。因此，铵态氮肥在贮存、运输及施用过程中都应注意防止氨的挥发。

(4) 在土壤中能转化　在通气良好的土壤中，铵态氮在土壤微生物的作用下，可进行硝化作用，转化成硝态氮。形成硝态氮以后，可增加氮素在土壤中的移动性，有利于作物根系吸收。

67. 硝态氮肥有哪些特点？如何施用？

凡是含有硝酸根的氮肥均属于硝态氮肥一类，如硝酸钠、硝酸钾、硝酸钙和硝酸铵等。

硝态氮肥的特性是：

(1) 易溶于水　硝态氮肥易溶于水，并产生硝酸根阴离子和相应的阳离子，是速效性氮肥。各种硝态氮肥的溶解度都很大，吸湿性强，在雨季吸湿后能化为液体，给施用带来许多不便。

(2) 不能被土粒吸附　由于硝酸根是带有负电荷的阴离子，不能被带负电荷的土壤胶粒吸附，所以，硝态氮肥施入土壤后只能存在于土壤溶液中，并随土壤水分运动而移动。在农田进行灌溉或降雨的条件下，它易被淋洗到土壤深层而损失；反之，当气候干燥、土壤水分蒸发量大时，它又可随土壤毛管水向上移动，甚至集聚在土壤表层。

(3) 易脱氮损失　在土壤淹水或嫌气的条件下，硝酸根离子由于反硝化细菌的作用，而形成作物不能利用的氧化氮气体或氮气而脱氮损失。反硝化作用经常发生于水田中。

(4) 易燃易爆　硝态氮肥受热时能分解产生氧气，因此在有限的空间内有易燃易爆的危险，在贮存过程中应注意安全。

68. 尿素有哪些特点?

尿素是一种酰胺态氮肥，是我国农用固体氮素化肥中有效成分含量最高的一种。含氮量为 46%，是硝酸铵的 1.4 倍、硫酸铵的 2.2 倍、碳酸氢铵的 2.7 倍。尿素为白色如小米大的圆形颗粒，易溶于水，在水温 20℃时，100 克水中可溶解 105 克尿素。在尿素生产中多加入石蜡等疏水物质，在常温干燥环境下不易吸潮结块。

尿素具有有效成分高，施用量少，在运输、贮存、包装和施用上都比其他氮肥方便等优点。尿素为中性肥料，长期施用时对土壤没有破坏作用。它所含的主要副成分是碳酸，有助于碳素同化作用，还可以促进难溶性磷酸盐的溶解，供作物利用。

尿素属于有机化合物，它与硝酸铵、硫酸铵、碳酸氢铵等其他氮肥不同，是以分子态溶解于水，在水中的解离度很小，它的分子态也能被土壤吸附。尿素施入土壤，除少部分以尿素分子形态直接被作物吸收外，大部分要在转化成铵离子乃至硝酸根离子后才能被作物吸收利用。因为含有少量的缩二脲杂质，与作物的种子、幼芽、幼根接触有一定的毒害作用，在施用时应特别注意保持 3 厘米以上的距离。尿素在转化为碳酸铵过程中，也会引起氨的挥发损失，尤其在石灰性土壤中，尿素表施时氨的挥发更明显。因此，尿素要深施覆土。

69. 尿素的氨化是什么过程? 与作物对尿素的吸收有什么关系?

尿素施入土壤后，经土壤微生物分泌的脲酶作用，首先水解成碳酸铵，然后再分解生成氨，这个过程称尿素氨化。

$$CO(NH_2)_2 + 2H_2O \xrightarrow{\text{脲酶}} (NH_4)_2CO_3$$
$$(NH_4)_2CO_3 \longrightarrow 2NH_3\uparrow + H_2O + CO_2\uparrow$$

尿素氨化的速度与土壤有机质含量、温度、湿度有关，也受土壤类型、熟化程度和施肥深度等因素的影响。一般来说，尿素在碱性中比酸性土壤氨化快；在肥沃土壤中比瘠薄土壤快；浅施的比深施的氨化过程快；在通常用量下，当气温为 10℃时经过 7～10 天，20℃经 4～5 天，30℃经 2 天，即可全部转化成碳酸铵。作物虽能吸收分子态的氮素，但只是极少的一部分，绝大部分要经氨化变成铵态氮后才被作物吸收，所以尿素氨化与其肥效作用有密切关系。尿素的肥效较其他氮肥晚 3～4 天，因此应适当提前施用。

70. 尿素作种肥施用应注意什么?

尿素作种肥施用时，如果方法不当就容易引起烧籽、烧苗。尿素作种肥要掌握好以下原则：

① 用量不宜过大，一般每公顷施尿素 75～112.5 千克。北方地区春小麦习惯用氮磷化肥作种肥，与种子混播。用尿素作种肥混拌施用时，每公顷不能超过 52.5 千克。

② 大田作物要把尿素条施或穴施在种子侧 3～5 厘米、深 5 厘米处，施肥后稍加混拌使肥土混合，或者覆盖一层土再播种使肥料和种子分开。

尿素烧籽烧苗有以下几方面原因：

① 尿素溶液的浓度过高时，能破坏蛋白质结构，使蛋白质变质，影响种子发芽和幼苗根系的生长发育，严重时使种子失去发芽能力；

② 尿素施入土壤后，迅速发生氨化作用，48 小时后在施肥部位就有大量铵态氮积累，一周后进入氨化高峰期，如每公顷施用 187.5 千克尿素时，施肥部位局部铵态氮的积累量达到每百克土 450 毫克，尿素转化生成的氨直接危害种子和幼苗；

③ 由于铵态氮的大量积累，施肥部位局部土壤 pH 值迅速上升，幼芽或幼根处于高氨强碱区域，便会受到灼伤和毒害；

④ 由于高氨强碱的抑制，硝化作用延缓，亚硝酸暂时积累，当达到一定浓度时，对种子和幼芽也有毒害作用；

⑤ 在尿素肥料中缩二脲含量过高。

71. 什么是缩二脲? 所谓尿素烧苗是缩二脲引起的吗?

缩二脲是一种对作物有害的物质，它破坏种子的发芽能力，抑制幼芽和幼根的生长。尿素中缩二脲的含量标准根据用途和质量等级有所不同。根据国家标准 GB/T 2440—2017 规定，尿素产品根据其用途（工业用或农业用）和质量等级（优等品、一等品、合格品），对缩二脲的含量有明确的要求：

（1）工业用尿素

① 优等品：缩二脲含量不得高于 0.5%。

② 合格品：缩二脲含量不得高于 1.0%。

（2）农业用尿素

① 优等品：缩二脲含量不得高于 0.9%。

② 合格品：缩二脲含量不得高于1.5%。

把尿素的烧籽、烧苗危害全部归罪于缩二脲是不客观的。尿素烧苗的主要原因是尿素转化过程中，局部土壤形成高氨强碱环境，以及亚硝酸的暂时积累，其次才是缩二脲的毒害。随着尿素肥料产品质量的提高，缩二脲的危害将会逐渐减轻。

72. 使用尿素时应注意哪些问题?

(1) 掌握好施肥量　尿素是一种高浓度氮肥，含氮量为46%，如计划每公顷施150千克氮素，使用尿素就是326千克。

(2) 防止尿素随地表径流或随水田排水流失　因为尿素易溶于水，和其他水溶性化肥一样，如果施于地表而不覆土，或于稻田排水前施肥，养分就易随雨水或稻田排水而流失。因此，在旱田尿素不宜施于地表；在水田追肥时，追肥后六七天内，不要排水。

(3) 注意防止尿素氨化后挥发损失　尿素施入土壤后，迅速氨化成碳酸铵，其中的氨很容易挥发损失，因此，尿素必须深施覆土。

73. 尿素为什么要深层施用?

尿素本是一种稳定的化合物，施入土壤后，在土壤中脲酶的作用下，很快就变成挥发性很强的碳酸铵。所以，如果把尿素施在地表或浅层中，当土壤比较湿润（温度在20℃以上时），经过化学变化每天就能挥发掉1/10～1/2。据测定，尿素施在黑土表层7～9天挥发损失12%，即使在酸性的白浆土中，由于尿素氨化的结果，也会使施肥点局部土壤的pH值升高，氨的浓度很大，也有跑氨现象。但如果把尿素施在10～15厘米深的地方，因土壤胶体对氨有很强的吸附能力，就可以被吸附保存起来，避免挥发损失。

尿素深施还有其他原因，首先处于深层的尿素，氨化和硝化的速度和强度都比较缓慢，有利于保持养分；其次北方旱季土壤水分经常处于不足状态，深层土壤的水分高于浅层。所以，施在深层的尿素处在水分比较充足的条件下，容易被作物吸收利用。

74. 一年一作地区尿素秋施是否可行?

尿素秋施是指北方一年一作地区在秋翻地前或秋起垄前，将尿素施入农田的施肥方法。尿素秋施有以下优点：

（1）深施覆土　尿素施入土壤后氨化变成碳酸铵或碳酸氢铵，如果施在地表或接近地表的土层，肥料中的铵很容易转化成氨而挥发损失。秋施结合秋翻容易做到深施，并可覆土盖严。

（2）防止尿素烧籽烧苗　因为尿素含氮量高，在氨化高峰阶段产生大量氨气，使施肥部位的土壤呈强碱性，会烧伤种子和幼芽。又因尿素中通常含有缩二脲杂质，对种子和幼苗有毒害作用，秋施可以使肥料避开种子，避免烧伤和毒害。

（3）降低成本　秋翻施肥一次作业，降低了作业成本，同时也缓和了春播时进行施肥作业造成劳力和机械的紧张，做到忙活闲干。在北方干旱地区，又克服了春季深施尿素动土跑墒的缺点。

尿素秋施的具体做法是：先将尿素撒施在地表，然后翻入土中。在第二年种植小麦或其他平播作物的地块多采用这种做法。秋起垄地块可以施尿素后合垄，第二年种植中耕作物。秋施尿素仅适宜结合秋翻进行，而一年一作伏翻的春小麦，因时间过早，容易损失养分，不宜采用。黑龙江省冬季土壤冻结，初春温度低、雨水少，尿素的转化慢，损失较少，所以尿素秋施的肥效一般来说与作种肥、追肥的效果接近。因此，在特定地区，尿素秋施是可行的。

75. 尿素为什么适宜作根外追肥？如何根外追施尿素？

在作物各生育阶段都可以进行尿素根外追肥，但一般在植株对地面的覆盖度达到70%以后开始使用。生产上主要用于作物根系吸收养分能力开始衰退的中后期，以及作物根部吸收作用受到阻碍（如盐害、涝害或根部病害等）的情况下。尿素适宜作根外追肥的原因是：

① 尿素是中性有机物，电离度小、不损伤作物茎叶；

② 尿素进入叶内时，引起质壁分离的现象少；

③ 尿素扩散性大，容易被吸收，喷施 30 分钟后，叶中的叶绿素含量增加，喷施 5 小时后吸收 40%～50%，最后可吸收 90%；

④ 尿素是水溶性，分子体积小，并且具有吸湿性，容易呈溶液状透过细胞膜被叶吸收。

尿素作根外追肥过程，是把尿素配成浓度为 0.5%～2.0% 的溶液（即 100 千克水中加 0.5～2 千克的尿素），用喷雾器进行喷洒，每公顷喷洒溶液 450～750 千克。大豆、小麦、玉米等大田作物可用 2% 浓度的尿素溶液；果树、蔬菜等作物浓度要低些，一般用 0.5%～1.0%。喷洒时间要选在晴天，最好喷后 2～3 天内不下雨。必要时可以喷两三次，每次间隔 7～10 天。

根外追肥时，尿素直接与作物的茎叶等器官接触，因此所用尿素含缩二脲杂质不能过高，以防产生毒害。不同作物对缩二脲含量的耐受能力不同，麦类、果树、蔬菜等要求尿素中的缩二脲含量不超过 0.5%；玉米、水稻等作物则要求缩二脲含量不高于 1%。

76. 长效尿素是什么性质的肥料？

长效尿素是在普通尿素生产过程中添加一定比例的脲酶抑制剂制成的。其主要特点是减缓尿素分解速度，延长尿素的肥效期，减少氮素损失，提高氮肥利用率。有比普通尿素增产、节肥、省工的优点。

长效尿素含氮 46%，肥效期长，可达 110～130 天，作基肥或种肥一次施入，不必追肥。长效尿素施于土壤后，由于春季土壤温度较低，土壤脲酶活性较弱，并有抑制剂的作用，使长效尿素分解速度缓慢，生成的氨量较少，而作物幼苗需肥量也少；随着气温升高，土壤温度也升高，土壤中脲酶活性增强，抑制剂的作用逐渐减弱，长效尿素分解速度加快，生成的氨量增加，与此同时，作物生长也进入旺季，需肥量大。因此，长效尿素的供氮过程与作物需肥规律基本趋于同步。

77. 怎样施用硝酸铵？

硝酸铵中的氮素不易挥发损失，施用硝酸铵后，即使覆不上土，氮素挥发损失也不及尿素和碳酸氢铵严重。但硝酸铵中的硝酸态氮容易随土壤水分流动或下渗而流失，在水田通气不良的还原层中，又易发生反硝化作用变成气态而损失。因此，硝酸铵不适于水田。

硝酸铵是中性肥料，对种子的毒害作用比尿素、碳酸氢铵和氯化铵都小，适合作种肥，尤其是小麦拌种混施。每公顷用量不超过 75 千克时，在播种时与麦种混拌均匀，用播种机播种，既不影响下种均匀，又不影响小麦发芽，可增产 15%～20%。

硝酸铵作追肥时，点播作物如玉米、高粱等可在植株旁 6～10 厘米远的地方施肥、覆土；条播或密植作物，在距离植株 6～10 厘米远的地方开 3～6 厘米深的小沟，将肥料均匀地撒到沟内覆土；但必须在天气干燥时待露水干后撒施，以避免硝酸铵粘在叶上造成烧伤。有灌溉条件的，追肥后立即灌水，能更好地发挥肥效。

78. 怎样区别尿素和硝酸铵?

尿素和硝酸铵都是白色颗粒，颗粒的大小也一样。从外形上不好区别，但两者含氮量不同，必须分清是尿素还是硝酸铵才好确定施肥量。区别方法如下：

① 把少量尿素和硝酸铵分别放在两块纸上，用火柴点燃，尿素不燃烧，硝酸铵燃烧并发出噼啪声；

② 将尿素和硝酸铵分别放入两个碗中，加入大豆粉，放进温水后搅拌，放在稍微热点的地方，一个小时以后闻到有氨味的是尿素，没有氨味的是硝酸铵。

79. 碳酸氢铵的性质是什么? 如何施用碳酸氢铵?

碳酸氢铵简称碳铵，含氮 17%左右，是白色细粒结晶，有强烈的刺鼻氨味，易溶于水，100 克水中溶解 20 克。是速效性氮肥，水溶液呈碱性反应（pH 8.2～8.4）。其是一种很不稳定的化合物，极易分解成氨、二氧化碳和水，包装破裂时容易造成大量的氮素挥发损失。影响碳酸氢铵分解的主要因素是温度和湿度。随着温度升高，湿度加大，分解速度加快。为了减少碳酸氢铵的挥发损失，必须采取密封包装、密封贮存，保持室内干燥，施用时注意深施覆土。

碳酸氢铵属于铵态氮肥，施入土壤后，能很快溶于水，形成 NH_4^+ 和 HCO_3^-，两者均能被作物吸收，在土壤中不残留任何成分，因此，长期施用碳铵对土壤性状没有不良影响，碳铵适用于各种土壤，对大多数作物均有良好效果。

碳酸氢铵与硫酸铵、氯化铵、硝酸铵一样，与碱性物质混合时，也能加速分解，使用时必须注意。在施用中必须掌握以下技术要点：首先是深施覆土，深施 6～10 厘米严密覆土，可以提高肥效；其次是防止碳酸氢铵烧籽烧苗，作种肥时，每公顷用量不能超过 150 千克，肥料与种子的水平距离不能少于 6 厘米；肥料与种子的垂直距离不能少于 10 厘米。水田在耙地之前，把碳酸氢铵撒施在田面，随即耙入土，全层混合。一般掌握重施底肥（占 60%左右）、稳施蘖肥、巧施穗肥的原则。用量以每公顷 450～600 千克为宜。

80. 碳酸氢铵如何进行秋季深施?

碳酸氢铵于秋翻地或秋起垄前深施作底肥，可以防止或减少碳酸氢铵的挥发损失，克服种肥烧籽、追肥不易深施的问题。

① 碳酸氢铵作底肥秋施增产效果显著，底肥深施的比追肥玉米多增产 6.6%～10.0%，小麦多增产 11.2%～12.3%，水稻因追肥方式与旱田不同，增产幅度小，为 1.2%～3.3%。

② 碳酸氢铵作底肥秋深施，在北方冬季严寒和早春气温低的条件下，经测定，土壤中氮素的数量和形态都没发生变化，10 月末施入的碳酸氢铵经过 6 个月在第二年 4 月中旬进行测定，土壤中的氮素仍以铵态氮（NH_4^+）的形态存在，5 月以后，氮素才开始转化和移动。在数量上只比施用时减少 3.2%～5.8%，到入夏后土壤中的速效氮减少 9.6%～14.9%。

在北方冬季严寒地区，碳酸氢铵作底肥秋深施是可行的技术措施，方法简便易行，在不增加肥料成本的情况下即可多增产。

81. 硫酸铵是什么性质的肥料？

硫酸铵简称硫铵，含氮 20%～21%，易溶于水（20℃时，100 毫升水能溶解 75 克），吸湿性较小，便于贮藏，湿度大时易结块。硫酸铵性质稳定，是我国最早施用的氮肥品种之一，一般作为标准氮肥。硫酸铵的结晶由于制法不同，有的是柱状结晶，有的是粉末状小晶体，颜色因所用的原料不同，有白色、粉红色或淡绿色。

硫酸铵施入土壤后，迅速溶于土壤溶液中，并解离为铵离子（NH_4^+）和硫酸根（SO_4^{2-}），二者均可被作物吸收利用。大量长期施用硫酸铵，会在土壤中残留较多的 SO_4^{2-}，与 H^+ 结合时，使土壤变酸，所以，硫酸铵属“生理酸性肥料”。

硫酸铵对土壤的影响因土壤性质而异，在酸性土壤上施用硫酸铵会进一步增加土壤酸性；在中性土壤上短期施用或配合大量有机肥施用，对土壤影响不大；在碱性土壤上施用硫酸铵，可以降低土壤的碱性，但必须深施覆土，防止氨的挥发损失。

82. 怎样施用硫酸铵？施用中应注意哪些问题？

硫酸铵可以作种肥，也可以作追肥，既适合于水田又适合于旱田。由于硫酸铵中的铵易被土壤吸附而不易流失，所以，更适于在水田上施用。大田作物用硫酸铵作种肥，最好施在种子的斜下方。条播作物可以先开沟条施肥料，然后播种。在中耕作物上用硫酸铵作追肥时，可于定苗后将硫酸铵埯施或条施于植株旁侧6～10厘米处，追肥后耥地覆土。

为了使硫酸铵更好地发挥增产效果，使用时应注意以下几个问题：

① 硫酸铵作种肥时不要与种子接触；作追肥时，不要大量地施在作物的根部，更不能在有露水或雨后叶面潮湿时沾在作物叶子上，否则有烧苗的危险。

② 硫酸铵在旱地施用时，特别是石灰性土壤要做到深施覆土，防止氮素损失。

③ 水田追施硫酸铵时，追肥前将水放干或使水层保持1.5厘米。在施肥后6～7天内不要放水，以防养分流失。

83. 氨水是什么性质的肥料？怎样施用氨水？

氨水是一种液体氮素化肥，含氮量一般为15％～18％，氨水中的氨具有强烈的挥发性，其挥发程度与氨水的浓度、温度、放置时间、容器的密闭条件等有密切关系。氨水的浓度越大，放置的时间越长，温度越高，氨的挥发量越大。在22～24℃下露天存放两天，氨水的挥发损失可达90％。

纯净的氨水是没有颜色的，作肥料用的氨水由于在生产过程中混入杂质而呈淡黄色或黄褐色。现在农业生产上直接用氨水的已经很少。氨水是碱性溶液，作肥料用的氨水pH值在10左右。氨水施用得当时，既增产又增收。施用不当，不仅肥料效率不高，反而烧伤作物，导致减产，所以必须十分注意施用技术。

（1）旱田

① 翻地时施肥。用五铧犁翻地时，在每个铧子前头缚一个输肥管，氨水通过输肥管滴在垡片底下，翻地施肥后要及时耙压。

② 起垄时破垄夹肥。在破垄台时，把输肥管固定在七铧犁的前头，行进时氨水被滴在垄沟里，起垄时，氨水被包在垄台内。

③ 追肥。结合中耕把氨水深追在距植株10厘米远的垄帮里。随后耥地覆土。每公顷可施含氮15％以上的氨水300～450千克。

（2）水田　作基肥（底肥）施用时，可在耙地前施，即泡田后，将氨水均匀地施到田里，然后耙田，把氨水耙入耕作层中。作追肥时，与灌水结合，随水流入稻田内，每公顷用量150千克。

84. 液氨有什么特点？怎样施用液氨？

液体氨简称液氨，是一种液体氮肥，是含氮量最高的氮肥品种。含氮 80%～84%，1 千克液氨相当于 5 千克碳酸氢铵、4 千克硫酸铵、1.8 千克尿素。氨在常温常压下是气体，在加压的情况下才为液体，所以叫液体氨。液氨的相对密度为 0.6，沸点 −33℃。液氨的贮存、运输和施用都需要有专用的高压设备，盛装液氨的器具必须按试压规定，经过严密的试验检查。最好实行管道化、自动化、机械化施肥。

液氨具有强烈的挥发性和强碱性（pH 值在 10 左右）。液氨施入土壤后容易立即汽化，只有与土壤中水作用生成氢氧化铵后才被土壤吸附。含有机质多的肥沃土壤，对氨的吸附能力强，可大大减少氨的挥发损失。

液氨施用不当时会引起严重的氮素损失，并伤害作物，液氨的施用方法主要有以下两种：

（1）液氨用机械施肥　施肥深度以 13 厘米左右为好，施后要严密覆土。施肥时的土壤湿度以含水率在 20%左右为宜，在这个湿度下氨可以很好地被土壤所吸附。干燥或淹水的土壤都能促进氨的挥发，所以，水田施液氨后，应待氨被土壤充分吸附后再灌水。

（2）随灌溉水施　将盛装液氨的钢瓶置于田间，经过减压装置后用管子将液氨插入灌溉水中，由计量器控制流量，使灌溉水中氨的浓度保持在 100 毫克/千克以内。

另外，液氨可作基肥结合翻地或起垄施用，施用量以每公顷 75～112.5 千克为宜。

85. 氯化铵有哪些性质？适合在什么条件下施用？

氯化铵（NH_4Cl）是白色或淡黄色的结晶或小颗粒，是一种固体铵态氮肥，含氮 24%～25%。氯化铵易溶于水，吸湿性比硫酸铵大，易潮解，是生理酸性肥料。

氯化铵适用于玉米、小麦、水稻、高粱、蔬菜、麻类等作物。在亚麻等纤维作物上施用氯化铵的效果更好，因为氯有增强纤维韧性与拉力的作用。氯对硝化细菌有抑制作用，所以，稻田施用氯化铵效果更好。但烟草、马铃薯、甘薯、葡萄等忌氯作物不宜大量施用氯化铵，以防降低品质。

排水条件不好的盐碱地和干旱缺雨地区最好不施用氯化铵。氯化铵可作基肥、追肥，不宜作种肥，更不宜用氯化铵拌种施用，以免影响种子发芽。氯化铵宜作基肥早施，以便借雨水、灌溉水预先把氯离子淋洗掉，以减轻对作物的危害，一般每公顷施用 187.5～262.5 千克。氯化铵在施用方法上有如下要求：

（1）盐碱地和特别干旱的地区不宜施用，忌氯作物如烟草、马铃薯等不宜施用。

（2）单施氯化铵时应注意：①切忌直接接触种子，不可作种肥施用，否则会烧苗。②作基肥施用时，肥种距离不得少于 10 厘米，每公顷施用量不得超过 255～300 千克，最好是基肥追肥结合进行。③水田用氯化铵作底肥、追肥均很安全，追肥应以蘖肥为主，每公顷施用氯化铵总量为 375～450 千克。

（3）氯化铵与尿素混合施用好，既避免了因氯化铵施用量过大而发生烧苗现象，又可提高尿素的肥效。

86. 硝酸铵钙有什么性质？怎样施用？

硝酸铵钙又叫石灰硝铵，含氮 20%～21%。硝酸铵钙和硝酸铵一样，其中铵态氮和硝态氮各占一半，并含有 35%的碳酸钙和碳酸镁，呈浅灰色、淡黄色、绿色粉末或小颗粒状。

硝酸铵钙比硝酸铵的物理性质更好，吸湿性小，分散性好，不易结块。但在湿度大、温度高的情况下，若与空气接触也容易潮解。

硝酸铵钙的用法和硝酸铵相同，作旱田追肥时每公顷用量 225～375 千克。由于肥料里含有较多的碳酸钙，对于缺钙的酸性土壤更为适宜。硝酸铵钙不宜与过磷酸钙混合施用，以免降低过磷酸钙的肥效，但可以与过磷酸钙配合施用。

87. 怎样施用硝酸钠？

硝酸钠是一种硝酸态氮肥，有天然产和人工制造两种，智利硝石就是天然的硝酸钠。硝酸钠含氮 15%～16%，含钠 26%，呈白色或黄褐色、浅灰色细粒状结晶。硝酸钠易溶于水，肥效快，吸湿性很强，易结块，贮存时要特别注意防潮。如果结块，使用前要用木棍打碎。硝酸钠有助燃性，贮存时不要与易燃物质一起存放。

硝酸钠肥料的施用方法主要包括以下几个方面：

（1）施用方式　硝酸钠适合作为追肥使用，适用于中性或酸性土壤。在干旱气候条件下，也可以作为底肥施用，但需深施到湿润的土壤层。硝酸钠不宜用于水田和盐碱地。

（2）施用量　每亩施用量为 10～15 千克，建议少量多次施用，以避免硝态氮的淋失。与其他肥料的配合使用：硝酸钠应与有机肥或其他形式的氮肥配合使用，以避免土壤板结。长期施用时，应将硝酸钠与有机肥或钙质肥（如过磷酸钙）配合使用。

（3）适用作物　硝酸钠对一些喜钠的作物如甜菜、菠菜、烟草和棉花等有较好的效果。此外，硝酸钠也适用于结球甘蓝、西蓝花和白萝卜等作物。

注意事项：硝酸钠不宜与酸性肥料（如过磷酸钙）和碱性肥料（如草木灰）混合施用，以防降低肥效。施用时如遇结块，应轻轻研碎，不可猛砸，以防爆炸。此外，硝酸钠吸湿性强，保存时应防潮、防高温，并避开易燃物和氧化剂。

88. 怎样施用硫硝酸铵？

硫硝酸铵是硫酸铵与硝酸铵按一定的比例混合，在熔融情况下制成的。含氮 25％～27％，呈淡黄色颗粒状。硫硝酸铵中四分之三是铵态氮，四分之一是硝态氮，它具有硫酸铵的性质，也具有硝酸铵的性质，但比硫酸铵的含氮量要高，比硝酸铵的吸湿性要低。

硫硝酸铵的施用方法、施用时期与硫酸铵或硝酸铵大体相同。硫硝酸铵适于各种土壤和作物，可用作种肥或追肥，最好作追肥使用。为避免硫硝酸铵中硝态氮流失，最好不在水田上使用。目前，硫硝酸铵每公顷施用量以 300～375 千克为宜。

89. 什么是氮肥增效剂？

氮肥增效剂也称硝化抑制剂。它是一种选择性抑制硝化细菌和亚硝化细菌的生命活动，延缓氮肥的转化，减少氮肥的淋失和反硝化损失，提高氮肥利用率的化学制剂。

铵态氮肥施入土壤以后，铵离子暂时被土壤所吸附，但由于土壤中亚硝化细菌和硝化细菌的作用，铵态氮很快就被氧化成亚硝酸态氮和硝酸态氮。亚硝酸态氮和硝酸态氮不能被土壤吸附，极易流失。此外，在淹水条件下或通气不良的旱田中，由于反硝化细菌的作用，硝态氮脱氧生成氮气和一氧化氮而从土壤中逸失。这两个过程是氮肥在土壤中分解和损失的主要途径。氮肥增效剂就是抑制这种损失过程的物质。

氮肥增效剂的特点是：在低用量下对硝化微生物具有较强的选择性

抑制，而对作物和人畜无害，且在作物体内和粮食中的残留量少。

使用氮肥增效剂有以下优点：

① 减少氮肥的养分损失，延长肥效期，提高肥料利用率；

② 节省肥料，在减少施肥量的情况下达到增产目的；

③ 降低施肥成本，因为减少了养分损失，提高了氮肥的利用率；

④ 由于抑制了硝化作用，减少了亚硝酸盐和硝酸盐在土壤和作物中的积累，减轻了环境污染，提高了粮食和饲料作物的品质。

二、磷肥

90. 什么是磷肥？磷肥有哪些种类？

磷肥是一种以磷为主要养分的肥料，主要用于提供植物所需的磷元素。磷肥的肥效大小和快慢取决于其中有效的五氧化二磷（P_2O_5）含量、土壤性质、施肥方法和作物种类等因素。磷肥通常以无色或白色的颗粒状存在，具有良好的溶解性和可吸收性，能够迅速被植物根系吸收、利用。

（1）按肥效快慢分类

① 速效性磷肥：过磷酸钙、重过磷酸钙。

② 半速效性磷肥：钙镁磷肥。

③ 迟效性磷肥：磷矿粉肥。

（2）按酸碱性分类

① 酸性磷肥：过磷酸钙。

② 碱性磷肥：钙镁磷肥、钢渣磷肥。

（3）按形态分类

① 粉状磷肥：粉状过磷酸钙、钙镁磷肥等。

② 颗粒状磷肥：粒状过磷酸钙、重过磷酸钙。

（4）按制法分类

① 酸法磷肥：过磷酸钙。

② 热性磷肥：钙镁磷肥。

（5）按可溶性分类

① 水溶性磷肥：过磷酸钙、重过磷酸钙。

② 枸溶性磷肥：钢渣磷肥、钙镁磷肥。

③ 难溶性磷肥：磷矿粉肥。

91. 什么是水溶性磷肥、枸溶性磷肥、难溶性磷肥?

(1) 水溶性磷肥　如过磷酸钙、重过磷酸钙等，这些肥料中的主要成分是磷酸一钙，能溶解于水，作物能直接吸收利用，养分高，肥效快，通常称为速效性磷肥。

(2) 枸溶性磷肥（又叫弱酸溶性磷肥）　即肥料中含有的磷酸盐不溶解于水，而能溶解于枸橼酸（即柠檬酸）等弱酸。如钙镁磷肥就属于枸溶性磷肥，施入土壤后依靠土壤中的酸和作物根系分泌的酸逐渐溶解，而被作物吸收利用。

(3) 难溶性磷肥　如磷矿粉肥等，这类磷肥的肥效慢，后效较长，主要依靠土壤中的酸作用，使其慢慢溶解。难溶性磷肥适用于酸性土壤作基肥，或用于贮备施肥。

92. 过磷酸钙是什么性质的肥料? 怎样施用?

过磷酸钙是磷矿石经过粉碎后加入硫酸制成的。普通过磷酸钙，除能供给作物磷素营养外，还有提供钙、硫、铁等元素的作用。由于含有大量的硫酸钙和游离酸，还有改良盐碱土的作用。

过磷酸钙是灰白色的，有粉状和粒状两种。成品中有效磷含量及其他成分的含量，按国家规定标准分级见表 2-2。

表 2-2　过磷酸钙成品级别规格

成分	级别				
	特级	一级	二级	三级	四级
有效磷(P_2O_5)含量/%	>20	18	16	14	12
游离酸含量/%	<3.5	4	4.5	5	5
水分含量/%	<8	10	12	14	14

过磷酸钙适用于各类土壤和各种作物，可作基肥、种肥和追肥。施肥量少时可作种肥条施或穴施，把肥料施在种子斜下方 3～5 厘米处。施肥量高时（每公顷施用量 375 千克以上），可用一部分作基肥，一部分作种肥，进行分层施肥，这样施法既能供应作物幼苗的磷素营养，又能满足作物生长后期对磷的需要，并增加磷肥和作物根系的接触面积，便于吸收利用。

磷肥作追肥时，一定要早施，深施到根系密集的土层中，否则效果不好。

根外追施过磷酸钙，是以少量肥料获得较好效果的措施，一般在作物开花前后施用，施用浓度为1%～3%，具体做法是，5千克过磷酸钙加水50千克，制成10%的原液，充分搅拌，静置过夜，定量地取上部澄清溶液，加水稀释到规定的浓度，每次每公顷喷施750～1125千克，喷施一般在早晨无露水时或傍晚进行，使溶液在叶面保留一段时间，以便于吸收。

93. 过磷酸钙施入土壤后发生哪些变化?

过磷酸钙施入土壤后，水分从土壤周围向施肥点汇集，使磷酸一钙溶解和水解，形成一种磷酸一钙、磷酸和含水磷酸二钙的饱和溶液，比原来土壤溶液中磷酸离子的浓度高，与周围溶液形成了浓度差，磷酸就不断地向四周土壤扩散。在扩散过程中，磷酸逐步与土壤中多种离子起反应，同时，磷酸一钙溶解后，会引起微域土壤溶液 pH 反应急剧下降，能把土壤中的铁、铝、钙、镁等成分溶解出来，与磷酸发生化学作用，形成不同溶解度的磷酸盐沉淀。

在石灰性土壤中，过磷酸钙中的磷酸一钙与土壤中的钙离子结合，转化为含水磷酸二钙、无水磷酸二钙和磷酸八钙等中间产物，最后大部分经水解形成稳定的磷灰石。

在酸性土壤中，过磷酸钙的磷酸离子与土壤中的铁、铝离子或土壤胶体上的代换性铁、铝作用，生成磷酸铁、铝沉淀，经水解又可生成粉红磷铁矿、胶态磷酸铁以及各种磷铝石等，有效性差，随着时间的延长，这些磷酸盐不断老化，或在土壤氧化还原电位交替变换的条件下，形成闭蓄态磷酸盐。酸性土壤中还含有较多的氢氧化铁、铝和氧化物，如针铁矿以及黏土矿物。过磷酸钙施入后，其磷酸离子为水化铁铝所固定，生成碱式磷酸盐，或进行阴离子交换而被吸附在土壤胶体上面。

在中性和微酸性土壤中施入过磷酸钙，有效性最高。pH 值在6.5～7.5之间的土壤，磷肥施入后以磷酸一氢离子和磷酸二氢离子形式存在，是对作物最有效、最易吸收利用的形态。

94. 怎样提高过磷酸钙的利用率?

提高过磷酸钙的利用率可以通过以下几种措施：

（1）过磷酸钙施在缺磷的土壤上　一般情况下，土壤速效磷含量高的地块，施用过磷酸钙的效果差。而若地块速效磷含量低，则施用过磷酸钙的效果好，因此，应该把过磷酸钙首先施在缺磷的土壤上。

（2）过磷酸钙与氮肥配合施用　过磷酸钙与尿素、硝酸铵等氮肥配合施用，可以提高肥效。适宜的氮磷比例是提高磷肥增产效益的前提。在缺磷又缺氮的低产土壤上，氮肥与磷肥配合施用，可以互相促进，表现出协同效应。在土壤有效氮比较丰富，有效磷相对偏低，即氮磷比例失调的土壤上，配合施用磷肥的效果更为突出。氮磷肥配合的比例因土壤和作物种类不同而异。一般禾谷类作物的适宜氮磷比例为 2∶1 或 1∶1，豆科作物为 1∶1.5 或 1∶2 左右。

（3）过磷酸钙与有机肥料混合施用　过磷酸钙与有机肥料混合施用为什么会提高磷的有效性呢？这是由于过磷酸钙与有机肥料混合时，可以减少过磷酸钙与土壤直接接触而被固定的机会。被有机肥料包围的过磷酸钙颗粒，在土壤溶液中慢慢释放出磷素供作物利用。

（4）集中施、深施　磷肥无论作基肥、种肥，都以集中施用的效果好。其原因是集中施用能减少肥料和土壤的接触面，从而减少固定，同时提高了局部环境中磷酸的浓度，造成施肥点和作物根系的浓度差，有利于磷酸离子向根系扩散而被根系吸收。

95. 什么是重过磷酸钙？怎样施用？

重过磷酸钙为灰白色颗粒状，它的主要成分是水溶性的磷酸一钙 [$Ca(HPO_4)_2 \cdot H_2O$]，不含硫酸钙，含水溶性磷（P_2O_5）36%～52%，呈酸性反应，酸性和腐蚀性均比过磷酸钙小，是现有磷肥中含有效成分最高的一种化学磷肥。因为含磷量约三倍于普通过磷酸钙，所以叫重过磷酸钙或三料过磷酸钙（简称三料磷肥）。

施用方法：重过磷酸钙含磷量高，用量要比过磷酸钙少，根据土壤条件和作物种类确定施用量，一般每公顷施 75～150 千克。重过磷酸钙在土壤中移动性很小，应作种肥条施或穴施，以保证作物幼苗的良好发育，奠定早熟高产的基础。

96. 过磷酸钙当季利用率不高的原因是什么？应采取哪些措施？

过磷酸钙施入土壤中会发生化学变化，最主要的变化是磷的固定。在南方酸性土壤上易产生磷酸铁、磷酸铝沉淀，而在北方石灰性土壤上则形成磷酸钙沉淀，从而降低了磷肥的有效性，使肥效大大降低，这就是磷肥当季利用率不高的主要原因。此外，磷肥在土壤中移动性小，移动距离一般为1～3厘米，而绝大部分集中在施肥点周围0.5厘米范围内。因此，提高磷肥利用率的原则是，既要减少肥料与土壤的接触避免固定，又要增加肥料与根系的接触，以利于作物吸收。一般应采取以下措施：

(1) 集中施用　过磷酸钙无论是作基肥、种肥或是追肥，都应集中施用，以减少它与土壤的接触。对中耕作物可采用条施或穴施的方法，水稻田可采用塞秧蔸或蘸秧根的方法，通常作基肥的效果比追肥好。

(2) 与有机肥料混合施用　与有机肥料混合施用可以减少肥料与土壤的接触，因此能减少磷肥固定，实质上是利用有机肥料保护磷肥，减少土壤对磷肥的固定作用。

(3) 制成颗粒磷肥　制成颗粒磷肥也是减少磷肥与土壤接触面的一种做法，与集中施用有相同的意义。颗粒磷的粒径一般以3～5毫米为宜。

(4) 分层施用　在磷肥用量较多的情况下，可将用量的70%作基肥，其余30%作种肥，以保证苗期和中后期有充足的磷供作物吸收。

(5) 根外追肥　根外追肥是经济有效施用磷肥的方法之一。它可以完全避免土壤对水溶性磷酸一钙的固定。尤其是在作物生长的后期，根系吸收养分能力减弱时，叶面喷施磷肥能够增加水稻、小麦的千粒重，棉花的百铃重和提高果树的坐果率。

喷施过磷酸钙时，应先在磷肥中加入少量水配制成母液放置澄清，取上层清液稀释到所需浓度后喷施。喷施浓度根据作物种类和生长状况而定。一般双子叶作物适宜的浓度为0.5%～1%，单子叶作物适宜的浓度为1%～2%。

97. 什么是钙镁磷肥？怎样施用？

钙镁磷肥是灰绿色或浅灰色的粉末，不溶于水，只溶于弱酸。不吸湿，不结块，呈微碱性，没有腐蚀性。含枸溶性磷（P_2O_5）14%～18%，含氧化钙25%～30%，氧化镁15%～18%，主要成分为α-$Ca_3(PO_4)_2$。

钙镁磷肥有中和土壤酸度和降低土壤中铁、铝危害的性能，同时，除供应磷素外，还能补充土壤中钙、镁、硅等元素，既能改善土壤物理化学性状，又能改善作物的营养条件。由于钙镁磷肥不溶于水，只能靠土壤中的酸和作物根系分泌的弱酸来溶解，因此，在南方酸性土壤上，当季肥效与过磷酸钙大致相似，在中性和石灰性土壤上的肥效比过磷酸钙小。

在施肥方法上，要早施、深施。钙镁磷肥的肥效比较迟缓，在土壤中经过分解才能被作物吸收利用，只有早些施用才能满足作物苗期对磷的需要。一般作基肥或种肥施用，每公顷用量225～375千克。深施效果好，同时要集中施在根系附近。根系分泌的酸使钙镁磷肥溶解，便于作物吸收利用。钙镁磷肥最好与过磷酸钙配合施用，既能消除过磷酸钙中的游离酸，又能促进钙镁磷肥溶解，提高肥效。

钙镁磷肥的效果与作物种类关系较大。它对水稻、玉米、小麦等作物的效果一般为过磷酸钙的70%～80%，对油菜和豆科绿肥，其肥效略有超过。不同的作物对钙镁磷肥具有不同的利用能力。因此，在轮作中，钙镁磷肥应优先在油菜、萝卜、豆科绿肥、豆类、瓜类等吸收能力强的作物上施用。

98. 钙镁磷肥施在什么土壤上效果好?

钙镁磷肥是碱性肥料，除含磷外，还含有钙、镁等元素，最适宜施在酸性土壤、中性土壤以及缺镁的砂质土壤上面。在碱性土壤上的效果不如过磷酸钙，在酸性土壤上的效果有时甚至比过磷酸钙还好。这是因为酸性土壤的酸度能较快地把肥料中的磷溶解出来，供作物利用，这种碱性肥料能使土壤局部的酸性降低，从而改善作物的生长环境。除此之外，酸性土壤大多缺乏镁素，钙镁磷肥还能为作物提供镁和钙等养分，所以增产效果好。

99. 怎样施用钢渣磷肥?

钢渣磷肥是炼钢工业的副产品，为黑褐色粉末，呈强碱性，具有良好的物理性状，含磷12%～18%。主要成分是磷酸四钙和磷酸四钙与硅酸钙的复盐，所含磷不溶于水，而易溶于弱酸，宜作底肥施用，有较长的后效。

钢渣磷肥是碱性很强的肥料，含45%～55%的石灰，在酸性土壤上施用的效果很好，但不适宜在碱性土壤上施用。不宜和其他速效氮肥混合施用，以免使氮肥中的氨挥发损失。与有机肥料堆沤，不但能提高钢渣磷肥的肥效，还能加速有机肥料的腐熟。

钢渣磷肥是一种多养分的肥料，除了磷、钙之外，还含有铁12%～16%、镁2%～4%、锰5%～6%、硅6%～8%，以及少量的铜、锌、钼等微量元素。因氧化钙含量较高，对喜钙的豆科作物效果好。因含有硅，用于水稻上能使茎秆健壮，提高抗倒伏能力。一般每公顷用量 450～600 千克。

100. 脱氟磷肥是什么性质的肥料?

脱氟磷肥是白色或浅灰色粉末，主要成分为磷酸三钙。烧结法制造的脱氟磷肥有两种，含 P_2O_5 分别为 19%～20%和 22%～28%。由熔融法制造的脱氟磷肥含 P_2O_5 20%～22%，是一种弱酸溶性磷肥，不吸潮，不结块，无腐蚀性，久存也不降低肥效。脱氟磷肥与钙镁磷肥、钢渣磷肥性质相似，在酸性土壤中的效果较好。其肥效比过磷酸钙稍慢，但后效较长，施用方法参照钙镁磷肥。

101. 磷矿粉肥是什么性质的肥料?

磷矿粉肥是磷矿石经机械磨细，不经任何化学处理而制成的一种迟效性磷肥。由于磷矿石的品位不同，加工出的磷矿粉肥含磷量不同，肥效也不同。我国几种磷矿粉的主要化学组成见表 2-3。

表 2-3　我国几种磷矿粉的主要化学组成　　单位:%

磷矿产地	全磷(P_2O_5)	2%柠檬酸溶性有效磷		CO_2	F	CaO
		绝对百分含量	占全磷百分数			
贵州	35.98	8.41	23.40	1.70	4.00	50.67
云南	38.10	7.96	20.90	1.20	3.85	53.77
湖北	32.44	5.22	16.10	0.38	2.08	—
湖南	33.59	5.24	15.60	0.25	2.64	45.41
四川	40.92	5.14	12.64	0.80	3.55	53.39
安徽	38.59	6.88	17.82	2.56	3.23	55.22

由于磷矿的形成、来源不同，大致可将磷矿石分为三类：一类是火成磷酸盐矿，或者是沉积后经过变质的磷酸盐矿，一般称为磷灰石。另一类来自沉积的次生磷酸盐矿的磷块岩，其中风化较深的通常称为磷灰土，在我国多分布在西南、中南等广大地区。这类磷矿一般贮量大，品位较高，含 P_2O_5 量可达 25%～30%。最后一类是鸟粪磷矿，它是由一些近代海鸟粪便在大洋的珊瑚岛或海洋边的洞穴中堆积而成，这种磷矿在我国海南岛、西沙群岛等地也都有分布，是一种优质磷矿资源，可直接施用并具有良好的肥效。

102. 怎样施用磷矿粉肥?

磷矿粉是将矿石粉碎、磨细而成的粉状磷肥，磨得越细，肥效越高，一般规定要磨细到使80%以上的磷矿粉通过100目筛。

磷矿粉肥可以单独施用，但最好是与其他肥料配合施用，具体使用方式如下：

（1）直接单施　玉米、谷子、高粱、大豆作种肥条施或穴施，小麦、水稻在耙地前撒施作基肥。

（2）与氮肥配合施用　磷矿粉肥与氮肥配合施用，因满足了作物生育所需的氮素营养，作物生长健壮，增强了吸收利用磷矿粉肥中磷素的能力，从而能提高磷矿粉的肥效。

（3）与过磷酸钙配合施用　磷矿粉肥与少量过磷酸钙配合施用，可满足作物生育初期需要的速效性磷，当作物的吸收能力增强后，再利用磷矿粉肥中的磷，这样配合施用可以显著提高作物产量。

（4）与有机肥料混合发酵后施用　有机肥料与磷矿粉肥混合发酵后施用，可提高磷矿粉肥的肥效。

103. 为什么要把粉状过磷酸钙制成颗粒?

过磷酸钙有粒状和粉状两种。一般地方小型磷肥厂生产的过磷酸钙多为粉状。粉状过磷酸钙施到田间后，它所含的水溶性磷酸很快就溶解于土壤水分中，非常容易与土壤中的钙、铁、铝等元素发生化学变化，起固定作用，变成不可给态磷酸盐，而使过磷酸外层的肥效大为降低。

为了减少磷酸的固定，最好的办法是制成颗粒状施用，这样大大减少了磷素成分与土壤的接触面积，因而就减少了磷酸被土壤固定的机会。其次，施用颗粒状过磷酸钙，可以在土壤中形成磷素养分含量较高的区域，供作物吸收利用，而这个区域周围的土壤，则不至于因磷酸浓度过高而影响土壤微生物的活动。颗粒状过磷酸钙的另一个优点是便于机械施用，下肥均匀，节省劳力，提高工作效率。

104. 怎样鉴别磷肥?

磷肥有很多品种，要鉴别是哪一种磷肥，可做个简单的试验，然后再作观察。取一个玻璃杯或白瓷碗，装大半杯清净的凉开水（注意一定要清净的），然后取化肥样品一小匙，缓慢地倒入水中，一边倒，一边搅拌，倒完后，再充分搅拌，静置一会儿后，观察其溶解情况。

① 大部分溶于水的是重过磷酸钙。

② 小部分溶于水的是过磷酸钙。

③ 不溶于水的是钙镁磷肥、磷矿粉肥或骨粉。

④ 再根据肥料的颜色、气味和形状等进行区别。

⑤ 钙镁磷肥是暗绿、灰褐、灰黑色等粉末，在阳光下，可见到粉碎的玻璃体反光。

⑥ 磷矿粉肥是灰褐色或灰黄色粉末不吸湿，无酸味。

⑦ 过磷酸钙是灰白色粉状或颗粒，具有酸味，用手捻一下，有湿涩的感觉。

⑧ 重过磷酸钙是灰色颗粒，颗粒呈球形，坚硬。

105. 怎样鉴别磷酸铵和重过磷酸钙?

磷酸铵和重过磷酸钙的颜色、粒形十分相似，从外形上不好区别。磷酸铵是氮磷复合肥料，含有氮、磷两种成分。重过磷酸钙是单质肥料，是磷肥。两者的成分和用法各不相同，必须加以鉴别，鉴别这两种肥料的方法是：在碗中放入干净的水，取一小匙肥料研碎放入水碗中，摇动使之溶解，在溶解后的肥料溶液里，加点碱（纯碱）或面起子（苏打粉），再略加热，如果产生氨气味就是磷酸铵，没有氨味的是重过磷酸钙。

106. 氨化过磷酸钙和过磷酸钙有什么不同?

过磷酸钙中如果游离酸含量大于5%，则不利于运输和施用。为了消除这个不利因素，就把游离酸含量高的普通过磷酸钙通入氨，中和其中游离的磷酸和硫酸，制成氨化过磷酸钙。氨化过磷酸钙是一种氮磷复合肥，含N 2%～3%、P_2O_5 14%～18%。

氨化过磷酸钙的性质比较稳定，不含游离酸，没有腐蚀性，吸湿性和结块性均弱，物理性状良好，具有较好的松散性，便于运输、贮存和施用。

氨化过磷酸钙的施用技术与过磷酸钙相同。由于肥料中增加了氮素成分，所以增产效果要比等磷量的过磷酸钙好。氨化过磷酸钙的主要营养成分是磷，宜作种肥施用。然后再根据土壤和作物的需要追施氮肥。

107. 怎样判断土壤是否缺磷?

土壤中有效磷的多少，是施用磷肥的主要依据。土壤是否缺磷，要根据生物试验和化学分析来判断。最可靠的方法是用作物进行施磷肥的田间试验，根据作物的增产情况确定。

影响磷肥效果的因素很多，土壤缺不缺磷只是因素之一，所以，当施用了磷肥增产效果不太明显时，还要对其他条件作全面分析，才能做出土壤是否缺磷的结论。

用化学分析方法测定土壤中速效磷含量，可以判断土壤磷素丰缺程度。但速效磷随土壤种类、季节、气候、土壤的干湿情况而有很大变化。不同的浸提液和操作方法之间，分析结果也有很大出入。所以，判断土壤是否缺磷最好的方法是化学分析数据与田间试验结果配合起来分析。

108. 为什么氮肥能促进磷的吸收利用？

施用氮肥可以增加作物对磷肥吸收利用的原因是施用氮肥使作物茎叶生长繁茂，提高光合作用效果，显著增加地上部分生长量，增加了对磷的需要，使根系迅速而大量地吸收土壤中的磷。因此，在根系表面与根际土壤之间产生了更大的浓度梯度，使远离根的磷酸离子更快地向根部扩散，促进了根系对磷的吸收。

在不同形态的氮肥中，铵态氮比硝态氮促进磷吸收的作用大。其原因是作物吸收阳离子的铵态氮时，为了电性中和，必须吸收相应量的阴离子，特别是磷酸根离子，而当吸收阴离子的硝态氮时，则不需要其他阴离子的伴随。而且硫酸铵、氯化铵等生理酸性氮肥可使磷酸盐的溶解度增加。此外，施用氮肥能促进植物体内含氮化合物的形成，在这些化合物中有一部分是含磷的，所以也能促使作物对磷的吸收。

109. 施用磷肥为什么能防止玉米出现紫苗？

首先，玉米苗期有时叶片出现红紫色，其有的是由低温、霜冻引起的，有的是土壤通气透水性差造成的。其次，土壤中磷素含量低时，玉米幼苗根系发育不良，生长缓慢，植物体内碳水化合物的代谢遭到破坏，叶片内积累了较多的糖分，形成较多的花青素，于是在玉米叶片上，明显地呈现紫红色的条纹或斑点。施用磷肥增加土壤中的有效磷含量，幼苗生长健壮，养分代谢正常，即使遇见低温也不会出现紫苗现象。

110. 磷肥有后效作用吗？影响因素是什么？

磷肥具有后效作用。磷肥的后效主要是由于磷在土壤中的移动性差，大部分磷会残留在土壤中，逐渐释放给作物吸收。磷肥的当年利用率为10％～25％，这意味着大部分磷会留在土壤中，逐渐被作物吸收利用。

磷肥施用后，当季农作物一般只能吸收利用其中的一小部分，大部分磷会残留在土壤中，因此其后效很长，可以持续5～10年。磷肥的后效使得在磷肥不足时，可以隔年施用，利用以前所施磷肥的后效来满足作物对磷肥的需求。

磷肥后效的影响因素主要包括三方面：

（1）土壤条件　土壤的供磷水平、有机质含量和酸碱度等因素都会影响磷肥的后效。在瘠薄的瘦田、旱田、冷浸田等土壤中施用磷肥后的增产效果更明显。

（2）作物生长阶段　作物苗期对磷的需求最大，此时施用磷肥的效果最好，因为作物苗期吸收磷的速度最快。

（3）施肥方法　合理的施肥方法如穴施、条施、与有机肥混合施用等，可以提高磷肥的利用率和后效。

111. 什么叫磷的固定?

通常，水溶性磷肥施入土壤后，在酸性土壤中，它与铁、铝进行化学反应，形成磷酸铁铝沉淀；在石灰性土壤中则与钙结合，形成较难溶的磷酸钙盐，这个过程称为“磷的固定”。

土壤磷的固定是通过吸附固定、沉淀固定、矿物转化和微生物作用等方式实现的。这些固定过程能够使土壤中的磷离子转化为不易溶解的形态，降低磷素的有效性，对土壤磷循环和植物磷吸收起到重要的调节作用。

（1）吸附固定　土壤颗粒表面带有负电荷，能够吸附和固定磷离子。磷酸盐以阴离子形式存在于土壤中，与土壤颗粒表面的负电荷形成静电吸附作用，使磷离子附着在土壤颗粒表面，形成吸附固定的状态。

（2）沉淀固定　土壤中的磷酸盐与钙、镁、铁等离子结合形成难溶性的颗粒沉淀，从而固定磷在土壤中。

（3）矿物转化　土壤中的磷酸盐可以与土壤矿物质发生化学反应，形成磷酸盐矿物，从而固定磷在土壤中。常见的矿物转化反应包括磷灰石转化为氟磷灰石、铝磷酸盐或镁铝磷酸盐等。

（4）微生物作用　土壤中的微生物可以参与磷的固定过程。一些微生物能够分泌有机酸、胞外多糖等物质，与磷酸盐结合形成难溶性的有机磷络合物，从而固定磷在土壤中。

112. 被土壤固定的磷是否能被作物重新利用?

磷的固定是客观存在的和难以避免的，土壤对磷的固定虽有降低磷肥肥效的不利一面，但是它也有暂时“保存”养分的有利一面，因此要全面地理解磷的化学固定。另外，被固定的磷，只要条件合适，还能逐步转化为作物可吸收的磷酸盐。当然，前提是要具备转化的条件，而且转化所需的时间较长。北方石灰性土壤中所形成的磷酸钙盐，在酸性条件下，可逐步转化为水溶性的磷酸一钙；南方土壤中所形成的磷酸铁、磷酸铝在还原条件下，可提高磷的有效性。

总之，尽管土壤存在磷的固定，但不等于说就不必施用磷肥了。为了避免磷的化学固定，提高磷肥的有效性，关键是要采用科学的施肥技术，如集中施用以减少磷肥与土壤的接触，把磷肥施于根系密集的土层中尽量增加根系对磷的吸收，或采取叶面喷施方法避免土壤对磷的化学固定，就能提高磷肥的当季利用率。

三、钾肥

113. 怎样选择钾肥品种?

硫酸钾和氯化钾是常用的两种钾肥，从作物营养角度来看，它们都能为作物提供钾营养，有利于作物增产，但从产品品质来看，有的作物施用硫酸钾的效果比氯化钾好，但也不是所有作物都需要施用硫酸钾。

选择钾肥品种的原则是：

(1) 从土壤条件看　缺硫的土壤应选用硫酸钾；盐碱地厂施用硫酸钾，不应选用氯化钾，以避免增加土壤氯离子的含量，加重盐害。

(2) 从作物方面看　对氯敏感的作物如烟草、马铃薯、西瓜、甘薯、甘蔗、茶树、柑橘等应选用硫酸钾。对喜硫的蔬菜作物如葱、蒜等也应选用硫酸钾。

(3) 从肥料价格看　硫酸钾价格比氯化钾贵，所以除特殊原因和要求外，一般情况下应尽量选用氯化钾。

(4) 从灌溉条件看　有灌溉条件或多雨的地区，只要土壤排水条件良好，大多数作物均可选用氯化钾，对产量和品质不会产生不良影响。

114. 钾对作物生长有哪些作用?

钾是作物体中含量较多的元素之一，主要存在于茎叶中。钾对作物的生长发育有多方面的作用，钾能增加作物细胞的膨压，使细胞富于弹性，叶气孔的保卫细胞富于弹性时，就能调节气孔的张开和关闭，有利于作物的呼吸作用，又可使作物吸收较多的二氧化碳，为光合作用提供丰富的碳素营养，促进糖分和淀粉的形成，钾能提高作物对氮的吸收和利用，并能促进蛋白质的合成。钾能够防止水分蒸发，促进根系发育，提高作物的抗旱能力，钾还能促进茎秆纤维发育，使茎秆强壮，防止倒伏，提高作物抵抗病虫害的能力。钾对作物体内养分的转化和运输有重要作用，对改善农产品品质也有良好作用。

115. 作物缺钾时有哪些症状?

作物缺钾症状往往要到生育中期才能表现出来，喜钾作物上缺钾症状表现明显，如亚麻、烟草、马铃薯、甜菜、向日葵、蔬菜等，其外部特征如下：

① 老叶叶片边缘或叶尖开始变黄，逐渐变褐，呈火烧焦状，以后叶脉之间的叶肉也干枯，叶面出现青铜色褐斑，但叶的中部靠叶脉的部分仍保持绿色。

② 叶片和输导系统发育不均匀，叶的形态不正常。由老叶开始，症状逐渐向上扩展，当上部出现缺钾症状时，表明植株严重缺钾。

③ 禾谷类作物缺钾时分蘖减少，节间缩短，植株下部叶下垂；双子叶作物的侧枝发育受到抑制。

④ 棉花缺钾时，往往苗期和蕾期主茎中部叶片首先呈现叶肉缺绿，进而转为淡黄色，叶表皮组织失水皱缩，叶面拱起，叶缘下卷。到花铃期可以看到主茎或上部的叶肉呈黄色或黄白花纹，继而呈现红色，通常称之为黄叶茎枯病或红叶茎枯病。严重时叶子逐渐枯焦脱落，棉株早衰。

⑤ 机械组织发育不良，比较容易感染真菌病害，作物容易发生倒伏现象。

钾素过剩时对作物也有不良影响，使生育受到抑制。土壤中钾素含量过高时，甜菜含钾量也过多，使块根纤维化、木质化，不便加工制糖。

116. 硫酸钾有哪些性质？怎样施用？

硫酸钾是一种常用的钾肥，为白色结晶体，有时因含杂质呈灰白色或淡黄色，氧化钾（K_2O）含量一般为48%～52%。它的吸湿性很小，贮存时不结块，易溶于水，是速效性肥料。

硫酸钾是生理酸性肥料。因此，酸性土壤施用硫酸钾应适当配合施石灰，硫酸钾与难溶性的磷矿粉肥配合施用，不但可以减少酸性，还可以提高磷肥的肥效。硫酸钾在砂性土壤上最好少量多次施用，或者与有机肥配合施用，以减少养分损失。

（1）作基肥施用　将硫酸钾撒到地面或垄沟里，结合翻地或起垄将肥料翻入土中或包在垄内，这种做法施肥部位较深，效果好。

（2）作种肥或追肥施用　硫酸钾在土壤中移动性较小，应集中条施或穴施到作物根系密集的土层，便于根系吸收利用。但硫酸钾养分很高，不能直接接触种子，以免烧伤。根据试验结果，硫酸钾与种子混播小麦每公顷施75千克的烧苗率为5%；每公顷施150千克硫酸钾时，烧苗率高达28%～30%，出苗晚1～4天。硫酸钾作种肥施用时应距种子3～5厘米远。作追肥时可根据作物播种方式，采取条施或穴施的方法，施入土层5～10厘米深，施后覆土。

117. 氯化钾有哪些性质？怎样施用？

氯化钾是灰白色或暗灰色、淡黄色、红色的细粒结晶，含K_2O约60%，有吸湿性，贮存时易结块，要放在干燥的地方，防雨、防潮。

氯化钾易溶于水，为生理酸性肥料，但生理酸性表现得不如硫酸钾强，尽管如此，在酸性土壤上如大量施用，也会由于酸度增强而促使土壤中游离铁、铝离子增加，对作物产生毒害，所以，在酸性土壤中施用氯化钾，也应配合施用石灰，这样做可以显著提高肥效。氯化钾不适于在盐碱地上长期施用，否则会加重土壤的盐碱性。

氯化钾适用于水稻、麦类、玉米，特别适用于麻类作物，因为氯对提高纤维含量和质量有良好的作用。马铃薯、烟草、甘薯、甘蔗、柑橘、茶树等经济作物不宜大量使用。

氯化钾作为一种速效性钾肥，可以作基肥和追肥，但作种肥时需要注意，施用量不能过大，并使肥料和种子保持一定距离，避免氯离子对种子萌发产生不良影响。由于氯离子对土壤和作物不利，所以，其宜多作基肥早施，使氯离子从土壤中淋洗出去。氯化钾的施用方法与硫酸钾大体相同。

118. 什么是钾镁肥？怎样施用？

钾镁肥又称卤渣或“高温盐”，是制盐工业的副产品。它含有较多的硫酸钾、硫酸镁、氯化钾、氯化镁及一定数量的食盐。一般 K_2O、MgO、NaCl 含量为 30%左右。易溶于水，吸湿性强，易潮解。

钾镁肥可作基肥或追肥用，因含有较多的食盐，不适宜作种肥。施用于酸性红黄土壤以及烂泥田、砂性土上效果好，特别是在施肥水平低，土壤交换性钾、镁含量少的土壤和酸性水稻土上，增产效果更显著。钾镁肥是以含钾、镁等成分为主的肥料，只有在施用氮、磷化肥的基础上才能显示增产效果。

烟草、马铃薯、茶树等忌氯作物不能施用钾镁肥。

119. 什么是窑灰钾肥？怎样施用？

窑灰钾肥是水泥工业的副产品，为灰黄色或灰褐色的粉末，含 K_2O 10%左右，含 CaO 35%左右，并含有镁、硫、铁等元素。窑灰钾肥中的钾是以多种化合物形态存在的，其中水溶钾和枸溶性钾（即有效性钾）占 90%以上。

窑灰钾肥由于氧化钙含量较高，是一种吸湿性很强的碱性肥料（pH 9～11），在酸性土壤上施用，还有中和土壤酸性和供给作物钙素养分的作用。

窑灰钾肥只适于作底肥和追肥，不宜直接作种肥，因为，窑灰钾肥里的氧化钙吸水性很强，在土壤中吸水后变成熟石灰，放出大量的热，对种子发芽有影响。如需作种肥，应预先和有机肥料混合堆沤 3～4 天，然后施用。作底肥时可结合翻地或扣垄施入。作追肥时要严防烧苗，最好与等量的潮细土拌匀后撒施，大风天和叶面有露水时不宜撒施，以免肥料黏附在叶面，引起灼伤。

120. 钾肥的肥效与哪些条件有关？怎样提高钾肥的肥效？

影响钾肥肥效的主要因素是土壤类型、作物种类以及施肥方法。

（1）土壤类型　土壤中钾的含量主要取决于土壤的矿物组成和土壤质地，而有效钾的丰缺又受气候等条件和施肥耕作措施的影响。南方土壤含钾量低，而北方土壤含钾比较丰富。特别是长江以南的红壤性水稻土，钾肥的效果比较显著。

在同一种土壤类型上，土壤质地不同，钾肥的效果也有明显差异。一般砂土的代换吸收容量小，钾易于流失，黏土则相反，有效钾含量高，所以钾肥在砂土上的效果多高于黏土。

此外，施用过含钾量较高的有机肥料的地块，化学钾肥的肥效较低。在多数情况下，氮磷肥的用量增加时，钾肥的肥效也相应提高。

（2）作物种类　不同作物对钾肥的反应有很大差异，如马铃薯、甘薯、甜菜、果树、烟草、棉花、豆类、麻类等作物，对钾的反应比较敏感，其他作物则差一些。所以钾肥应优先满足薯类作物、纤维作物、糖料作物、油料作物等需钾多的作物。但氯化钾不宜施给忌氯作物。

（3）施肥方法　为了提高钾肥的肥效，除考虑上述因素，尽量做到因土因作物施钾外，在施肥方法上，还要做到早施、深施、集中施。通常，在钾肥一次性施用的情况下，作基肥比追肥好，作追肥早追比晚追好。在多次施钾的情况下，应掌握“重施基肥、轻施追肥”的原则。在保水保肥力差的砂性土壤上，钾应分次施用，因为钾易被土壤固定，移动性又小，所以应深施于根系集中的土层中，一般施 10 厘米为宜。为了减少土壤对钾的固定，应条施、穴施或水稻施蔸肥。

在缺钾土壤上，给豆科绿肥作物施钾，以钾增氮，可以获得稳定的增产效果。

121. 什么是钾钙肥？怎样施用？

钾钙肥是以钾长石、石灰石、石膏、无烟煤为原料，分别经粉碎通过 60～100 目筛，按钾长石∶石灰石∶石膏∶无烟煤为 1∶2∶0.7∶1 的比例，加水混合，压成团球，放入煅烧炉中，温度保持在 1000～1200℃，经 3～4 小时，取出冷却粉碎而成。

钾钙肥为浅蓝绿色，呈多孔块状，成分很复杂，一般氯化钾、氧化钙、氧化镁的含量均在 4%左右，此外，钾钙肥中还包含铝、硅、硫等元素。钾钙肥用于酸性土壤，适宜作基肥及早期追肥。

122. 草木灰的特点是什么？怎样施用？

草木灰的成分复杂，植物体含有的灰分元素，如磷、钾、钙、镁、硫、铁、钠，以及其他微量元素硼、锰、锌、钼等，草木灰中也都含有。其中磷、钙较多，尤其是含钾较多，一般含钾 5%～10%。不论何种植物烧成的草木灰，其所含的钾均属于碳酸钾，易溶于水，易被作物吸收利用。碳酸钾是碱性盐，因此，草木灰施于酸性土壤能起到局部中和作用。

草木灰可作基肥、种肥或追肥，其水溶液也可用于根外追肥。棉籽浸种后用草木灰拌种，既有利于种子分散，便于下种，又兼有一定的营养作用。贮存和施用上要注意以下问题：

① 由于肥料中以含碳酸钾为主，所以是碱性肥料。它不能与铵态氮肥混合施用，也不能与人粪尿、圈肥等有机肥料混合，以免引起氮素的挥发损失。农村把草木灰撒在粪坑或猪圈中的做法都是不对的。

② 正确贮存草木灰的方法是单独存放在室内，防止风吹雨淋。经水淋洗过的草木灰肥效很差。

③ 我国西北地区和内蒙古的某些内陆盐碱土以及沿海的滨海盐碱土上生长的植物中含大量钠和氯，由这些耐盐植物所得到的草木灰不能用作肥料，以免大量盐分又进入土壤。

④ 草木灰通常以集中施用为宜，采用条施或穴施方法均可。施用深度约10厘米，施后立即覆土。草木灰质地轻且松，易飞扬，施用时很不方便。因此，可在施用前与2～3倍湿土拌和，或喷洒少量水使其湿润，然后再施用。

⑤ 草木灰应优先施在对氯敏感而喜钾的烟草、马铃薯、甘薯等作物上。

123. 硝酸钾是什么性质的肥料？怎样施用？

硝酸钾也叫火硝，白色结晶，粗制品带黄色，有吸湿性，不易结块，易溶于水，化学反应和生理反应均为中性。硝酸钾是一种氮钾复合肥料，含N 13%，含K_2O 46%，氮钾比为1∶3.5。

硝酸钾主要作钾肥施用于喜钾作物，以含钾量计算施肥量。硝酸钾适合作基肥，作追肥时要早追深施。硝酸钾含有硝酸态氮，容易流失，施用于旱田作物较水田好，与有机肥料配合施用更好。有资料介绍用0.2%浓度的硝酸钾溶液处理小麦、大麦、亚麻种子，可以加快种子的出芽速度，提高出苗率，同时，促进作物根系发育。

硝酸钾在高温、猛烈打击下或与易燃物质接触，能引起爆炸，贮藏时必须注意。

124. 怎样施用磷酸二氢钾？

磷酸二氢钾是白色晶体，易溶于水，其水溶液呈酸性（pH 3～4）。

磷酸二氢钾含 P_2O_5 52%、K_2O 35%。

磷酸二氢钾的施用方法有以下几种：

（1）根外追肥　在作物生育的中、后期喷施 1～2 次，每次间隔 7～8 天，肥料溶液浓度为 0.2%～0.6%，每公顷喷液量 750 千克左右。小麦、水稻、谷子、高粱以抽穗至灌浆期喷施效果较好。根外追施磷酸二氢钾是一种辅助性措施，必须在前期管理好的基础上，抓住关键时机喷施，才会有效。喷施磷酸二氢钾只在增加粒重方面有一定的效果，但它不能代替其他化学磷钾肥。

（2）浸种　将种子放入 0.2% 的磷酸二氢钾溶液中浸泡 18～20 小时，捞出阴干后播种。适用于小麦、水稻、谷子等作物。

（3）拌种　用 1%～2% 磷酸二氢钾溶液拌种，每千克溶液拌种 10 千克左右种子。

（4）灌根　配成 1%～3% 的水溶液，每株灌 50～100 克，此法适用于玉米。

四、复合肥料

125. 复合肥料的特点是什么?

复合肥料含有氮、磷、钾等营养元素中的两种主要营养元素的叫二元复合肥料；含三种主要营养元素的叫三元复合肥料；含三种以上营养元素的叫多元复合肥料。

随着农业增产的需要，化肥的品种、数量不断增加。近年来化肥正朝着高浓度、复合化、液体化、缓效化方向发展，减少副成分，节约运输费用，降低成本，提高肥效。

复合肥优点是：①养分种类多、含量高，同时供应作物需要的多种养分，充分发挥营养元素之间的相互促进作用，提高施肥的增产效果；②副成分少，物理性状好。

复合肥缺点是：①养分比例是固定的，难以适应各地土壤、作物的需要，往往需要配合单质肥料施用；②复合肥料中的各种养分施在同一时期、同样深度，不一定适合作物生长。

126. 施用复合肥料应掌握哪些原则与技术?

（1）选择适宜的复合肥料品种　根据不同土壤、不同作物对养分的供需特点进行选择。复合肥料的氮、磷、钾等养分比例要与作物、土壤需求相适应，才能更好地发挥复合肥料的优越性。国内多数土壤首先是缺氮，其次是缺磷、缺钾。一般作物可以选用氮、磷复合肥料，豆科作物可以选用磷、钾复合肥料，经济作物注意选用与当地土壤、气候相适应的三元或多元复合肥料。

（2）适合作物营养的需要　在使用某种复合肥料时，可用单质肥料来调整营养元素比例，使之适合作物营养的需要。

针对复合肥料特点，可作基肥、种肥、追肥。高效的磷酸二氢钾等复合肥料，最好用作根外追肥，提高经济效益。含铵的复合肥料，深施覆土，减少损失，提高肥效。以偏磷酸盐等缓效性养分为主的复合肥，宜与有机肥配合作基肥。

127. 混合肥料有什么优点？怎样配制混合肥料？

混合肥料也叫混配肥料或 BB 肥，其优点是：

① 可以根据不同地区、土壤、气候、作物，选择适宜的肥料品种，按适宜比例来配制，因而能够更好地发挥各种肥料的增产作用；

② 可以改善肥料的物理性状，方便施用；

③ 一次施用几种成分的肥料，简化了施肥作业。

配制混合肥须掌握以下几条原则：

① 有利于改善肥料的性状；

② 混合时不发生养分损失；

③ 不能降低各种肥料成分的有效性；

④ 有利于发挥养分之间的促进作用。

如硝酸铵和磷矿粉混合，能降低硝酸铵的吸湿性，硝酸铵与氯化钾混合生成部分氯化铵和硝酸钾，比硝酸铵的吸湿性小了。但硝酸铵和过磷酸钙则不应混合，否则会由于吸湿性增强而不便施用。含氯的肥料（氯化钾、氯化铵等）与铵态氮肥（硫酸铵等）混合能减少氮的损失。但草木灰在配制混合肥料时必须注意，哪些肥料适于混合，哪些肥料不适于混合（表 2-4）。

128. 复合肥料与混合肥料有什么不同？

在一种化学肥料中，仅仅含有一种营养成分的叫作单质化肥，同时含有氮、磷、钾、微量元素等两种或两种以上营养成分的化肥叫作复合肥料或者混合肥料。

复合肥料是通过化学方法使肥料中的两种或几种营养成分之间起化

表 2-4 各种肥料混合施用情况表

○表示可以混用
·表示混用后不能久放
×表示不能混用

	硫酸铵	硝酸铵	氨水	碳酸氢铵	尿素	石灰氮	氯化铵	过磷酸钙	钙镁磷肥	钢渣磷肥	沉淀磷肥	脱氟磷肥	重过磷酸钙	磷矿粉	硫酸钾	氯化钾	窑灰钾肥	磷酸铵	硝酸磷肥	钾氮混肥	氨化过磷酸钙	草木灰、石灰	粪尿	新厩肥、堆肥
硫酸铵																								
硝酸铵	·																							
氨水	×	×																						
碳酸氢铵	×	·	×																					
尿素	○	·	×	×																				
石灰氮	×	×	×	×	×																			
氯化铵	○	·	×	×	○	×																		
过磷酸钙	○	·	×	×	○	×	○																	
钙镁磷肥	·	·	×	×	○	×	×	×																
钢渣磷肥	×	×	×	×	×	×	×	×	○															
沉淀磷肥	○	·	×	×	○	×	○	×	○	○														
脱氟磷肥	·	·	×	×	○	×	×	×	○	○	○													
重过磷酸钙	○	·	×	×	○	×	○	○	×	×	×	×												
磷矿粉	○	·	×	×	○	×	○	·	○	○	○	○	·											
硫酸钾	○	·	×	×	○	×	○	○	○	○	○	○	○	○										
氯化钾	○	·	×	×	○	×	○	○	○	○	○	○	○	○	○									
窑灰钾肥	×	×	×	×	×	×	×	×	○	○	○	○	×	○	○	○								
磷酸铵	○	·	×	×	○	×	○	○	×	×	×	×	○	×	○	○	×							
硝酸磷肥	·	·	×	×	·	×	·	·	×	×	×	×	·	·	·	·	×	·						
钾氮混肥	○	·	×	×	○	×	○	○	×	×	×	×	○	·	○	○	×	○	·					
氨化过磷酸钙	○	·	×	×	○	×	○	○	×	×	×	×	○	·	○	○	×	○	·	○				
草木灰、石灰	×	×	×	×	×	×	×	×	○	○	○	○	×	○	○	○	○	×	×	×	×			
粪尿	○	○	×	×	○	×	○	○	×	×	×	×	○	○	○	○	×	○	○	○	○	×		
新厩肥、堆肥	○	○	×	×	○	○	○	○	○	○	○	○	○	○	○	○	○	○	○	○	○	○	○	

学作用，形成一种新的化合物。目前，国内外生产和使用的复合肥料品种很多，其中氮磷二元复合肥主要有硝酸磷肥、氨化过磷酸钙、氨化重过磷酸钙、磷酸铵、偏磷酸铵等；氮钾二元复合肥料有硝酸钾；磷钾二元复合肥有磷酸钾；还有氮磷钾三元复合肥料。除氮、磷、钾外，有的复合肥料中还含有一种或几种微量元素成分。

混合肥料和复合肥料不同，它是两种或两种以上的单质肥料或复合肥料机械地混合在一起，这样制成的肥料叫混合肥料。混合肥料的成分往往不十分固定，多根据作物种类、土壤性质的需要合理配制而成。为了便于机械化施肥作业，一般都制成颗粒的形态。复合肥料也多是颗粒状。

129. 复混肥是如何命名和标记成分的？

复合肥料有固定的成分和化学名称，如二元氮磷复合肥的磷酸铵、磷酸二铵和硝酸磷肥，氮钾复合肥的硝酸钾，磷钾复合肥的磷酸二氢钾等。三元素氮磷钾复合肥，多是由含氮、磷、钾的化合物结合形成的复盐，简称氮磷钾三元素复合肥或三元素复合肥。

复混肥由于成分多变，有效营养含量不等，各种原料仅以混合状态存在，故只能在复混肥前冠以若干说明词语命名，如表明适用范围的玉米专用复混肥、大豆专用复混肥或盐碱地专用肥等，表明有效成分的含中量和微量元素复混肥等，还有表明肥料特殊性质的××缓释复混肥、××长效复混肥等。

肥料成分以有效形态的百分含量计。长期以来在农业生产中氮磷钾是农作物需要最迫切、需要量也是最大的营养素。因而在设计计算肥料含量时也只考虑这三种元素。通常在肥料外包装上以氮磷钾分配式标记。分配式以“氮-磷-钾”百分比含量计，如磷酸二铵以“18-46-0”标记，氮磷钾三元素复合肥以“15-15-15”标记。

需要说明的是，在分配式中列出的氮磷钾三个数据不是一般的提示数据，而是公认的保证数据。其中氮的计量以氮（N）元素为基准，磷以氧化物（P_2O_5）为基准，钾以氧化钾（K_2O）为基准。

130. 复合肥料与单质肥料相比，具有哪些特点？

复合肥料与单质肥料相比，具有如下特点：

（1）养分全，种类多　作物需要的营养往往是多样的而且有一定比例。满足作物的这种需要，不仅能提高产量，也能改善农产品的品质，复合肥料就具有这样的优点。复合肥料的种类较多，可以根据不同土壤的缺肥情况和不同作物对养分的需要进行选择。常用的复合肥料有氮磷比为 18∶46 的氮磷二元复合肥料；氮磷钾比为 15∶15∶12 和 15∶15∶15 的氮磷钾三元复合肥料。

(2) 浓度高、肥效大、经济　复合肥料中各种营养成分的总含量，一般不低于 40%，由于有效成分高，施用数量比单质肥料少。同时，复合肥料中的养分作物基本可以吸收利用，副成分少或者不含有副成分，因而在运输和施用上都比较经济。

(3) 匀质、安全、剂型好　复合肥料是匀质的，含有一定的营养成分而且有固定的比例，因而肥效好且均匀，不会出现某种养分局部过浓而伤害作物的问题。复合肥料是颗粒状的，散落、不结块，机械施肥或手工施肥都很方便。

131. 氮磷钾复合肥料有几种类型？施用时应注意哪些问题？

氮磷钾复合肥料一般都是混合肥料，它们是在硝酸磷肥、磷酸铵等氮磷二元复合肥料的基础上，添加单质氮肥和钾盐制成的；也有在生成硝酸磷肥或磷酸铵后直接添加钾盐的。农业上应用的氮磷钾混合肥料大致有以下五种类型：

(1) 尿素磷铵系　以尿素、磷酸铵为基础，添加氯化钾或硫酸钾。

(2) 硝酸磷肥系　以硝酸磷肥为基础，添加氯化钾或硫酸钾。

(3) 氯磷铵系　以磷酸铵为基础，添加氯化铵和氯化钾或硫酸钾。

(4) 尿素重钙系　尿素加重钙和氯化钾或硫酸钾。

(5) 尿素普钙系　尿素加普钙（过磷酸钙）和氯化钾或硫酸钾。

上述五种类型均系按土壤、作物需要配制成不同比例的氮磷钾混合肥料。目前生产上施用较多的是尿素磷铵系和硝酸磷肥系。

使用氮磷钾三元混合肥料应注意因土壤因作物进行选择，酸性土壤和旱田宜选用硝酸磷肥系，中性和石灰性土壤选用氯磷铵系，尿素磷铵系适合于各种土壤和作物。此外，复合肥料宜与单质肥料配合施用，以调节氮磷钾比例，使之适合于不同土壤和作物的要求。

132. 磷酸铵是什么性质的肥料？怎样施用？

磷酸铵是含有氮、磷两种养分的复合肥料，由于制造条件不同，有磷酸一铵与磷酸二铵两种。磷酸一铵是酸性化肥（pH 4.4），氮磷含量分别是 11%～13%和 51%～53%，磷酸二铵是碱性化肥（pH 8.0），氮、磷含量分别是18%～21%和46%～48%。

由磷酸一铵和磷酸二铵组成的混合物磷酸铵，是一种以磷为主的高浓度速效性肥料，为灰白色（或褐色）颗粒状，因在生产过程中加入了防潮剂，所以吸湿性较小。

磷酸铵易溶于水，养分能很好地被作物吸收利用。磷酸一铵比较稳定，而磷酸二铵不太稳定，受热易分解，放出氨气，造成氮素损失。所以一般都生产磷酸一铵和磷酸二铵的混合物。磷酸铵与碱作用能分解，放出氨气使肥料减效，所以不能和碱性肥料混合。

磷酸铵适用于各种土壤和作物。水田、旱田均可施用。颗粒状适于机械施用，可作种肥和基肥，磷酸铵对大豆是最理想的化肥品种之一。在缺氮土壤上种小麦、玉米等需氮较多的禾谷类作物时，用磷酸铵作种肥还应适当追施氮肥，以解决磷酸铵中氮少磷多的问题。

133. 硝酸磷肥是什么性质的肥料？怎样施用？

硝酸磷肥是用硝酸分解磷矿粉，再用氨中和加工制成的氮磷复合肥料。它的显著特点是不消耗硫酸，硝酸得到双重利用，一是用来分解磷矿粉，二是作为氮素留存在肥料中，这比用硫酸或盐酸来分解磷矿粉更加合理。

硝酸磷肥是属于速效性氮磷复合肥料，主要是作种肥施用，每公顷用量150～300千克。在旱田可以施在种子斜下方5厘米的地方，也可以在播前起垄时夹在垄中。水田可结合整地施用，插秧田可在插秧前施用，直播田可在播种同时施用。

硝酸磷肥吸湿性强，易结块，贮存时要注意防潮。

134. 液体磷铵是什么肥料？怎样施用？

液体磷铵是一种液体氮磷复合肥料，淡黄色乳状，呈微酸性，含氮6%～8%，含磷18%～24%，两种养分都是水溶性的，能被作物很好地吸收利用，对各种土壤、作物都适用。液体磷铵中的磷素养分为氮素的三倍，所以按磷素养分计算施肥量，一般每公顷用量300～375千克。施用液体磷铵的地块，如氮素不足，可用硝酸铵、尿素等作追肥来补充。液体磷铵可作种肥施用，也可作追肥施用，深施比浅施的肥效好。

135. 偏磷酸钾怎样施用？

偏磷酸钾是以磷为主的磷钾复合肥，含P_2O_5 58%、K_2O 39%，所含养分均可被作物吸收利用，是一种很好的复合肥料。

偏磷酸钾是灰白色或浅黄色的颗粒或粉末，微溶于水，易溶于弱酸溶液，是一种高效的枸溶性肥料。物理性状良好，性质稳定，不吸湿，不结块，便于施用。

偏磷酸钾适用于玉米、甜菜、大豆、烟草等需磷钾较多的作物和西瓜等瓜类及甜菜、果树。偏磷酸钾适于作基肥，不适于作追肥。偏磷酸钾配合氮肥和有机肥料施用效果更好。

136. 偏磷酸铵怎样施用?

偏磷酸铵是一种高浓度的以磷为主的氮、磷复合肥料，含 N 17%、P_2O_5 73%。

偏磷酸铵为白色或灰白色的颗粒，难溶于水，吸湿性小，不易吸湿结块，便于运输和贮存。

偏磷酸铵中的磷属于弱酸溶性，偏磷酸铵肥效迟缓而持久，应在缺磷的酸性土壤和喜磷作物上作基肥施用，最好与有机肥料配合施用。

137. 硫磷铵是什么肥料? 怎样施用?

硫磷铵是一种氮磷复合肥料。硫磷铵是灰色颗粒状，同时含有磷酸铵和硫酸铵。含 N 16%、P_2O_5 20%。两者都是速效养分。溶于水，呈酸性反应，容易被作物吸收利用。

硫磷铵适用于任何土壤和作物，作基肥、种肥、追肥均可。

138. 铵磷钾是什么肥料?

铵磷钾由硫酸铵、硫酸钾和磷酸盐按不同比例混合而成；也可以由磷酸铵加钾盐制成三元复合肥料。由于配制比例不同，有不同比例氮、磷、钾养分的铵磷钾肥，一般有 12-24-12、10-20-15、10-30-10 等几种。

铵磷钾肥物理性质较好，其中氮、磷、钾三种养分都是速效性的，易于被作物吸收利用。铵磷钾肥可作基肥，也可作种肥。由于铵磷钾肥中磷的比例较大，可适当配合施用单质氮、钾肥，以调整氮、磷、钾比例，更好地发挥铵磷钾的肥效。

铵磷钾肥是高浓度复合肥料，目前主要用于烟草等经济作物。

139. 钙镁磷钾肥是什么肥料? 怎样施用?

钙镁磷钾肥是一种以磷、钾元素为主的复合肥料。除含有磷、钾外，还含有钙、镁等元素。多为灰白色、灰绿色或灰黑色的粉末，有良好的物理性能，不吸水，不结块，不溶于水，而溶于弱酸，呈碱性反应，是枸溶性复合肥料。化学性质比较稳定，无毒，无腐蚀性。有效 P_2O_5 和有效 K_2O 总含量为13%～19%。

钙镁磷钾肥是碱性肥料，最适宜在酸性、中性、缺钙、缺镁的土壤中施用，其肥效优于钙镁磷肥和钾钙肥。

钙镁磷钾肥可作基肥、种肥施用。基肥深施效果最好，宜早施和集中施；还可与有机肥料堆沤后施用，借助微生物的作用，可以促进钙镁磷钾的溶解，提高肥效。

140. 氮钾混肥是什么肥料？

氮钾混肥是采用氨碱法加工明矾石，再用稀氨水除去铝杂质得硫酸钾和硫酸铵溶液，经浓缩、结晶而成的混合肥料。肥料为白色、灰色或淡黄色结晶颗粒。含N量为14%，含 K_2O 量为16%，是一种速效的二元混合肥料，吸湿性小，不易结块，便于施用。

氮钾混肥属于生理酸性肥料，不宜与碱性肥料混合施用。氮钾混肥适用于各种作物和土壤，尤其是喜氮喜钾的作物和缺钾缺氮的酸性土壤和砂性土壤上施用这种肥料，增产效果显著，可作基肥、种肥、追肥施用。在稻田中施用时，应先排水，以防止养分损失。施用时应再配合施用有机肥料，在缺磷土壤中施用，还应配合施用磷肥，以充分发挥其增产作用。

第二节　有机肥料

一、有机肥

141. 什么是有机肥？

有机肥是指主要来源于植物和（或）动物，经过发酵腐熟的含碳有机物料，其功能是改善土壤肥力、提供植物营养、提高作物品质。

142. 有机肥如何分类？

广义：有机肥称作农家肥，包括由各种动物、植物残体或代谢物组成的肥料，如人畜粪便、秸秆、动物残体、屠宰场废弃物等；还包括饼肥（菜籽饼、棉籽饼、豆饼、芝麻饼、蓖麻饼、茶籽饼等）、堆肥、沤肥、厩肥、沼肥、绿肥、泥肥等。农作物秸秆是重要的肥料品种之一，在适宜条件下通过土壤微生物的作用，矿质元素经过矿化再回到土壤中，为作物吸收利用。饼肥是油料的种子经榨油后剩下的残渣，这些残渣可直接作肥料施用，包括菜籽饼、棉籽饼、豆饼、芝麻饼、蓖麻饼、茶籽饼等。堆肥是指以各类秸秆、落叶、青草、动植物残体、人畜粪便为原料，按比例相互混合或与少量泥土混合进行好氧发酵腐熟而成的一种肥料。沤肥所用原料与堆肥基本相同，只是在淹水条件下进行发酵而成。厩肥是指猪、牛、马、羊、鸡、鸭等畜禽的粪尿与秸秆垫料堆沤制成的肥料。沼肥是指在密封的沼气池中，有机物腐解产生沼气后的副产物，包括沼气液和残渣。绿肥是指利用栽培或野生的绿色植物体作肥料，如豆科的绿豆、蚕豆、草木樨、田菁、苜蓿、苕子等；非豆科绿肥有黑麦草、肥田萝卜、小葵子、满江红、水葫芦、水花生等。泥肥是指未经污染的河泥、塘泥、沟泥、港泥、湖泥等。

狭义：以各种动物废弃物（包括动物尿液、粪便；动物加工废弃物等）和植物残体（饼肥类、作物秸秆、落叶、枯枝、草炭等），采用物理、化学、生物或三者兼有的处理技术，经过一定的加工工艺（包括但不限于堆制、高温、厌氧等），消除其中的有害物质（病原菌、病虫卵害、杂草种子等）达到无害化标准而形成的，符合国家相关标准（NY/T 525—2021）及法规的一类肥料。

143. 有机肥在农业生产中的作用是什么?

（1）改良土壤、培肥地力　有机肥料施入土壤后，有机质能有效地改善土壤理化状况和生物特性，熟化土壤，增强土壤的保肥供肥能力和缓冲能力，为作物的生长创造良好的土壤条件。

（2）增加产量、提高品质　有机肥料含有丰富的有机物和各种营养元素，为农作物提供营养。有机肥腐解后，为土壤微生物活动提供能量和养料，促进微生物活动，加速有机质分解，产生的活性物质等能促进作物的生长和提高农产品的品质。

（3）提高肥料的利用率　有机肥含有养分多但相对含量低，释放缓慢，而化肥单位养分含量高，成分少，释放快。两者合理配合施用，相互补充，有机质分解产生的有机酸还能促进土壤和化肥中矿质养分溶解。

有机肥与化肥相互促进，有利于作物吸收，提高肥料的利用率。

144. 有机肥如何施用？

通常，有机肥作为底肥，并结合耕作，与土壤混拌均匀，便于有机肥迅速矿化分解，有利于作物吸收养分以及培肥土壤。在机械条件较好的地区，也可进行穴施或沟施。

145. 施用有机肥注意事项有哪些？

①有机肥养分不均衡，氮磷钾含量偏低，且在土壤中分解较慢，虽然养分种类较多，但不能满足作物高产优质的需要。在施用有机肥时应根据作物对养分的要求配施化肥，将有机肥与化肥配合施用，取长补短，发挥各自的优势，在数量和时间上满足作物对各种营养元素的需要。

②有机肥不宜与碱性肥料混用，以免造成氨的挥发，降低有机肥养分含量。有机肥中含有较多的有机物，不宜与硝态氮肥混用。

③不要过量使用有机肥。过量使用有机肥会导致以下情况发生：烧苗，土壤中磷、钾等养分大量集聚，造成土壤养分不平衡；土壤中硝酸根离子集聚，致使作物硝酸盐超标，土壤溶液浓度高，不利于根系吸水。

146. 有机肥为什么要进行无害化处理？

有机肥料多为农户自产自用。因为主要原料为人和畜禽的排泄物、植物性秸秆和生活丢弃的动植物性垃圾，在原料积攒、堆沤、贮存和施用过程中都存在环境污染问题。污染物中有多种病原微生物和寄生虫卵、某些重金属毒性化合物、毒性高分子聚合物及大量常见有机污染物。在原料堆放和生产过程中，还会产生恶臭污染空气，污染物随水流失可污染水源。因此，有机肥料需要进行无害化处理。在积攒积造有机肥原料时要剔除因疫病死亡的动物尸体，将其火化，避免疫病流行。避免在肥源中混入有毒的化学品和药物，以及危害人体健康和食品安全的重金属汞、镉等。

目前生产有机肥料的方法主要是微生物发酵法，利用不同种类的微生物分解植物和动物残体，使有机碳化物最终变为二氧化碳，氨变为铵态氮和硝态氮供作物利用，各种金属以离子形态被吸收利用。生产应用的发酵法分好氧性的堆造法和嫌氧性的沤制法。好氧性的堆造法依靠纤维分解菌为主的菌群产生的热量和强力氧化作用杀死有害的病菌和寄生虫卵或抑制有害细菌的繁殖。嫌氧性发酵以沼气发酵为代表，利用甲烷菌的作用和密封淹水条件，通过氨及其他还原性物质消除寄生虫卵和病原菌危害。

147. 家禽粪有什么特点?

家禽粪主要指普遍饲养的鸡、鸭和鹅的粪便。其中鸡和鸭属杂食禽类，无论是人工饲喂还是自然采食，营养水平都很高，因而氮、磷和钾及有机质含量也很高，超出一般家畜。鹅为草食性禽类，营养成分与草食畜类接近。一般情况下鸡粪有机质为 25%、氮 1.5%、磷 1.5%、钾 0.85%。鸭粪营养成分含量与鸡粪近似，有些大型养鸡场鸡粪的氮、磷和钾含量可达 7%。总体上，家禽粪营养成分含量高，有机质含量和含水量均较高，磷氮比值低，容易发酵，是生产精细有机肥料的好原料。由于禽粪含磷钾量较高，用于鲜食果菜生产可提高产品风味。

148. 马粪和牛粪性质有什么区别?

马和牛同为大型草食性家畜，但由于食性和消化能力不同，产生的粪便性质有很大差别。

马的饲草质地粗糙，加之咀嚼不细，粪团疏松。马粪中含有大量高温纤维分解菌，在堆积过程中能分解有机物产生大量热，温度最高可超过 70℃，故称热性肥料。马的粪便中含水量 75%，在大牲畜中也是较低的，有机质含量为 21%，高于牛和猪。氮含量为 0.58%、磷含量为 0.30%、钾含量为 0.24%。牛是反刍动物，饲草经反复咀嚼后，再经过瘤胃及其他胃室的胃液消化，这一过程使排出的牛粪质地细腻，残留营养物少，含水量大。因而牛粪在堆肥时发酵速度慢，升温也慢，被称为凉性肥料。牛粪含水量 83%，在大牲畜中是最高的，相对有机质含量为 14%，较低。牛粪含氮 0.32%、磷 0.25%、钾 0.16%。

149. 猪粪和羊粪性质有什么区别?

猪是饲养头数较多的牲畜之一，每头猪可日产粪 3 千克、尿 5 千克，如能合理积造还田可以解决部分农田施肥问题。猪粪不仅量大，营养成分含量也较高，有机质含量为 15%、氮 0.6%、磷 0.4%、钾 0.44%、水分 81%。磷氮比值较小，氮磷钾含量较高，堆腐时分解较快。猪粪阳离子交换量较高，腐熟后产生较多的蜡质和腐殖质，能增加土壤保水性和保肥性。猪粪含纤维分解菌少，单独堆积分解速度较慢，但后效较长，有需要可配合含纤维分解菌多的马粪等加快腐解速度。

羊也是草食反刍动物，受饲草种类和采食方式影响，羊粪干燥而致密，营养成分含量较高。鲜羊粪含氮0.5%～0.75%、磷0.3%～0.6%、钾0.1%～0.4%、有机质25%左右、水分65%。羊粪是含营养成分较多的一种家畜粪便，碳氮比值通常低于25，宜与牛粪、猪粪混合堆积。羊粪也属热性肥料，其中含有特殊化学物质，对一些害虫有驱避作用。

150. 什么是腐植酸类肥料?

腐植酸类肥料简称腐肥，泛指在生产过程中加入腐植酸原料的肥料。腐植酸是以植物为主的生物残体在微生物和地质环境作用下，经过一系列分解、转化、聚合而形成的一类复杂的弱酸性高分子有机化合物。腐植酸是土壤有机质的重要组成部分。腐植酸类物质在来源和性质上具有一定的共同性，但在组成、结构和分子大小上却表现不一致，因而显示了不同的理化性质和生物活性。还由于产地来源和制取工艺的不同，产品功能表现多样，从而在众多领域得到应用。

腐植酸肥料的功能和作用主要表现如下：

（1）改良土壤　能使土壤的理化性质和生物学性能得到改善。一般改土需要较大数量的改土物质，而施用少量经加工的腐植酸原料即可达到相同效果。如施用氨化泥炭和硝化风化煤，不但能明显增加活性有机质含量，提高土壤缓冲性、代换性和生理活性，还能增加土壤有效养分含量。

（2）增加化肥效果　可通过抑制脲酶活性、缓解磷的固定、控制钾的流失和保持微量元素有效状态等提高肥效。

（3）促进生长发育　通过激活酶活性促进种子发芽，提高出苗率，增加根量，增强呼吸和光合作用强度，提高光合生产率从而增加产量。

（4）提高作物抗逆性　如提高作物抗旱、抗寒性和改善微生态环境，预防病虫危害。

（5）改善农产品品质　如增加果蔬类的糖和维生素含量、马铃薯的淀粉含量、桑叶蛋白质含量，提升经济作物产品等级。

151. 腐植酸类肥料有哪些种类?

腐植酸类肥料主要包括4种类型：

（1）用化学提取法生产的腐植酸钠、腐植酸钾和腐植酸铵　这类肥料的特点是水溶性好，腐植酸含量高，有明显的生理调节功能。可以促使种子提早发芽出苗、促进根系生长和提高抗旱抗寒能力。主要施用方法是浸种、叶面喷施和蘸根。

(2) 以腐植酸原料为基质与多种原料化肥生产的复混肥料　这种肥料增产效果稳定，由于腐植酸具有抑制脲酶作用，还能避免植株内亚硝酸盐积累。

(3) 利用水溶性腐植酸与可溶性营养成分制成可叶面喷施的液体肥料　这种肥料施用方便、效果好、经济效益高，很受用户欢迎。

(4) 利用水溶性腐植酸配合营养成分与杀虫剂、杀菌剂生产的农药肥料　腐植酸与农药结合有提高药效、减少药量的作用。

152. 如何合理施用腐植酸类肥料?

合理施用腐植酸类肥料的方法如下：

(1) 基肥　每亩用含腐植酸 0.02%～0.05%的水溶液 300～400 千克与农家肥拌施，或开沟、挖坑基施。水田可结合整地灌水施入。

(2) 追肥　在幼苗期和抽穗期，每亩用含腐植酸 0.01%～0.1%的水溶液 250 千克，浇灌在根系附近（勿接触根系）。水稻田可施用腐植酸钠或腐植酸钾，通过随水灌施或泼浇的方式，以促进作物提苗和壮穗。

(3) 根外喷洒　在扬花后期至灌浆初期，根外喷洒含腐植酸 0.01%～0.05%的水溶液 50～75 千克，每次喷施时间为下午 2～6 时，这样可以增加千粒重，降低空瘪率。

(4) 浸种　用含腐植酸 0.01%～0.05%的水溶液浸泡种子，蔬菜、小麦等种子浸泡 5～10 小时，水稻、棉花等种子浸泡 24 小时以上。这样可以提高发芽率，促进提早出苗，增强幼苗发根能力。

(5) 蘸秧根和浸插条　对于移栽作物如水稻、甘薯、蔬菜等，移栽前用 0.05%～0.1%的腐植酸钠、腐植酸钾溶液浸根数小时，或插秧时蘸秧根。这样可以促进发根，增加次生根，缩短缓秧期，提高成活率。

二、有机无机复混肥

153. 有机无机复混肥是什么?

有机无机复混肥是一种既含有机质又含适量化肥的复混肥。它是将粪便、草炭等有机物料，通过微生物发酵进行无害化和有效化处理，并添加适量化肥、腐植酸、氨基酸或有益微生物菌，经过造粒或直接掺混而制得的商品肥料。

154. 有机无机复混肥有什么特点?

(1) 富含有机质　有机无机复混肥有机质部分主要是有机肥，是以动植物残体为主，并经过发酵并腐熟的有机质，能够有效为植物提供有机营养元素。

(2) 提高养分吸收效率　有机无机复混肥氮磷钾含量均衡，同时含有大量的有益菌，能够起到固氮、解磷、解钾的作用，促进氮磷钾的吸收，提高氮磷钾吸收率。

(3) 提高作物产量和品质。

(4) 培肥地力。

155. 有机无机复混肥如何施用?

有机无机复混肥通常作为基肥施用，根据不同的配方和农作物也可作为追肥施用，如蔬菜、果树等经济作物。不同的土壤和作物类型，施肥量也是不同的。

156. 有机无机复混肥标准是什么?

2021 年 6 月 1 日实施了新的有机无机复混肥料标准，标准编号 GB/T 18877—2020。与旧标准相比，新标准修改了产品的部分技术要求：增加了一种产品类型（Ⅲ型）并规定了技术指标，Ⅰ型总养分（$N+P_2O_5+K_2O$）的质量分数≥15%，有机质的质量分数≥20%，pH 5.5～8.5；Ⅱ型总养分（$N+P_2O_5+K_2O$）的质量分数≥25%，有机质的质量分数≥15%，pH 5.5～8.5；Ⅲ型总养分（$N+P_2O_5+K_2O$）的质量分数≥35%，有机质的质量分数≥10%，pH 5.0～8.5；增加了钠离子的标识要求和检测方法；增加了产品中有毒有害物质的限量要求。

157. 有机无机复混肥的发展前景如何?

发展有机肥应当着眼于改善环境这个大背景，要从环境治理的角度去引导农民施用有机肥，而不是单纯地看有机肥施用的生物效果。

中国的肥料行业向有机无机复混肥方向发展将成为一种发展趋势。低价的堆肥效果不显著，而做成有机无机复混肥是最好的一种利用方式。现在我国氮肥的利用率始终是 30%左右，提高化肥利用率有几条途径，如发展控释肥，虽然也有突破，但主要是成本太高。此外，就是有机无机肥料的配合使用，二者结合可以将氮肥的吸收率提高到40%～45%。如果将有机无机做成颗粒状，氮肥吸收率可以显著提高。

（1）中央政策的支持　2004年至今中央“一号文件”多次提出培肥地力、增加土壤有机质，实施“沃土工程”和“农业生态保护”的要求；

（2）有机无机复混肥具有广阔的市场前景　高效化提高肥料利用率，多元化满足不同作物生长需求，长缓化更大限度控制养分释放周期；

（3）有机无机复混肥有良好的经济效益、环境效益和社会效益　养分全面利用率高，提高作物产量和品质，培肥土壤促生产持续；原料来源广泛，成分多样。

第三节　微量元素肥料

158. 微量元素肥料的定义是什么？它有什么作用？

微量元素肥料，通常简称为微肥，是指含有微量营养元素的肥料，庄稼吸收消耗量少（相对于常量元素肥料而言）。

作物对微量元素需要量虽然很少，但是它们同常量元素一样，对作物是同等重要的，不可互相代替。微肥的施用，要在氮、磷、钾肥的基础上才能发挥其肥效。同时，在不同的氮、磷、钾水平下，作物对微量元素的反应也不相同。一般说来，低产土壤容易出现缺乏微量元素的情况；高产土壤，随着产量水平的不断提高，作物对微量元素的需要也会相应增高，因此，必须补施微肥。但若企图减少大量元素肥料的施用量，而只靠增施微肥来获得高产，也是错误的。

159. 微量元素肥料的种类如何划分？

微肥分类方式多种多样。推广应用较多的硼肥、钼肥、锌肥等就是按所含营养元素划分的，这是大家极其熟悉的一种分类方法。就这些元素的离子状态来说，硼和钼常为阴离子，而锌、锰、铜、铁、钴等元素则为阳离子。

按养分组成划分，大致可分为三类：

（1）单质微肥　这类肥料一般只含一种为作物所需要的微量元素，如硫酸锌、硫酸亚铁即属此类。这类肥料多数易溶于水。故施用方便，可作基肥、种肥、追肥。

(2) 复合微肥　这一类肥料多在制造肥料时加入一种或多种微量元素而制成，它包括大量元素与微量元素以及微量元素与微量元素之间的复合肥料。例如，磷酸铵锌、磷酸铵锰等。这类肥料，一次施用同时补给几种养分，比较省工，但难以做到因地制宜。

(3) 混合微肥　这类肥料是在制造或施用时，将各种单质肥料按其需要混合而成。其优点是组成灵活。国外多在配肥站按用户的需求进行混合。

按微肥化合物类型，大致可分为五类：

(1) 易溶性无机盐　这类肥多数为硫酸盐。

(2) 难溶性无机盐　多数为磷酸盐、碳酸盐类，也有部分为氧化物和硫化物。例如，磷酸铵锌、氯化锌等。适于作基肥。

(3) 玻璃肥料　多数为含有微量元素的硅酸盐粉末，经高温烧结或熔融为玻璃状的物质，如冶炼厂的炉渣等，一般只能作底肥。

(4) 螯合物肥料　是天然或人工合成的具有螯合作用的化合物，与微量元素螯合而成的螯合物，如螯合锌等。

(5) 含微量元素的工业废渣。

160. 微量元素肥料有几种施用方法？

微量元素肥料的施用方法很多，主要包括以下几种：

(1) 土壤施肥　即作基肥、种肥或追肥时把微量元素肥料施入土壤。这种施法虽然肥料的利用率较低，但有一定的后效。含微量元素的工业废弃物和缓效性微肥，常采用这种施肥方法。为了经济用肥，一般采用条施和穴施。

(2) 种子处理　包括浸种和拌种两种方法。浸种时将种子浸入微量元素溶液中，种子吸收溶液而膨胀，肥料随水进入。常用的浓度是0.01%～0.1%，时间是12～24小时。拌种是用少量水将微量元素肥料溶解，将溶液喷于种子上，搅拌均匀，使种子外面沾上一层溶液后阴干播种。一般每千克种子用2～6克肥料。

(3) 根外追肥　即将微量元素肥料溶液用喷雾器喷施到植株上，通过叶面或气孔吸收而运转到植株体内。常用的溶液浓度为0.01%～0.1%。

(4) 蘸秧根　是水稻的特殊施肥法，其他需要移栽的农作物也可以采用蘸秧根的方法施肥。

161. 施用微量元素肥料有哪些注意事项?

① 作物对微量元素的需要量很少，而且从适量到过量的范围很窄，因此要防止微肥用量过大。土壤施用时还必须施得均匀，浓度要保证适宜，否则会引起植物中毒，污染土壤与环境，甚至进入食物链，有碍人畜健康。

② 微量元素的缺乏，往往不是因为土壤中微量元素含量低，而是其有效性低，通过调节土壤条件，如土壤酸碱度、氧化还原性、土壤质地、有机质含量、土壤含水量等，可以有效改善土壤的微量元素营养条件。

③ 微量元素和氮、磷、钾等营养元素都是同等重要、不可代替的，只有在满足植物对大量元素需要的前提下，施用微量元素肥料才能充分发挥肥效，才能表现出明显的增产效果。

一、硼肥

162. 硼在土壤中以什么形态存在? 怎样转化?

硼在土壤中有四种形态，分别是难溶性硼，指土壤中含硼矿物，是作物难以吸收利用的；水溶态硼，以离子状态存在于土壤溶液中；缓效态硼，通常以吸附态或有机结合态存在，需通过缓慢释放才能被作物吸收利用；有机态硼，与有机物结合的硼，需通过矿化作用释放后才能被植物利用，有效性较低。有效性硼常以水溶态硼表示，是作物可以吸收利用的硼。

土壤中的含硼矿物会缓慢风化释放出硼，补充因淋洗损失和被作物吸收掉的硼。有效态硼也会受环境因素的影响而成为作物不能吸收利用的状态。影响这种转化的环境因素是土壤 pH 值、有机质含量和气候条件，而以土壤 pH 值的影响最大。

(1) 土壤 pH 值　土壤 pH 值在 4.7～6.7 之间硼的有效性最高。水溶态硼与 pH 值间为正相关。pH 值 7.1～8.1 之间硼的有效性降低，水溶态硼与 pH 值之间为负相关。作物缺硼大多发生在 pH 值大于 7.0 的土壤。

(2) 有机质含量　有机质含量高的土壤有效态硼多，因为与有机物结合或被有机物所固定的硼，在有机物分解时会释放出来，成为有效态硼。对酸性土壤来说，有机物使硼固定可避免淋洗，起保护作用，有机物矿化后会增加有效态硼。

（3）气候条件　干旱使硼的有效性降低。干旱地区硼的固定作用增强，温度愈高愈甚，从而降低水溶态硼含量。湿润多雨地区，常由于强烈的淋洗作用而导致硼损失，降低有效态硼含量，特别是轻质土壤尤为显著。

163. 硼有哪些功能？

硼是植物必需的营养元素之一，硼以硼酸分子（H_3BO_3）的形态被植物吸收利用，在植物体内不易移动。硼能促进根系生长，对光合作用的产物——碳水化合物的合成与转运有重要作用，对受精过程的正常进行有特殊作用。因此，可防治油菜“花而不实”、棉花“蕾而不花”和果树“落蕾、落花、落果”、小麦“不稔”等症。如果豆科作物缺硼，则根瘤发育不良，甚至失去固氮能力。油菜、棉花、大豆、甜菜、苹果、柑橘等施硼可显著增产，并改善品质。

豆科作物施用硼肥能促进根瘤着生，提高其固氮能力，在禾本科作物中除麦类外，硼肥对水稻也有良好的增产效果，在缺硼土壤上施用硼肥时水稻的株高、根长、千粒重、分蘖数都有显著增加，空秕率降低，还能促进水稻提早返青和成熟。

玉米施用硼肥籽粒饱满，根系发达，秃尖短。硼肥能使甜菜含糖量增加，并有防治腐心病的作用。纤维作物施用硼肥能提高纤维质量和防止亚麻细菌病发生。在果树上施用硼肥，能提高坐果率，并使果实中糖分和维生素C含量增加，提高果实质量。蔬菜类施用硼肥，可以提高产量、质量，并能增强其耐贮存性。

164. 硼肥的定义、种类及主要作用分别是什么？

硼肥是提供植物硼营养，具有硼标明量的单质肥料。硼肥是一种含有硼元素的肥料，主要用于补充土壤中的硼素含量，提高作物的结实率和品质，增强作物的抗逆性能，从而提高产量和品质。

硼肥的主要成分包括硼砂、硼酸和硼镁肥。

硼肥的主要作用是影响植物的生长发育，作用包括四方面：

（1）促进根系生长　硼能促进植物根系的健壮生长，增强根系的吸收能力。

（2）提高结实率和品质　硼在碳水化合物的合成与转运中起重要作用，能确保作物各器官得到充足的有机物供应，提高结实率和品质。

(3) 增强抗逆性　硼肥能增强作物的抗旱、抗病能力，促进作物早熟。

(4) 促进受精过程　硼在花粉的萌发和花粉管的伸长中起特殊作用，确保授粉顺利进行，提高作物的坐果率。

165. 怎样判断作物是否需要施硼肥?

首先要看植物有无缺硼症状。不同作物缺硼的症状不同，但它们的共同症状是生长点死亡、根系发育不良，有时只开花不结实，生长期推迟。一般来说，作物在孕蕾和开花期缺硼的症状表现最显著。甜菜、萝卜、芹菜、苜蓿等都可作为土壤缺硼的指示作物。从株型看，缺硼时顶芽首先受损，生长停滞、枯萎以致死亡，形成顶枯现象。顶芽死亡后由腋芽抽出新的分枝，这些次生分枝不久也枯萎死亡，再抽新的分枝，使整个植株呈丛生状。从叶片看，缺硼时叶片呈卷曲、扭曲、出皱、变厚而碎、凋萎、焦伤等，叶柄和茎部肥厚、开裂、有木栓化现象。根系发育不良、变形，易枯萎开裂，次生根少。花数少，雄蕊发育不良，花药小、不开裂、不能散粉或无花粉，结实少或不结实，或者果实内无种子。

其次要根据植物的化学分析来判定。植物正常含硼量为 2.3～100 毫克/千克，禾本科植物一般小于 10 毫克/千克，其他植物一般在 20～100 毫克/千克之间，几种植物中硼的缺乏、充足和毒害水平见表 2-5。

表 2-5　植物中硼的缺乏、充足和毒害水平

植物	植物组织取样部位	干物质中硼/(毫克/千克)		
		缺乏	充足	毒害
玉米	抽雄期穗下或穗对面的叶子	—	10	
	穗形成以前营养生长阶段植株总的地上部分	<9	15～90	>100
小麦	孕穗期组织	2.1～5.0	8	>16
	秸秆	4.6～6.0	17	>34
	植株高 40 厘米时的地下部分	<0.3	2.1～10.0	>10
马铃薯	苗龄 32 天的植株	<15	21～50	>50

166. 怎样施用硼肥?

含硼肥料主要是硼酸和硼砂，含硼的复合肥料，以及含硼矿物、含硼工业废渣等。硼酸和硼砂溶于水，可以作基肥、种肥、追肥、种子处理肥或根外追肥。含硼复合肥料指含硼过磷酸钙、含硼碳酸钙、含硼石膏、硼镁肥等，常作基肥或种肥。含硼矿物只宜作基肥。含硼工业废渣是生产硼砂的下脚料，称硼泥，可以作基肥或种肥。

硼肥的主要施用方法是作基肥。在缺硼的情况下，每公顷施 11.25～18.75 千克硼酸或硼砂。为了施得均匀，可以与氮肥、磷肥等混合施用，或与干土、砂等混合施用。硼肥有一定后效，施用一次肥效可以延续 3～5 年。

其次是处理种子，用硼酸或硼砂溶液浸种，常用浓度为 0.01%～0.1%，浸种 6～12 小时。拌种时每千克种子用硼砂或硼酸 0.2～0.5 克。

根外追肥（叶面喷肥）用硼砂溶液的浓度一般为 0.2%（即 50 千克水中加 100 克硼砂，先将 100 克硼砂加 0.5 千克 60℃的热水溶解后再稀释到所需的浓度）；硼酸含硼量较高，一般用 0.1%～0.15%的浓度即可，晶体硼镁肥一般用 1.5%～2.0%的浓度进行喷洒。

167. 硼肥推广与应用存在的技术问题有哪些？

（1）硼肥的溶解性差　通常硼肥主要是工业硼砂，其化学分子式为 $Na_2B_4O_7 \cdot 10H_2O$，该物质一般用于工业制陶瓷、玻璃等，但用于农业上却难以溶解。一般情况下，20℃时的溶解度为 4.8%，在 40℃温水下才能缓慢溶解，但冷却后又会凝固。农民在使用过程中，常常遇到硼肥晶体堵塞喷雾器喷头现象，影响了硼肥施用效果。

（2）硼的利用率低　对后茬作物易造成毒害问题。南方种植油菜过程中，由于油菜是越冬作物，营养生长期间气温较低，硼砂基施于土壤后，很难溶解，有相当一部分被土壤吸附固定。对于硼砂来说，其基施的利用率低，70%～80%的硼素残留在土壤中。在油菜与其他作物轮作的情况下，连年基施硼砂或当季过量施用硼砂，都会使土壤硼含量迅速上升，对后茬作物特别是水稻造成毒害。一般来说，作物对硼的适量范围较小，当土壤中硼浓度在 5 毫克/千克以上时，种子发芽受阻，而且禾本科作物在 10 毫克/千克以上时就易出现过剩症状。

（3）硼肥含硼量低，商品性差　如硼镁肥、硼泥等虽然价格便宜，但因其作为硼肥使用时质量低劣，含硼量很低，只有 0.5%～1.0%。种植油菜时，每亩基施用量须在 10 千克以上，才能满足油菜生长的需要。一方面运输成本加大，另一方面商品率低，难以加工与分装，农民在市场上很难购买到。即使购买到硼镁肥，也常被不法商贩冒作硼砂销售，标志上的用量大多不能满足作物的需求，农民极易上当受骗。

二、钼肥

168. 钼在土壤中以什么形态存在？怎样转化？

钼在土壤中存在的形态有四种，分别是水溶性盐、代换性阴离子、有机态钼和难溶态钼，水溶性盐、代换性阴离子形态的钼对作物是有效的，有机态钼要矿化后才能被作物吸收利用，难溶态钼对作物有效性是很低的。

土壤中钼的转化与土壤酸碱度关系密切，不同 pH 值下钼的溶解度不同，钼酸根被吸附固定的程度也不同。在碱性土壤条件下，一些钼的氧化物就可以转化为水溶性钼，而在酸性土壤条件下有效钼（如钼酸根离子）或者被活性铁、铝、锰所固定，或者被土壤矿物和胶体所吸附，从而降低有效性。

土壤中钼很大部分以吸附状态存在，在 pH 值低的情况下，钼的吸附增多。钼的最高吸附量在 pH 3～6 之间，pH 值 6 以上吸附迅速减弱，pH 8 以上时，几乎不再吸附。

169. 钼有哪些生理作用？

钼与植物体中的氮、磷和碳水化合物的转化和代谢过程有密切关系。首先，植物吸收的硝态氮必须先转化（还原）成铵态氮以后才能合成蛋白质。钼不足时，硝态氮的还原过程就不能顺利进行。植物叶片中如有硝态氮积累，蛋白质的合成就受影响。其次，钼是固氮作用的催化剂——固氮酶的组成成分，只有钼的供给充足，固氮酶才能固氮，所以钼是固氮作用不可缺少的元素。缺钼时，豆科植物的根瘤发育不良，根瘤少而且很小，固氮作用很弱或者不能固氮。再次，钼与维生素 C 的合成有关，施用钼肥能使植物中的维生素 C 含量增多。

钼肥可以使大豆株高、分枝数、单株荚数、饱荚数、百粒重增加，其他豆科作物及绿肥施用钼肥也有较好的增产效果。在缺钼的土壤上，小麦、玉米、马铃薯、甜菜、番茄、菠菜等施用钼肥，都有一定增产作用。

170. 什么是钼肥？种类有哪些？

具有钼标明量以提供植物养分为其主要功效的肥料。

钼肥是指钼酸铵、钼酸钠、含钼过磷酸钙和钼渣等化学肥料的总称。其中，钼酸铵含钼54.3%，是目前应用较广泛的钼肥；钼酸钠含钼35.5%，两者均易溶于水。

171. 钼肥的作用包括哪些方面?

（1）促进氮素代谢　钼是植物体内硝酸还原酶和固氮酶的活化剂，参与植物的氮素代谢过程，促进硝酸根的还原和空气中氮气的固定，提高植物对氮素的利用效率。钼肥的施用可以增加豆科作物的根瘤数和固氮量，提高非豆科作物的氮素吸收和利用率，从而增加农作物的含氮量和蛋白质含量。

（2）促进磷素吸收　钼可以促进植物对磷素的吸收和转运，以及无机磷向有机磷的转化，提高植物对磷素的利用效率。钼肥的施用可以增加农作物的含磷量和磷酸酶活性，从而提高农作物的生长速度和生物量。

（3）促进维生素C合成　钼是植物体内维生素C合成酶的辅因子，参与植物的维生素C合成过程，提高植物的维生素C含量。钼肥的施用可以增加农作物的抗氧化能力和抗逆性，提高农作物的品质和食用价值。

（4）促进花粉管生长　钼是植物体内花粉管生长素的合成因子，参与植物的花粉管生长过程，提高植物的花粉管生长速度和长度。钼肥的施用可以提高农作物的授粉效率和结实率，提高农作物的繁殖能力和产量。

172. 怎样判断作物是否需要施用钼肥?

对钼敏感的农作物的生长情况，可以作为钼的供给情况的指标。豆科作物和十字花科作物对钼肥反应最敏感，缺钼时容易发生“缺钼症”。但豆科植物的缺钼症状与缺氮症状相似，没有专一性；而十字花科植物则有特殊的症状，可以作为缺钼指示作物。

植物缺钼一般叶片失绿，失绿部位在叶脉间。先形成黄绿或枯红色斑点，继而叶缘卷曲、凋萎以致干死。成熟的叶片有的尖端有灰色、蓝色褶皱或坏死斑点，叶柄和叶脉干枯。缺钼症状首先表现在老叶，继而在新叶上出现。有时生长点死亡，花的发育受到抑制，籽实不饱满。

植物体内正常钼含量是0.1～1.5毫克/千克。双子叶植物，尤其是十字花科植物和豆科植物含钼较多，对钼有较大的需要量，禾本科植物含钼量则较少。一般植物含钼量少于0.1毫克/千克时为缺钼。

有些土壤容易发生缺钼现象，如 pH 低于 6 的酸性土壤，排水良好的石灰性（碳酸盐）土壤等。酸性土壤施用石灰可以提高钼的可给性。在施用磷肥后，植物吸收钼的能力提高，钼的效果好。磷肥与钼肥配合施用常会表现出好的肥效。施用含硫肥料以后，也容易出现缺钼现象。此外，锰也影响植物对钼的吸收，导致缺钼。

土壤中有效态钼的含量在 0.15～0.20 毫克/千克间（用草酸-草酸铵溶液提取，pH 值为 3.3），少于 0.10 毫克/千克时常有缺钼症状出现，这个指标主要适用于判断豆科作物对钼肥的需要。而酸性土壤常根据土壤 pH 值和有效态钼含量求得所谓“钼值”来判断钼的供给情况。

173. 怎样施用钼肥?

钼肥的施用方法主要有以下几种：

（1）作为基肥　钼肥可以与其他化肥混合施用，或者单独施用，作为农作物的基肥。一般每亩施用钼酸铵 0.01～0.1 千克，或者钼酸钠 0.02～0.2 千克，与过磷酸钙、硼肥等混合施用，效果更佳。钼肥作为基肥施用，可以提高土壤中的钼含量，供植物在整个生长期内充分利用。

（2）作为种肥　钼肥可以与种子混合施用，或者用钼肥溶液浸种，作为农作物的种肥。一般每 0.5 千克种子用钼酸铵 1 克，或者钼酸钠 2 克，拌种时，先用热水将钼肥溶解，然后用冷水稀释，均匀拌在种子上，晾干后即可播种。浸种时，用 0.05%～0.1%的钼肥溶液，豆科作物种子一般浸泡 6～12 小时，禾本科作物种子一般浸泡 20 小时左右，浸后晾干即可播种。钼肥作为种肥施用，可以提高种子的发芽率和活力，促进幼苗的生长发育。

（3）作为追肥　钼肥可以用于农作物的苗期、分蘖期、拔节期、开花期等关键生长期，作为农作物的追肥。一般用 0.05%～0.1%的钼肥溶液，叶面喷施 2～3 次，每次相隔 7～10 天，每亩用液 50～75 千克。钼肥作为追肥施用，可以及时补充植物对钼的需求，增强植物的生理功能和抗逆性，提高农作物的产量和品质。

174. 施用钼肥的注意事项是什么?

钼肥的施用要注意以下几点：

（1）钼肥的施用量要适度　不要过量或过少，否则会影响农作物的生长和品质。过量施用钼肥，会导致植物中钼含量过高，引起钼中毒，表现为叶片变黄、枯萎、脱落，植株生长受阻，甚至死亡。过少施用钼肥，会导致植物中钼含量不足，引起缺钼症，表现为叶片失绿、变形、枯焦，植株生长不良，结实率低，品质差。

（2）钼肥的施用时间要合理　要根据农作物的生长期和钼的需求量进行施用，一般在农作物的早期生长阶段和关键生长期施用，以便植物能够充分利用钼。不要在农作物的后期生长阶段施用钼肥，否则会影响农作物的成熟和品质。

（3）钼肥的施用方法要正确　要根据农作物的特性和土壤条件选择合适的施用方法，一般可以采用基肥、种肥、追肥等方式施用，也可以与其他化肥混合施用，或者单独施用。不要与酸性化肥混合施用，否则会降低钼肥的效果，甚至引起钼中毒。

三、锌肥

175. 什么是锌肥?

锌肥，是指具有锌标明量，以提供植物锌养分的肥料。最常用的锌肥是七水硫酸锌、一水硫酸锌和氧化锌，其次是氯化锌、含锌玻璃肥料，木质素磺酸锌、环烷酸锌乳剂和螯合锌均可作为锌肥。后三种为有机态锌肥，易溶于水。

176. 锌对于作物生长有哪些功能?

锌是一些酶的组成成分，并与叶绿素的合成和碳水化合物的转化有关。锌能提高作物产量和籽粒重量，增加籽实茎秆比例，提高植物的抗寒性和耐盐性。玉米、水稻、亚麻、甜菜和一些豆类、果树和经济林木对锌都比较敏感。锌能增加玉米植株高度、结穗数、穗长、穗粗和单株粒重，并使成熟期提前。施用锌肥后水稻株高、有效分蘖数、每穗粒数、千粒重都有增加，空秕率降低，甜菜对锌的需求量很大，果树对锌肥的反应也很好。

177. 怎样判断作物是否需要施用锌肥?

植物缺锌的一般症状是叶脉间失绿、直立。由于节间短而呈簇状丛生，称为“花叶病”和“小叶病”。大多数作物缺锌时顶端首先受影响，生长缓慢或停滞，节间短、主茎矮。

玉米、水稻的缺锌症状如下：

（1）玉米　在严重缺锌的地区，玉米出苗后一周便可能出现缺锌的初期症状，在叶脉间出现浅黄色到白色的条纹，有时在叶片上或叶缘出现白色斑点，迅速扩大，有时会坏死。叶面半透明，有时沿条纹开裂，部分叶缘也可能坏死。新芽为白色，所以称玉米缺锌症状为“白苗病”。植株较大时，老叶叶脉间也形成失绿条纹，老叶的叶鞘变为紫色，严重时由紫色变为褐色而坏死。植株下部的各节变成紫色，缺锌越严重则紫色越深。

（2）水稻　水稻缺锌时，在移栽后两周到一个月出现失绿条斑，棕色锈状条点，呈圆形或卵圆形，大小 1～3 毫米，严重时形成条纹。植株生长缓慢，株高和分蘖显著降低。成熟期推迟，影响产量。

根据植株的形态特征，将水稻缺锌程度分为以下四级：

① 生长正常。叶色浓绿，整株叶片没有褐色斑点，生长整齐，叶片宽大。

② 轻度缺锌。植株含锌量在 0.56～0.70 毫克/千克。叶色绿，在分蘖期基部老叶出现少量褐色斑点，这种症状维持半个月左右即消失。

③ 中度缺锌。叶色浅绿，基部 1～2 层老叶出现较多的褐斑，有的植株新叶中筋黄化变白，生长缓慢，这种症状能持续 20 天左右或更长。

④ 严重缺锌。新叶中筋失绿变白，其他叶片出现大量褐斑，基部叶片全叶呈褐色，叶尖干枯焦裂。远看稻丛一片赤褐，生长受到抑制。新叶变小，叶枕间距离缩短，植株矮小，根系细弱，延续到抽穗成熟期。有的植株不能抽穗或仅抽出一小穗，参差不齐，迟熟，严重减产。

作物正常含锌量为 25～150 毫克/千克，一般少于 25 毫克/千克时为缺锌。不同种类的作物含锌量有很大差异。一些作物叶片的含锌量是：玉米 70～150 毫克/千克、水稻 20～120 毫克/千克、小麦 40～150 毫克/千克、大豆 70～150 毫克/千克。一般幼苗期含锌量较多，以后逐渐下降。水稻对锌有较大的容许量，少于 10 毫克/千克时常表现出缺锌症状，中毒时茎秆的锌含量在 1500 毫克/千克以上。

178. 什么土壤上施用锌肥效果好?

① 酸性土壤和石灰性土壤经常缺锌，酸性土壤，尤其是砂土中含锌量较低，有效锌更低，施用石灰时特别容易诱发缺锌。碱性土壤锌的可给性低。

② 含磷量高的土壤或大量施用磷肥时，能减弱作物对锌的吸收能

力，一些作物容易出现缺锌症状。

③ 新平整的土地和修筑的梯田，如表土没有复位，心土暴露，有效态锌比原有表土少，容易发生缺锌现象。如种植喜锌作物玉米，症状更为明显。

此外，含大量有机质的土壤，或者大量施用氮肥时，施锌也有效果。

179. 锌肥的施用技术要点是什么？

锌肥用途较广，既可作为基肥，也可作为追肥和种肥使用。

在作为基肥时，通常选择难溶性锌肥，并每亩施用1～2千克硫酸锌，与生理酸性肥料混合后一同施用。对于轻度缺锌的地块，可每隔1～2年施用一次，而对于中度缺锌的地块，则需隔年或次年减量施用。

作为追肥时，常用的是根外追肥方法。对于一般作物，喷施浓度为0.02%～0.1%的硫酸锌溶液即可，而玉米和水稻则适用0.1%～0.5%的浓度。特别地，水稻在分蘖、孕穗和开花期应各喷施一次0.2%浓度的硫酸锌溶液。果树在萌发前一个月需喷施5%硫酸锌，萌发后则用3%～4%的浓度进行涂刷。对于一年生枝条，可进行2～3次喷施或初夏时喷施0.2%浓度的硫酸锌溶液。

种肥的施用常采用浸种或拌种方式。浸种时，使用浓度为0.02%～0.1%的硫酸锌溶液，浸泡12小时后阴干播种。拌种则每千克种子加入2～6克硫酸锌，对于玉米，推荐用量为2～4克。此外，氧化锌还可用于水稻蘸秧根，每亩需200克，配成1%的悬浊液。

值得注意的是，锌肥的肥效与磷肥密切相关。在有效磷含量高的土壤中，如某些水稻土，往往会出现诱发性缺锌，在施用磷肥时，必须确保锌肥的营养供应充足。

180. 施用锌肥的注意事项是什么？

（1）不要与农药一起拌种　每千克种子用硫酸锌2克左右，以少量水溶解，喷于种子上或浸种，待种子干后，再进行农药处理，否则影响效果。

（2）不要与磷肥混用　因为锌-磷有拮抗作用，锌肥要与干细土或酸性肥料混合施用，撒于地表，随耕地翻入土中，否则将影响锌肥的效果。

（3）不要表施要埋入土中　追施硫酸锌时每公顷施硫酸锌15千克左右，开沟施用后覆土，表施效果较差。

（4）浸秧根不要时间过长，浓度不宜过大　以1%的浓度为宜，浸半分钟即可，时间过长会发生药害。

（5）叶面喷施效果好　用浓度为0.1%～0.2%硫酸锌、锌宝溶液进行叶面喷雾，每隔6～7天喷一次，喷2～3次，但注意不要把溶液灌进心叶，以免灼伤植株。

四、铁、锰、铜肥

181. 铁在农业当中的作用有哪些？

（1）影响植物的光合作用　铁虽然不参与叶绿素合成，但是它是叶绿体的重要组成部分，而叶绿素的合成在叶绿体上进行。

（2）多种酶的催化剂　铁是叶绿素合成酶、有氧呼吸酶等关键酶的必需组成成分，同时也是蛋白质合成和能量代谢的重要物质。

（3）促进氮肥的代谢，提高根瘤菌的固氮能力。

182. 什么是铁肥？

铁肥，是指具有铁标明量，以提供植物铁养分的肥料。

183. 常用的铁肥如何分类？

主要包括有机铁肥、无机铁肥和螯合铁肥。

（1）有机铁肥　有尿素铁络合物和黄腐酸铁络合物。

① 尿素铁。产品含铁9.3%、含氮35%，为固体粒状天蓝色结晶，易溶于水。吸湿性小，不易挥发，便于贮藏和运输。尿素铁是一种既含氮又含微量元素铁，并具有一定缓效作用的肥料。

② 黄腐酸铁。含铁0.2%～0.4%，为黄棕色液体。络合态在空气中比较稳定，一般用于叶面喷施。

（2）无机铁肥　包括硫酸亚铁和硫酸亚铁铵。

① 硫酸亚铁。俗称铁矾或绿矾，含铁19%，蓝绿色或淡绿色晶体。易溶于水，易被氧化成三价铁而失效，一般密封保存。

② 硫酸亚铁铵和硫酸亚铁类似，铁含量14%左右。

可用作基肥，用于叶面喷施和注射。基施时应与有机肥混合施用，能提高铁肥的利用率。叶面喷施，溶液应现配现用，加入少量的展着剂，可增强在叶面上的吸附力，提高肥料利用率。

（3）螯合铁肥　包括EDDHA螯合铁和糖醇铁。

① EDDHA螯合铁。性质稳定，易溶于水，植物可以快速吸收，

快速补铁，效果显著，环保、无毒、无副作用，但是价格高，一般用在经济作物和花卉上。

② 糖醇铁。以木糖醇和甘露醇为载体和铁螯合而成，糖醇被作物认为自身的物质，可在作物体内上下传导，大大提高了铁肥的吸收利用率，效果好价格也适中，是目前使用最为广泛的铁肥之一。

184. 怎样施用铁肥?

无机铁肥中的硫酸亚铁主要用于叶面喷施，也可用作基肥。有机铁肥和螯合铁肥用于喷施，效果更好，但成本高。由于铁肥施用量大，易迅速氧化成高铁，故很少直接施入土壤中。一般用叶面喷施法。可溶的铁盐或有机铁肥溶液都可以喷施，能够避免土壤条件的不良影响，且用量小、收效快。缺点是需要经常喷施。有机铁肥的效果比无机铁肥的效果好，所需喷施的次数也少。为了使溶液容易附着在叶片上，可在溶液中加入少量表面活性剂（如洗衣粉）。

果树缺铁时也可用注射法补施铁肥，改善果树缺铁症状。将 0.1%～0.3%硫酸亚铁溶液盛在玻璃瓶中。在离果树 1 米处挖土，露出树根，选直径 5 毫米的树根，切断后插入硫酸亚铁瓶中，然后将土埋好。埋瓶时间最好是在早春果树刚刚开始萌芽的时候，缺铁严重的果树，在花前、秋后各埋一次。秋后埋的目的是为越冬果树贮存一年所需的铁，可在较长时间控制失绿症状的发生。

185. 锰对植物生长的作用有哪些?

（1）促进光合作用　锰元素在光合作用中所起到的关键作用有两个。只有作物体内的锰元素含量足够，才能组成叶绿体并且保持其结构稳定。另外，在光合作用放氧过程中，是需要锰元素来促进的，若作物体内缺少锰元素，放氧能力就会下降，造成作物代谢受阻。

（2）参与酶促反应　作物体内中存在多种酶，如作物体内的 IAA 氧化酶会受锰的变化而影响活性，只有锰元素足够时，IAA 氧化酶的活性才会提高，进而降解了作物体内多余的生长素。此外，锰元素还能促进蛋白质的合成，对作物种子的萌发起到了十分有利的作用。

（3）保护作物细胞　氧化还原在作物的生产过程中随时都在进行，而锰元素还是作物体内很重要的氧化还原剂，即可直接参与氧化还原过程，可以将氧化物催化成过氧化氢与氧气，保护细胞膜和保护作物细胞的正常生理活动，具体表现为根茎粗细程度增加、抗逆性提高。

186. 锰在土壤中以什么形态存在?怎样转化?

锰在土壤中存在的形态，可分为能被作物吸收的二价锰化合物（包括水溶性锰与代换性锰），和不易被作物吸收的高价锰氧化物。高价锰氧化物包括最稳定的四价锰氧化物（MnO_2），不活泼的四氧化三锰（Mn_3O_4），和在一定条件下能够转化的三价锰氧化物（$Mn_2O_3 \cdot nH_2O$）。三价锰氧化物具易还原性。代换性锰和易还原性锰都是有效性锰。

土壤中二、三、四价锰氧化物依一定条件而互相转化。影响转化的土壤条件主要是 pH 值、氧化还原条件以及有机质的多寡。

在强酸性土壤中四价锰氧化物减少，二价锰明显增加，在微碱性土壤条件下二价锰氧化为三价锰，三价锰在酸性反应下容易起歧化作用：$Mn_2O_3 \rightarrow MnO + MnO_2$。pH＞8 时 Mn^{2+} 氧化成 Mn_2O_3。所以石灰性土壤有效锰含量少，酸性土壤有效锰含量多。

氧化条件下锰由低价向高价转化，因此通透性良好的轻质土壤锰的有效性低，而淹水土壤，降低了土壤中的氧压，即使 pH 值较高，也因低氧压和微生物活动所引起的生物还原作用，使高价锰还原为低价锰，增加了锰的有效性，故水稻土的有效锰含量增加。

187. 什么是锰肥?种类有哪些?

锰肥，是指具有锰标明量，以提供植物锰养分的肥料。其主要品种有一水硫酸锰和三水硫酸锰。碳酸锰、含锰玻璃肥料、炼钢含锰炉渣、含锰工业废弃物和 Mn-EDTA（螯合锰）也可作为锰肥施用。

188. 作物缺锰会出现什么症状?

锰元素在作物体内含量虽少，可一旦缺乏，作物的正常生长就会受到影响。

既然锰元素大都存在于作物叶绿体中，那么当小麦缺锰的时候，首先表现出来的就是叶片褪绿，进而叶面会出现网状纹理，接着仔细观察叶脉，会有淡淡的绿色斑点，这时如果没有及时补充锰肥，这些斑点就会逐渐扩大，以致整株小麦停止生长。

同样的道理，当玉米植株锰含量不足时，其叶脉也会变黄，但不是大面积黄化，而是黄绿相间，并且叶片会变软弯曲，这时如果没有及时补充锰肥，叶片还会出现黑色斑点，慢慢延伸到整个叶片，植株的生长受到严重影响，产量和品质下降。

189. 怎样施用锰肥?

锰肥可作基肥，易溶于水的硫酸锰也可用于拌种和叶面喷施。

农业上常用的追肥措施为叶面喷肥，因为硫酸锰易溶于水的特性，可以将其制作成浓度为0.03%～0.08%的硫酸锰溶液，然后针对作物的缺锰部位进行喷施，一般每隔7～10天喷施一次，喷2～3次即可。如果症状比较严重的，建议多喷1～2次。

如果是种植小麦、玉米等粮食作物的话，在播种前可用硫酸锰进行拌种，能够有效增加产量和品质。具体操作为每斤（1斤=500克）种子用2～4克硫酸锰，用少量的水溶解，然后将种子放到里面去，搅拌均匀后播种。

190. 铜有哪些作用?

铜对于作物生长的作用主要包括以下几方面：

① 植物体内多种氧化酶的成分，与植物体内的氧化还原反应和呼吸作用有关；

② 对蛋白质代谢及叶绿素的形成有重大影响；

③ 能增强光合作用和促进花粉萌发和花粉管伸长，提高结实率。

191. 铜在土壤中以什么形态存在?怎样转化?

在土壤中的铜可分为作物吸收利用的（包括水溶性盐及能转入稀酸中的代换性铜）与作物难以吸收利用的（包括难溶性铜以及铜的有机化合物）两大类。它们在一定条件下互相转化。影响这种转化的主要因素为有机质、黏土矿物的性质、pH值和氧化还原条件。

有机质多的泥炭土和沼泽土，铜与腐殖质形成稳定的络合物而降低有效性，这种土壤常会出现缺铜。土壤pH值对铜的固定也产生很大的影响，pH>4.5时，铜以氢氧化铜、磷酸铜或碳酸铜的形态沉淀。淹水情况下，土壤还原条件增强，铜的有效性增大。

192. 什么是铜肥? 主要包括哪几种类型?

具有铜标明量以提供植物养分为主要功效的物料。

五水硫酸铜是最主要的铜肥。一水硫酸铜、碱式碳酸铜、氯化铜、氧化铜、氧化亚铜、硅酸铵铜、硫化铜、铜烧结体、铜矿渣、螯合铜等均可作为铜肥施用。

193. 怎样施用铜肥?

硫酸铜是常用的铜肥，可以作基肥、种肥、追肥、种子处理肥料和根外追肥。植物正常的含铜量为每千克 5～20 毫克。中国南方长期淹水的水稻土，有机质含量较高的泥炭土、沼泽土，以及丘陵坡地的砂质土壤易缺铜。在缺铜土壤上施铜，水稻增产 10%～20%。水溶性铜肥如硫酸铜、氯化铜可用作基肥，用于拌种、浸种，其他铜肥只适于作基肥，铜肥用量过多时，易毒害作物，需慎用。施用方法如下：

(1) 作物种类与铜肥肥效　作物的种类不同，对铜的反应也不同，研究表明，需铜较多的作物有小麦、洋葱、菠菜、苜蓿、向日葵、胡萝卜、大麦、燕麦；需铜中等的有甜菜、亚麻、黄瓜、萝卜、番茄等；需铜较少的有豆类、牧草、油菜等。果树中的苹果、桃、草莓等也有过缺铜的报道。

(2) 土壤条件与铜肥施用　我国土壤铜含量比较丰富，一般都在 1 毫克/千克以上。在华中丘陵区发育在红砂岩的红壤中、江苏徐淮地区的沙质黄潮土中、西北地区的风沙土及黄绵土中有效铜含量较低，施用铜肥有较好的效果。

(3) 铜肥的施用方法　铜肥可用作基肥、追肥及种子处理肥料等。作基肥每亩用量为 1～1.5 千克硫酸铜，由于铜肥的有效期长，为防止铜的毒害作用，以每 3～5 年施用 1 次为宜。追肥通常以根外追肥为主，喷施浓度为 0.02%～0.04%，果树用 0.2%～0.4%，并加配硫酸铜用量 10%～20%的熟石灰，以防药害。硫酸铜拌种用量为 0.3～0.6 克/千克种子，硫酸铜溶液浸种浓度为 0.01%～0.05%。

第四节　绿色肥料

一、养分高效型

194. 什么是养分高效型绿色肥料?

稳定性肥料和包膜肥料是传统意义上的养分高效型绿色肥料。

稳定性肥料是指生产过程中加入了脲酶抑制剂和（或）硝化抑制剂的肥料。包膜肥料是另一类养分高效型绿色肥料，它是指水溶性肥料颗粒表面包被一层半透性或难溶性膜，具有缓慢释放养分特性的一类肥料。

195. 养分高效型绿色肥料有哪几种？

（1）稳定性肥料　有四大类：稳定性复合氮肥、稳定性尿素、稳定性复合肥和稳定性掺混肥。

（2）包膜肥料　主要有四类：硫包膜肥料、聚合物包膜肥料、热固性树脂包膜肥料、无机物包裹型肥料。也有学者把包膜肥料归纳为五类，分别是复合型包膜肥料、超吸水性聚合物为外包膜层的复式多层包膜肥料、以低成本包膜材料制成的包膜肥料、环境友好型可降解型包膜肥料、智能型包膜肥料。

196. 养分高效型绿色肥料有什么特点？

脲甲醛是最早应用于生产实践的缓释肥料，也是目前应用最多的脲醛类肥料。作为一种微溶的有机缓释氮肥，脲甲醛兼具速效和缓释养分、释放期可控、肥效长久稳定、利用率高和环境污染少等特点。

与普通氮肥相比，脲甲醛肥料具有两大优势：氮肥利用率高，显著减少氨挥发等氮损失造成的环境影响，具有环保优势；可实现一次性施肥或者减少1～2次追肥，具有显著的经济效应。但是，由于生产成本和商品价格较高，目前脲甲醛缓释肥料以脲醛缓释复合肥料或掺混肥料为主，在农业中主要应用于附加值较高的经济作物中，如花卉、高尔夫草坪及观赏性植物等，只有很小的比例用于大田农业生产。通过改进生产工艺降低其生产成本和精准调控其释放周期，未来脲甲醛缓释肥料在农业中的应用具有显著优势和广阔空间。

197. 养分高效型绿色肥料有什么功能？

养分高效型肥料通过优化养分释放模式，实现农业生产与生态保护的双重目标，功能如下：

（1）提高养分利用率　传统氮肥利用率仅为30%～40%，而稳定性肥料通过抑制氮损失途径，利用率提升至50%～70%；包膜肥料通过缓慢释放，利用率可达60%～80%。例如，水稻田间试验表明，包膜尿素氮素利用率较普通尿素提高25%。

（2）减少农业面源污染　硝化抑制剂可减少硝态氮向地下水的迁移，降低水体富营养化风险。

增产提质：持续供肥促进作物光合作用和籽粒充实。例如，稳定性肥料在小麦中增产8%～15%，甘蔗施用硫包膜肥糖分含量提高0.5%～1.2%。

(3) 应对极端气候　在暴雨或高温地区，传统肥料容易快速失效，而包膜肥料通过膜层保护进而维持养分稳定供应。例如，热带地区香蕉种植中，树脂包膜钾肥在雨季仍能保持养分的有效供应。

198. 养分高效型绿色肥料是什么原理?

基于目前市场上最为常见的抑制剂*N*-丁基硫代磷酰三胺（NBPT）、双氰胺（DCD）、3,4-二甲基吡唑磷酸盐（DMPP）和2-氯-6-三氯甲基吡啶（CP）等脲酶/硝化抑制剂可在不同类型土壤上有效调控尿素和铵态氮肥施入土壤后的氮转化过程，因此，稳定性肥料可促使氮肥肥效后移，提高作物氮肥利用率，保障不同区域作物后期养分供给。

199. 养分高效型绿色肥料有什么效果?

在保障粮食产量安全的前提下，施用稳定性肥料可减施10%～20%氮肥养分，这将减少肥料资源的浪费，如若大面积推广应用也可减少肥料施用和运输成本，达到低碳环保的效果。

施用包膜肥料可以提高养分利用率，氮肥利用率可提高8%～15%，并可有效减少养分的地表径流、淋失和氮素挥发，提高作物产量。

近年来，国内不少企业开始研发新的脲甲醛类肥料，例如，郑州高富肥料有限公司采用最新连续化工艺生产的聚脲甲醛肥料，用作基肥一次性施入土壤后，与传统复合肥料相比，在减氮15%～30%的情况下，其增产效果还提高5%～10%，氮表观利用率平均提高12%，且氨挥发降低25%～40%，具有显著的经济、社会和环境效应；此外，中北大学研制的磷酸盐改性脲甲醛缓控释肥能加速脲甲醛在土壤中的分解速度，更匹配作物生长所需。

200. 养分高效型绿色肥料怎么施用?

(1) 稳定性肥料

① 适用场景：基施为主，在播种前或移栽时深施（10～15厘米），避免表施导致抑制剂因紫外线分解失效。适用于水稻、小麦等大田作物及蔬菜。

② 注意事项：不宜与强酸性肥料（如过磷酸钙）或强碱性物质

（如石灰）混用，以防抑制剂失活。

③ 区域适配：在热带水稻区优先选用脲酶抑制剂型，温带旱作区选用硝化抑制剂型。

（2）包膜肥料

① 基施技术：一次性施入土壤，适用于生育期长、需肥平稳的作物（如橡胶树、苹果树）。

② 追施技术：部分速释型包膜肥（如薄层树脂包膜）可用于需肥关键期（如玉米大喇叭口期）和果树膨大期或蔬菜采收前追肥。

③ 特殊管理：硫包膜肥需配合土壤 pH 调节（pH＞5.5 时释放稳定），同时确保土壤通气性以促进硫氧化。生物降解膜肥在干旱地区需配合滴灌维持土壤湿度，以促进降解。

201. 养分高效型绿色肥料有什么相关标准？

（1）《稳定性肥料》（GB/T 35113—2017） 2018 年 7 月实施。标准中规定了稳定性肥料的术语和定义、要求、试验方法、检验规则、标志、包装、运输和贮存。

该标准适用于添加脲酶抑制剂和（或）硝化抑制剂的含氮（含酰胺态氮/铵态氮）稳定性肥料（添加脲酶抑制剂的肥料必须含尿素）。不适用于通过改变肥料的结构或者在肥料颗粒外包膜而生产的肥料、氮源仅为硝态氮的肥料。

（2）《脲醛缓释肥料》（GB/T 34763—2017）和《固态脲甲醛缓释肥料》（ISO 19670—2017） 2017 年制定。其中《脲醛缓释肥料》标准中规范了总氮含量、缓释有效氮等核心检测指标及产品适用范围；《固态脲甲醛缓释肥料》标准中规定了固体尿素醛缓释肥料的一般要求、分析方法、取样和试验样品的制备、标记和标签、包装、运输和储存。

《脲醛缓释肥料》标准适用于尿素与甲醛缩合反应生成的固体缓释肥料，涵盖脲甲醛（UF）、异丁叉二脲（IBDU）等主流品种；《固态脲甲醛缓释肥料》标准适用于纯固体尿素醛缓释肥料，即脲甲醛（UF）、亚甲基尿素（MU）、巴豆叉二脲（CDU）、异丁叉二脲。

二、固碳培肥型

202. 什么是固碳培肥型绿色肥料？

生物炭基肥料和有机肥料属于固碳培肥型肥料。炭基肥料是以生物炭为基质，添加氮、磷、钾等养分中的一种或者几种，采用化学方法和（或）物理方法混合制成的肥料。有机肥料是指来源于植物和/或动物，经过发酵腐熟的含碳有机物料，其功能是改善土壤肥力、提供植物营养、提高作物品质。

203. 固碳培肥型绿色肥料有哪几种?

分为生物炭基肥料和有机肥料。生物炭基肥料主要包括炭基无机肥料、炭基有机肥料和炭基有机无机复合肥料。有机肥料主要包括传统有机肥（人畜禽粪便、秸秆、绿肥）、普通商品有机肥、无机有机复合肥、生物有机肥、复合微生物肥料、全元生物有机肥等。

204. 固碳培肥型绿色肥料有什么特点?

通过生物炭吸附或微生物固碳等途径，将大气中的二氧化碳转化为稳定的有机碳储存在土壤中，减少温室气体排放。提高土壤有机质含量，改善土壤结构（如增强保水保肥能力），补充氮、磷、钾及中微量元素。替代部分化肥，降低硝酸盐淋失、氨挥发等面源污染风险。利用农业废弃物（秸秆、畜禽粪便）或生物质炭化产物，实现“变废为肥”，减少资源浪费。生物炭在土壤中可稳定存在数十年，持续改善土壤性质。与化肥配合使用，既能减少化肥用量，又能提高养分利用率。

205. 固碳培肥型绿色肥料有什么功能?

生物炭肥料同时吸收了生物炭和肥料的优势，炭基肥料在具备常规化肥功能的基础上还具备缓释肥效、增加土壤碳含量、减少 N_2O 和 CO_2 等温室气体排放、吸附养分和减少养分损失、提高肥料利用率、改良土壤结构、平衡土壤盐分等特点。

不同有机肥表现出不同的功能特性，传统有机肥和商品有机肥存在养分释放缓慢，无法满足植物对养分的快速需求的特点，加之植物生长过程中面临各种逆境胁迫。因此，目前添加有各种功能生防菌的生物有机肥、复合微生物肥料、全元生物有机肥成为有机肥领域中的研究和应用热点。有机肥（主要来源于畜禽粪便）的长期过量施用会增加土壤重金属和有机污染物（抗生素和激素）含量，加大作物吸收积累重金属和有机污染物的风险。另外，有机肥还可能促进土壤温室气体（CO_2、CH_4 等）的排放，加重温室效应。

206. 固碳培肥型绿色肥料是什么原理？

生物炭与肥料混施或复合后对作物生长及产量几乎都表现为正效应，这源于肥料消除了生物炭养分低的缺陷，而生物炭赋予肥料养分缓释性能的互补和协同作用。因此，以生物炭为载体的炭基肥料应运而生并发展迅速。

207. 固碳培肥型绿色肥料有什么效果？

多项研究表明，炭基肥显著增加多种作物产量，促进植物氮代谢和改善作物品质。相较于无机化肥，有机肥能显著提高土壤肥力，改善土壤物理性状，缓解土壤酸化，增加土壤有效养分，维持土壤养分平衡，改善土壤生物和生物化学特性，优化土壤微生物群落的结构组成，同时能够改良作物根际生态环境，改善作物的营养品质并抑制病虫害发生。

208. 固碳培肥型绿色肥料怎么施用？

（1）生物炭基肥料

① 施用方式：将生物炭与有机肥或土壤按比例混合（通常用量为5～20吨/公顷），深耕翻入土壤（20～30厘米深）。

② 适用场景：酸性土壤、砂质土或贫瘠土壤，尤其适合长期固碳改良。

③ 注意事项：生物炭持效期长（可达数十年），需提前1～2季施用，避免与高盐分肥料混用。避免过量，生物炭过量可能吸附土壤养分，需配合补施氮磷钾。

（2）有机肥（堆肥、秸秆还田等）

① 施用方法：堆肥，腐熟后均匀撒施于地表，翻耕入土。

② 秸秆还田：作物收获后粉碎秸秆（长度<10厘米），覆盖或翻压入土，配合微生物菌剂加速分解。

③ 时间：播种前15～30天施用，避免未腐熟有机肥烧根。

209. 固碳培肥型绿色肥料有什么相关标准？

（1）NY/T 3041—2016《生物炭基肥料》行业标准　该标准规定了生物炭基肥料的术语、定义、要求、试验方法、检验规则、标识、包装、运输和储存。

该标准适用于中华人民共和国境内生产和销售的，以作物秸秆等农林植物废弃生物质生产的生物炭为基质，添加氮、磷、钾等养分中的一种或几种，采用化学方法和（或）物理方法混合制成的生物炭基肥料。不适用于生物炭与其他有机物料混合和（或）发酵制成的肥料。

（2）《生物炭基有机肥》（NY/T 3618—2020） 标准规定了生物炭基有机肥料的术语和定义、要求、实验方法、检验规则、包装、标识、运输和储存。适用于中华人民共和国境内生产和销售的生物炭基有机肥料。

（3）《有机肥料》（NY/T 525—2021） 标准增加了“腐熟度”和“种子发芽指数”的术语和定义；增加了生产原料分类管理目录及评估类原料安全性评价；删除了对产品颜色的要求；修改了总养分的质量分数；增加了机械杂质的质量分数限定；增加了种子发芽指数的限定；修改了有机质含量的计算方法及质量分数；修改了总氮、总磷和总钾含量的测定方法；增加了机械杂质的质量分数和种子发芽指数的测定方法；修改了检验规则；修改了包装标志要求，增加了原料类型；增加了杂草种子活性测定方法。

三、增效及提高养分转化率型

210. 什么是增效及提高养分转化率型绿色肥料？

增效及提高养分转化效率型绿色肥料是指能够应用于农业生产中的含有特定微生物活体的制品，通过其中所含微生物的生命活动，增加植物养分的供应量或促进植物生长，提高产量，改善农产品品质及农业生态环境，也常被叫作生物肥料、菌肥、菌剂等。

211. 增效及提高养分转化率型绿色肥料有哪几种？

增效及提高养分转化效率型绿色肥料根据功能特性和成分组成可分为以下几大类：

（1）微生物菌剂类 这是应用最广泛的类型，主要包括：

① 固氮菌剂。如根瘤菌、自生固氮菌（如固氮螺菌）、联合固氮菌等，能将空气中的氮气转化为植物可吸收的铵态氮。大豆专用根瘤菌剂可使氮肥利用率提高30%～50%。

② 解磷菌剂。如假单胞菌、芽孢杆菌等，通过分泌有机酸溶解土壤中难溶性磷酸盐。实验表明可使磷肥利用率从15%～20%提升至

30%以上。

③ 解钾菌剂。如胶质芽孢杆菌，分解含钾硅酸盐矿物释放有效钾。在玉米试验中可减少钾肥施用量20%而不减产。

④ 复合功能菌剂。如EM菌（有效微生物群），包含光合菌、乳酸菌等80余种微生物，兼具促生、抗病、腐熟等多重功效。

（2）复合微生物肥料　此类产品将功能微生物与有机/无机载体结合，典型代表包括：

① 生物有机肥。按NY 884—2012标准要求，有机质≥40%，有效活菌数≥0.2亿/g。如添加木霉菌的堆肥可降解农药残留。

② 菌-矿复合肥。将解磷菌与磷矿粉结合，在减少磷矿酸解能耗的同时提高有效性。某产品在石灰性土壤中使磷活化率提升42%。

③ 缓释型微生物肥料。采用海藻酸包膜技术延长菌群存活时间，田间试验显示有效期可达120天以上。

（3）生物刺激素类

① 腐植酸菌肥。腐植酸与枯草芽孢杆菌协同作用，在盐碱地改良中可使土壤EC值降低0.8～1.2毫西门子/厘米。

② 海藻提取物肥料。含天然细胞分裂素和甜菜碱，配合解淀粉芽孢杆菌使用，在设施蔬菜中增产15%～25%。

③ 氨基酸螯合肥。通过微生物发酵生产的氨基酸与中微量元素螯合，叶面喷施吸收效率达85%以上。

（4）功能型生物肥料

① 抗逆生物肥料。含耐盐碱菌株或产ACC脱氨酶菌种，在干旱条件下可使小麦产量提高18%。

② 重金属钝化菌剂。如产铁载体的荧光假单胞菌，可使土壤有效镉降低30%～50%。

③ 连作障碍修复菌剂。哈茨木霉与丛枝菌根真菌组合使用，可降低土传病害发生率60%以上。

212. 增效及提高养分转化率型绿色肥料有什么特点?

增效及提高养分转化率型绿色肥料具有以下六方面特点，分别是：

（1）环境友好性　这类肥料通过微生物活动减少化学肥料的使用量，降低土壤盐渍化、酸化及水体富营养化风险。

（2）养分高效性　微生物通过代谢活动将土壤中难溶性养分（如

磷、钾）转化为植物可吸收形态。

（3）多功能集成性　除养分供应外，部分菌株还能分泌植物激素、抗生素或诱导系统抗性。

（4）生态适应性　微生物在根际定殖后形成“生物屏障”，增强作物对干旱、盐碱等逆境的耐受性。

（5）作用持续性　通过菌群增殖形成长效作用，如丛枝菌根真菌与植物共生后，其菌丝网络可持续输送养分至整个生育期。

（6）安全性高　符合国家标准的生物肥料杂菌率≤15%，且不含重金属等有害物质。

213. 增效及提高养分转化率型绿色肥料是什么原理？

（1）生物发酵技术　生物发酵技术通过微生物的作用，将有机物质转化为肥料成分，能够显著改善土壤结构，提高土壤生物多样性，从而促进作物的生长和养分吸收。

（2）养分活化技术　例如，德国施诺德研究院的DM99养分活化技术通过提高养分的利用率，减少化肥用量并提升作物产量。这种技术通过特定的工艺处理，使养分更易于被植物吸收利用。（注：DM99是通过生物化学手段同时对肥料、土壤、植物调控，实现降低养分损失或固定、促进植物新陈代谢、改善土壤微环境。）

（3）植物生理激活技术　CBK植物生理激活技术通过调控植物内源激素，激发作物自身生长能力，促进根系生长和植物光合产物积累转化，提升作物抗病能力，减少农药用量，提升农产品品质和产量。（注：CBK通过将包含稀有植物提取物和精确萃取的复合生物刺激素作用于植物体内，通过激活植物体内多种代谢相关酶的活性，提高植物营养吸收和转化能力，促进植物生理代谢活动。）

214. 增效及提高养分转化率型绿色肥料有什么效果？

总体来说，增效及提高养分转化率型绿色肥料具有提供或活化养分、产生促进作物生长活性物质、促进有机物料腐熟、改善农产品品质、增强作物抗逆性、改良和修复土壤等功效。

215. 增效及提高养分转化率型绿色肥料怎么施用？

（1）合适的作物　豆科作物优先选用根瘤菌剂（如大豆专用慢生根

瘤菌），禾本科宜用联合固氮菌（如固氮螺菌）。设施蔬菜推荐复合菌剂（如 EM 菌＋解淀粉芽孢杆菌），叶菜类需配合氨基酸肥喷施。

（2）合适的方法

① 基施。与有机肥混匀后沟施（深度 10～15 厘米），亩用量固体菌肥 20～40 千克，液体菌剂 2～5 升。

② 种施。种子包衣时菌剂与黏着剂（如羧甲基纤维素）配比 1∶3，每千克种子用菌剂 10～20 毫升。

③ 追施。滴灌时需过滤杂质，避免堵塞管道，稀释浓度控制在 1∶50～1∶100。

（3）合适的环境　土壤温度需＞15℃（低温地区可选用耐冷菌株），pH 6.0～7.5 时菌群活性最佳。避免与杀菌剂同期使用，间隔期至少 7 天；与化肥混用时，尿素浓度需＜0.1%，过磷酸钙需提前酸化处理。

（4）合适的配伍

① 固氮菌＋解磷菌＋腐植酸。三者协同可使玉米氮磷利用率分别提升至 55%和 28%。

② AM 真菌与解钾菌联用。在缺钾土壤中钾吸收效率提高 40%，菌根侵染率需达 30%以上。

（5）合适的管理　施用后保持土壤湿度 60%～70%，旱地可采用覆膜保墒。设施大棚需定期补菌（每季 1～2 次），露天农田建议连续施用 3 年以上以建立稳定菌群。

216. 增效及提高养分转化率型绿色肥料有什么相关标准？

（1）《农用微生物菌剂》（GB 20287—2006）　2006 年 9 月 1 日实施，该标准规定了农用微生物菌剂（即微生物接种剂）的术语和定义、产品分类、要求、试验方法、检验规则、包装、标识、运输和贮存。

（2）《生物有机肥》（NY 884—2012）　2012 年 9 月 1 日实施，该标准规定了生物有机肥的要求、检验方法、检验规则、包装、标识、运输和贮存。

（3）《复合微生物肥料》（NY/T 798—2015）　2015 年 8 月 1 日实施，该标准规定了复合微生物肥料的术语和定义、要求、试验方法、检验规则、标识、包装、运输及贮存等方面的内容。适用于复合微生物肥料的生产、检验和销售。

四、养分均衡型

217. 什么是养分均衡型绿色肥料?

养分均衡型绿色肥料是指那些能够为植物提供均衡养分的肥料，通常含有氮、磷、钾等主要营养元素，并且这些元素的配比相对均衡。这种肥料能够满足植物生长的全面需求，促进作物的均衡生长，提高作物的产量和品质。

218. 养分均衡型绿色肥料有哪几种?

养分均衡型绿色肥料主要包括以下三种：

(1) 复合肥　复合肥是一种氮、磷、钾元素齐全的肥料，能够为植物提供全面的营养，促进植物的生长。

(2) 有机堆肥　有机堆肥是通过将厨余垃圾（如蔬菜叶、果皮、咖啡渣等）发酵腐熟后制成的肥料。它富含有机质、氮、磷、钾等多种营养元素，能够全面改善土壤结构，增加土壤肥力。

(3) 畜禽粪便有机肥　例如纯羊粪有机肥是一种优质的有机肥料，适合作为底肥使用，能够为植物提供持久的养分支持。它可以在换盆时作为底肥使用，也可以直接撒在花盆表面。

219. 养分均衡型绿色肥料有什么特点?

养分均衡型绿色肥料通常含有氮、磷、钾三种主要营养元素，且比例较为接近，一般为1∶1∶1或相近比例。例如，常见的17-17-17配方就是典型的均衡配方。此外，这些肥料还可能含有一些中微量元素，如钙、镁、硫、铁、锌等，以满足作物生长的全面需求。

220. 养分均衡型绿色肥料有什么功能?

养分均衡型绿色肥料的主要功能包括三方面，分别是：

(1) 促进作物均衡生长　氮元素促进营养生长，使植株繁茂；磷元素有助于根系发育、花芽分化和果实成熟；钾元素增强作物的抗逆性，提高品质和产量。均衡的养分供应使作物各个部位都能得到良好的生长发育。

(2) 提高作物产量和品质　通过满足作物对多种养分的需求，避免因某种元素缺乏而导致的生长不良，从而提高作物的产量和品质，如增加果实的甜度、色泽和口感等。

(3) 适用范围广　适用于多种作物和不同生长阶段，无论是蔬菜、水果、粮食作物还是花卉等，都可以使用平衡肥。

221. 养分均衡型绿色肥料增产是什么原理?

养分均衡型绿色肥料增产的机理是最小养分律的作用结果。即当土壤中缺乏某种营养元素时，只增加其他营养元素的数量会起到相反的作用，而施用缺乏的营养元素会改变原有养分平衡状态，明显提高其他营养元素肥料的利用率，达到增产增收、改善农产品品质的作用。

222. 养分均衡型绿色肥料有什么效果?

(1) 改善土壤结构　养分均衡型绿色肥料能够有效破除土壤板结，增加土壤活性，调节土壤 pH 值，使土壤恢复最佳健康状态。

(2) 促进微生物繁殖　通过改善土壤碳氮比，激活土壤中的有益微生物，无需额外补充，自然促进微生物繁殖。

(3) 激活土壤养分　具有解磷、解钾的能力，能够激活土壤中固化的养分，使作物均衡吸收营养，促进根系生长，保持水分和养分。

(4) 有机无机结合　与复合肥配合使用，实现有机与无机的结合，互相增效，提高作物的抗病能力。

(5) 持久肥效　为缓释型肥料，肥效均衡且持久，为作物提供持续稳定的营养支持。

(6) 促进作物生长　养分均衡型绿色肥料能够满足作物全生育期的营养需求，促进根系和茎的均衡生长，防止作物徒长，提高产量和品质。

(7) 环保安全　原料超纯、无杂质、电导率低，可安全施用于各种作物，改良土壤，提高土壤的保肥、保水能力，增强土壤的抗逆性。

223. 养分均衡型绿色肥料怎么施用?

养分均衡型绿色肥料的施用要遵循以下三方面：

(1) 合理用量　根据作物的种类、生长阶段、土壤肥力等因素，确定合适的施肥量。过量施肥可能会导致浪费和环境污染，甚至对作物造成伤害。

(2) 配合其他肥料使用　虽然平衡肥含有多种养分，但在某些情况下，还需要配合使用其他专用肥料，如有机肥、微量元素肥等，以满足作物的特殊需求。

（3）注意施肥时间　不同作物在不同生长阶段对养分的需求有所不同，应根据作物的生长规律，选择合适的施肥时间，以提高肥料的利用率。

224. 养分均衡型绿色肥料有什么相关标准？

（1）复合肥料　根据国家标准《复合肥料》（GB/T 15063—2020），复合肥的主要成分包括氮（N）、磷（P_2O_5）、钾（K_2O）三种营养元素。其含量标准如下：

高浓度复合肥：氮磷钾总量≥40%，水溶性磷含量≥40%。

中浓度复合肥：氮磷钾总量≥30%。

低浓度复合肥：氮磷钾总量≥25%，水溶性磷含量≥40%，水分子含量低于5%，粒径为1～4.75毫米。

此外，新国标还增加了硝态氮、中量元素、微量元素指标及测定方法，允许在肥料包装上做标志。硫、钙、镁等中量元素质量分数分别应≥1.0%、≥1.0%、≥2.0%。微量元素如铜、铁、锰、锌、硼、钼的质量分数均应≥0.02%，且钼元素的质量分数不高于0.5%。

（2）有机肥料　执行《有机肥料》（NY/T 525—2021）。

五、增值型

225. 什么是增值型绿色肥料？

增值肥料是将安全环保的有机生物活性增效载体与化肥科学配伍，通过综合调控“肥料-作物-土壤”系统改善肥效的肥料增值产品。

226. 增值型绿色肥料有哪几种？

增值化肥种类主要有增值尿素、磷铵以及复合肥料，包括氮肥（尿素、复合肥）、磷肥（磷酸一铵、磷酸二铵）和钾肥，代表性增值氮肥产品有海藻酸增值尿素、辛腐酸增值尿素、海藻酸增值复合肥、聚合谷氨酸增值尿素，代表性增值磷肥产品有海藻酸增值磷铵。其中：

增值尿素是指在传统尿素的基础上，通过添加生物活性增效载体（如腐植酸、海藻酸、氨基酸等）来提高肥效和利用率的一种新型肥料。这种肥料不仅保留了尿素的基本特性，还通过添加这些生物活性物质来改善其使用效果，减少氮素的流失和挥发，从而提高肥料的稳定性和效果。

增值磷肥是一种将生物活性增效载体（如腐植酸、海藻酸等）与磷铵等大宗化肥科学配伍生产的肥料增值产品。这种肥料通过综合调控“肥料-作物-土壤”系统，显著提高磷肥利用率，减少磷矿消耗，促进农业绿色可持续发展。

增值钾肥是指在普通钾肥的基础上，通过添加一些特殊成分或经过特殊处理，使其具有更多的营养元素和功能，以提高作物的产量和品质。增值钾肥不仅含有钾元素，还可能包含腐植酸、海藻酸、氨基酸等生物活性成分，这些成分能够改善土壤质量、提高肥料的利用率和作物的吸收能力。

227. 增值型绿色肥料有什么特点？

增值肥料主要技术特点分别是：①载体增效制肥。在传统肥料的基础上，通过添加特定的增效成分，如腐植酸、海藻酸、氨基酸等生物活性物质，来增强肥料的肥效。②增效载体通常为天然/植物源物质，对环境、作物和人体无害。③综合调控“肥料-作物-土壤”系统增效。④增效载体微量高效。增值肥料的养分含量基本不受影响，同时通过添加增效剂，显著提高肥料的利用率。⑤与大型化肥生产装置结合一体化生产，可实现对“肥料-作物-土壤”系统综合调控，达到“促吸收、降活性、优供应、减损失”的目的，赋予产品有效养分高效化利用特征。

228. 增值型绿色肥料有什么功能？

增值型绿色肥料具有以下五方面功能，分别是：

（1）促进作物生长　增值型绿色肥料通过提供植物所需的营养元素，促进作物的生长和发育。这些肥料通常包含氮、磷、钾等主要营养元素以及微量元素，能够满足作物在不同生长阶段的需求，从而提高作物的产量和品质。

（2）提高土壤肥力　增值型绿色肥料在施用后能够改善土壤结构，增加土壤有机质含量，提高土壤的保水保肥能力。这有助于减少土壤侵蚀，增加土壤生物多样性，从而为作物提供更好的生长环境。

（3）减少环境污染　相比传统的化学肥料，增值型绿色肥料在使用过程中对环境的负面影响较小。它们通常是通过生物发酵等技术制备的，减少了化学物质的排放，有助于保护生态环境。

（4）增强作物抗逆性　一些增值型绿色肥料还含有抗逆因子，能够增强作物的抗旱、抗病能力，减少病虫害的发生，从而提高作物的存活率和产量。

（5）提高农产品质量　使用增值型绿色肥料的作物通常能够产出更高质量的农产品。这些产品通常具有更好的口感、更高的营养价值和更长的保质期。

229. 增值型绿色肥料是什么原理？

增值型绿色肥料的主要原理是通过减缓土壤铵态氮向硝态氮的转化来延缓尿素的释放，并增加尿素氮在土壤中的留存量，对于作物产量及其对氮的利用率具有一定的影响。例如腐植酸尿素施用后能抑制脲酶活性和减少氨挥发，进而增加氮素利用率。

230. 增值型绿色肥料有什么效果？

增值型绿色肥料中的海藻酸增值尿素、腐植酸增值尿素、谷氨酸增值尿素以及葡萄糖改性尿素几种肥料均可以显著提高作物产量、促进作物吸收氮养分、提高氮肥表观利用率和显著降低肥料氮损失，其中的葡萄糖改性尿素具有延缓尿素水解的作用，是一种优良的新型增值肥料。

231. 增值型绿色肥料怎么施用？

（1）基肥施用　在翻耕整地时，将增值肥料均匀施入土壤中。这种施用方式适用于需要长期改良土壤和提供基础养分的场景。

（2）追肥施用

① 土壤深施。将肥料施在根系密集层附近，然后覆土。这种方式适用于需要快速补充养分的作物。

② 根外追肥。将肥料溶液喷洒在植物叶片上。这种方式适用于快速补充叶面营养。

（3）种肥施用　在播种前将增值肥料与种子混合，或者浸泡种子后再播种。这种方式有助于提高种子的发芽率，促进初期生长。

232. 增值型绿色肥料有什么相关标准？

（1）增值尿素　执行《含腐植酸尿素》（HG/T 5045—2016）和《含海藻酸尿素》（HG/T 5049—2016）。

HG/T 5045—2016 规定了含腐植酸尿素的术语和定义、要求、试验方法、检测规则、标识，以及包装、运输和贮存，适用于将以腐植酸为主要原料生产的腐植酸增效液添加到尿素生产工艺中，通过尿素造粒工艺技术制成的含腐植酸尿素。

含腐植酸尿素产品的技术质量指标包括：总氮质量分数≥45.0%、腐植酸的质量分数≥0.12%、氨挥发抑制率≥5%、缩二脲的质量分数≤1.5%、亚甲基二脲（以 HCHO 计）的质量分数≤0.6%、水分≤1.0%、粒度要求≥90%等。

HG/T 5049—2016 规定了含海藻酸尿素的术语和定义、要求、试验方法、检测规则、标识，以及包装、运输和贮存，适用于将以海藻为主要原料制备的海藻酸增效液添加到尿素生产工艺中，通过尿素造粒工艺技术制成的含海藻酸尿素。

含海藻酸尿素产品的技术质量指标包括：总氮质量分数≥45.0%、海藻酸的质量分数≥0.03%、氨挥发抑制率≥5%、缩二脲的质量分数≤1.5%、亚甲基二脲（以 HCHO 计）的质量分数≤0.6%、水分≤1.0%、粒度要求≥90%等。

（2）增值磷铵　执行《含腐植酸磷酸一铵、磷酸二铵》（HG/T 5514—2019）和《含海藻酸磷酸一铵、磷酸二铵》（HG/T 5515—2019）。

HG/T 5514—2019 规定了含腐植酸磷酸一铵、磷酸二铵的术语和定义、要求、试验方法、检验规则、标识，以及包装、运输和贮存，适用于将以腐植酸为主要原料制成的腐植酸增效载体添加到磷酸一铵、磷酸二铵生产过程中制成的含腐植酸磷酸一铵、磷酸二铵产品。

含腐植酸磷酸一铵、磷酸二铵的技术指标：总养分（$N+P_2O_5$）的质量分数≥52%（一铵）或 53%（二铵）（同时还应符合 GB/T 10205—2009）、总氮（N）的质量分数≥9.0%（一铵）或 13.0%（二铵）（同时还应符合 GB/T 10205—2009）、有效磷（P_2O_5）的质量分数≥41.0%（一铵）或 38.0%（二铵）（同时还应符合 GB/T 10205—2009）、水溶性磷占有效磷的百分率≥75%（同时还应符合 GB/T 10205—2009）、腐植酸的质量分数≥0.3%、水溶性磷固定差异率≥25%、水分（H_2O）的质量分数≤3.0%（以生产企业出厂检验数据为准）、粒度（1.00～4.00毫米）≥80%（粉状产品无粒度要求）。

HG/T 5515—2019 规定了含海藻酸磷酸一铵、磷酸二铵的术语和定义、要求、试验方法、检验规则、标识，以及包装、运输和贮存，适用于将以海藻为主要原料提取后制备的海藻液或海藻粉添加到磷酸一铵、磷酸二铵生产过程中制成的含海藻酸磷酸一铵、磷酸二铵。

含海藻酸磷酸一铵、磷酸二铵的技术质量指标：总养分（$N+P_2O_5$）

的质量分数≥52%（一铵）或53%（二铵）（同时还应符合GB/T 10205—2009）、总氮（N）的质量分数≥9.0%（一铵）或13.0%（二铵）（同时还应符合GB/T 10205—2009）、有效磷（P_2O_5）的质量分数≥41.0%（一铵）或38.0%（二铵）（同时还应符合GB/T 10205—2009）、水溶性磷占有效磷的百分率≥75%（同时还应符合GB/T 10205—2009）、海藻酸的质量分数≥0.03%、水溶性磷固定差异率≥25%、水分（H_2O）的质量分数≤3.0%（以生产企业出厂检验数据为准）、粒度（1.00～4.00毫米）>80%（粉状产品无粒度要求）。

（3）增值复合肥料　执行《海藻酸类肥料》（HG/T 5050—2016）和《腐植酸复合肥料》（HG/T 5046—2016）。这些行业标准规定增值复合肥料产品除了满足《复合肥料》（GB/T 15063—2020）标准外，还要求了相关质量分数，例如，海藻酸质量分数≥0.02%、活化腐植酸含量（质量分数）≥1.0%，同时还增加了氨挥发抑制率等指标。

第五节　新型肥料

一、水溶性肥料

233. 什么是水溶性肥料?它有哪些主要类型?

水溶性肥料是指经水溶解或稀释后，用于叶面施肥、无土栽培、滴灌等场景的液体或固体肥料。

根据组分，可分为大量元素水溶肥（含氮、磷、钾）、中量元素水溶肥（含钙、镁、硫等）、微量元素水溶肥（含铁、锌、硼等），以及含氨基酸、腐植酸、有机物的功能型水溶肥。按物理形态可分为固体（粉剂、颗粒）与液体（清液、悬浮液）两大类，以满足不同施用需求。从功能角度划分，既有直接补充养分的营养型肥料，也有集成生物活性物质或杀菌剂的功能型产品，后者可通过调节土壤微生态或抑制病原物提升作物抗逆性。这种肥料的快速吸收特性与多样化形态设计，使其成为现代精准农业实现养分高效管理的重要工具。

234. 水溶性肥料有哪些特点和优势?

水溶性肥料是一种可快速溶解于水的高效肥料形态，其核心特点包括高浓度、快速溶解且无杂质，能够实现精准施肥。该种类肥料能够提供多样化的养分形态，不仅包含氮、磷、钾等主要元素，还可灵活搭配钙、镁、铁、锌等中微量元素，满足作物个性化需求。

通过与滴灌、喷灌等现代农业技术结合，水溶性肥料能精准控制养分输送，实现水肥一体化管理，显著提升资源利用效率。相较于传统化肥，其养分利用率高达60%～80%，大幅减少养分流失与环境污染风险，尤其适用于温室大棚等高附加值经济作物场景，是现代农业实现高效、环保施肥的重要方法。

235. 如何正确施用水溶性肥料以达到最佳效果?

农业高质量发展背景下，正确施用水溶性肥料以达到最佳效果需遵循以下关键要点：

(1) 结合水肥一体化技术

① 精准控制水肥同步：通过滴灌、喷灌等水肥一体化系统，将水溶性肥料溶解后与灌溉水均匀混合，实现精准输送至作物根部。

② 提高利用效率：避免传统撒施造成的养分流失，减少浪费，提升肥料利用率。

(2) 科学选择肥料类型与配比

① 按需求选择组分：根据作物需求选择大量元素（N、P、K）、中量元素（Ca、Mg、S等）或功能型（含氨基酸、腐植酸等）的水溶肥种类。

② 匹配作物生长阶段：例如，苗期侧重氮肥促进生长，花期补充磷钾肥增强抗逆性，果实膨大期增加钾肥比例。

③ 参考测土配方数据：结合土壤检测结果调整肥料配方，避免盲目施肥导致养分失衡。

(3) 控制施用浓度与频率

① 稀释比例：固体水溶肥需完全溶解（建议用温水加速溶解），液体肥按推荐浓度稀释，避免浓度过高灼伤根系或叶片。

② 少量多次施用：分次施用（如每周1～2次）优于一次性大量施用，尤其对高经济价值作物（如设施蔬菜、果树）更需精细化调控。

③ 叶面喷施要点：选择无杂质的液体肥，喷施时间宜在清晨或傍晚，避免高温强光导致蒸腾过快。

(4) 环境与操作注意事项

① 避开极端天气：避免雨天或高温时段施肥，防止雨水冲刷或蒸发过快影响吸收。

② 设备维护：定期清洗滴灌系统，防止肥料结晶堵塞管道；过滤水质（如砂石、沉淀物），确保灌溉水清洁。

③ 质量把控：选用正规登记产品，警惕假冒伪劣肥料（如养分含量不足、重金属超标等）。

（5）配套智能化管理

① 数字化推荐施肥：利用智能化平台（如养分专家系统）分析土壤、气候及作物数据，生成个性化施肥方案。

② 实时监测调整：通过传感器监测土壤墒情和养分动态，动态调整施肥量和灌溉量。

（6）长期土壤健康管理

① 结合土壤调理剂：在连作或酸化土壤中，搭配施用腐植酸、海藻酸等功能型水溶肥，改善土壤结构，增强保水保肥能力。

② 轮作与有机肥替代：部分替代化学水溶肥，降低土壤盐渍化风险。

236. 水溶性肥料在实际应用中的注意事项有哪些?

水溶性肥料在实际应用中需遵循以下技术标准和操作规范，以确保肥效最大化并避免负面影响：

（1）施用方法

① 二次稀释法：水溶肥浓度高，直接冲施易造成烧根、烧苗。需通过二次稀释确保溶液均匀，例如将肥料先溶解于小桶水中，再加入灌溉系统，减少局部浓度过高风险。

② 少量多次原则：根据作物需肥规律，分多次施用（如每亩每次 3～6 千克），避免一次性过量施肥导致养分流失。此方法符合根系不间断吸收的特点，可减少淋溶损失。

③ 滴灌施肥操作规范：施肥前需先滴清水 20～30 分钟，确保管道充满水后再注入肥料，结束后再次滴清水 20～30 分钟清洗管道，防止滴头堵塞。施肥时间宜控制在 2～3 小时，延长施肥时间可提高磷等难移动养分的利用率。

（2）浓度与配方控制

① 浓度限制：喷灌或微喷灌时，溶液电导率（EC 值）应控制在 1～3 毫西门子/厘米，或每立方米水溶解 1～3 千克肥料。

叶面喷施需根据作物种类调整浓度，例如白菜、黄瓜喷施尿素溶液浓度为1%～1.5%。

② 配方平衡：根据作物生育期选择配方，如苗期用磷酸二氢钾、生根剂等，果实膨大期用高钾型配方。

③ 避免元素拮抗：例如水溶肥中的螯合态微量元素需与磷元素兼容，防止沉淀。

(3) 灌溉与土壤管理

① 灌溉量控制：保持根层深度（通常20～40厘米）湿润即可，过量灌溉会导致硝态氮等养分流失，降低肥效并引发减产。

② 盐分管理：大棚长期滴灌易导致地表盐分累积，建议采用膜下滴灌抑制盐分迁移。盐碱地区需注意磷酸钙盐沉淀问题，选择低盐配方或调整灌溉水酸碱度。

(4) 混用与安全规范

① 混配禁忌：避免与碱性农药混用，防止金属离子反应生成沉淀，造成肥害或药害。混合前需进行小范围试验，确认无不良反应后再大面积使用。

② 安全间隔期：避免频繁施用，防止营养过量导致作物受损或肥料浪费。喷施后建议喷清水冲洗叶片。

(5) 设备与水质要求

① 灌溉系统适配：滴灌系统要求水溶肥水不溶物含量≤0.2%，微喷灌≤5%，喷灌≤15%。定期监测灌溉水的硬度和酸碱度，防止与肥料成分反应生成沉淀。

② 水质检测：使用电导率仪监测肥液浓度和管道清洗效果，尤其在盐分较高的地区。

(6) 配套施肥策略

① 与常规肥料配合：水溶肥仅作追肥，需与基肥（如有机肥、缓控释肥）结合使用，降低成本并发挥不同肥料优势。

② 增强抗逆性：选择含氨基酸、腐植酸的水溶肥，可提高作物抗寒、抗旱、抗病能力，并延长保鲜期。

二、土壤调理剂

237. 什么是土壤调理剂？土壤调理剂的主要作用是什么？

土壤调理剂是一类通过物理、化学或生物作用改良土壤性状的物料，根据《土壤调理剂　通用要求》（NY/T 3034—2016），其定义为：加入土壤中以改善土壤物理、化学和（或）生物性状的物料，适用于改良土壤结构、降低土壤盐碱化、调节土壤酸碱度、改善土壤水分状况或修复污染土壤等。

土壤调理剂的主要作用包括：①改良土壤结构，增强土壤团粒结构的稳定性；②降低土壤盐碱化，缓解盐渍土问题；③调节土壤酸碱度，适应不同作物的生长需求；④改善土壤水分状况，提高保墒能力；⑤修复污染土壤，解决因不合理施肥或污染导致的土壤退化问题。

238. 常见的土壤调理剂有哪些种类？分别适用于什么情况？

土壤调理剂根据生产原料来源可分为四大类，分别是矿物源型、有机源型、化学合成型及农林保水剂类。不同类别针对特定土壤问题具有差异化修复功能。实际应用中需结合区域气候特征、种植模式需求及政策导向进行科学配施，以实现耕地质量提升与农业可持续发展。

（1）矿物源土壤调理剂　以天然矿物材料为基础，主要包括沸石、粉煤灰、磷矿粉及石膏等类型，通过物理吸附、离子交换等作用机制，可针对不同土壤障碍类型实现定向改良。其具体应用场景及作用机理如下：

① 盐碱土改良。石膏（$CaSO_4 \cdot 2H_2O$）通过钙离子（Ca^{2+}）与土壤胶体中的钠离子（Na^+）发生置换反应，显著降低钠吸附比（SAR）与土壤 pH 值，同时促进土壤微团聚体形成。

② 酸性土壤调理。磷矿粉［主要成分为 $Ca_5(PO_4)_3F$］利用其碱性成分（pH 7.5～8.5）中和酸性红壤中的游离铝离子（Al^{3+}），使土壤 pH 值提升。同时，通过缓释磷酸根（PO_4^{3-}）提高磷的有效性。

③ 砂质土壤修复。沸石（zeolite）凭借其三维硅铝酸盐多孔结构，可显著提升砂质土壤的阳离子交换量与持水能力，同时改善土壤透气性。

（2）有机源土壤调理剂　主要包括污泥堆肥、腐植酸、生物炭及植物残体等材料，其改良效果主要体现在以下三个方面：

① 土壤肥力提升。腐植酸和生物炭可显著增加土壤有机质含量，改善土壤团粒结构，有效改善长期连作导致的设施农业土壤结构退化问题。

② 重金属污染修复。生物炭凭借其丰富的含氧官能团和多孔结构，能够有效吸附重金属（如 Cd、Pb），降低其生物有效性，适用于工矿区周边污染农田。截至 2024 年，我国登记的生物炭类调理剂产品占比达

12%，在重金属污染修复中应用广泛。

③ 连作障碍缓解。植物残体堆肥可促进土壤微生物多样性，抑制土传病原菌，特别适用于设施蔬菜连作土壤的生态修复。

（3）化学合成类土壤调理剂　主要包括聚丙烯酰胺（PAM）、水解聚丙烯腈（HPAN）和聚乙烯醇（PVA）等聚合物材料，其改良机理与应用效果可归纳为以下三方面：

① 水土流失控制。PAM通过增强土壤颗粒黏结性，减少坡耕地径流泥沙量，特别适用于黄土高原等水蚀严重区域的水土保持工程。

② 稳定土壤结构。HPAN可提高土壤团粒水稳性指数（>0.8），增强抗侵蚀能力，这种改良效果对东北黑土区等高强度耕作条件下的土壤结构退化具有显著修复作用。

③ 旱地保墒。沥青乳剂（ASP）覆盖地表可有效抑制土壤水分蒸发（保墒率提高20%～30%），使其成为华北干旱半干旱地区农田保墒的有效措施。

（4）农林保水剂类土壤调理剂　主要包括聚丙烯酸钠等超吸水性树脂及淀粉-G-丙烯酸共聚物等天然改性材料，其作用机理与应用效益主要体现在以下维度：

① 季节性干旱胁迫缓解。高分子树脂可吸收自重数百倍的水分，我国西北地区膜下滴灌结合保水剂使用，可使玉米水分利用效率提高25%以上。其缓释特性适用于西北旱作区春旱期的作物需水调控。

② 沙地保水改良。淀粉共聚物与沙土混合后，通过分子链中的羟基与沙粒形成氢键结合，促进土壤中>2mm水稳性团聚体形成，能够使沙地田间持水能力提升40%～60%，适用于沙漠边缘地带经济作物种植。

（5）复合型土壤调理剂　通过多组分协同效应实现功能拓展，主要类型包括矿物-有机复合型、化学-生物复合型等。这类产品因兼具土壤结构改良、养分调控及微生物活性调节等多重功能，已成为当前研究与应用的热点。截至2024年，我国登记产品中复合型土壤调理剂占比已达15%以上，其应用场景主要集中在以下方向：

① 多重退化土壤修复。矿物-有机复合调理剂可通过石膏的降碱作用与生物炭的固碳特性，协同改善盐碱化与有机质含量低的复合障碍，在东北苏打盐碱地复垦工程中展现出显著效果。

② 高标准农田建设。化学-生物复合调理剂兼具土壤团粒结构改良

与土著微生物群落激活双重功能，适用于集约化耕作条件下的农田土壤肥力提升及可持续生产力维护。

239. 如何根据土壤问题选择合适的土壤调理剂?

选择合适的土壤调理剂需遵循“问题诊断—特性匹配—效果验证”的科学流程。首先，精准识别土壤问题类型（如结构不良、盐碱化、酸碱失衡等）及严重程度；其次，结合调理剂的原料特性（有机/无机/合成）、功能标签（改良结构、降盐、调酸等）及作物生长需求，筛选符合国家登记标准的合格产品；最后，通过田间试验验证其适用性与效果，确保科学合理。

针对土壤结构问题，可选用多糖、淀粉共聚物、纤维素等天然有机物或相关合成高分子改良剂，促进团粒结构形成。盐碱化土壤需区分盐分类型来进行综合治理，主要包括：钠盐主导时优先选用石膏（置换钠离子）、硫黄（间接调酸降盐），辅以腐植酸、泥炭等有机质改善理化性质；镁盐主导则建议搭配磷石膏等专用调理剂。

酸碱调节应注重长效性：酸性土壤可选用石灰（快速调酸）、石膏（兼顾钙素补充）；碱性土壤则推荐硫黄粉（缓慢释酸）、腐植酸类物质（生物缓冲）。保水性差的土壤可施用农林保水剂，通过吸水膨胀特性增强水分保持能力。污染土壤修复需根据污染物类型选择吸附剂（重金属污染选用活性炭、沸石）或降解促进剂（有机污染选用微生物菌剂），必要时结合工程措施进行综合治理。

240. 施用土壤调理剂时有哪些注意事项?

近年来，我国土壤调理剂产品的种类愈加全面，产品数量也有所增加，截至2024年，农业农村部登记在册的土壤调理剂产品有200余个。施用土壤调理剂时通常需要注意以下几点：

（1）土壤类型和条件　根据土壤类型（如黏土、壤土、砂土）和土壤条件（如pH值、盐分含量、养分状况）选择合适的土壤调理剂。

（2）调理剂类型和用量　根据需要改良的土壤问题，选择合适的调理剂类型（如矿物源、有机源、化学源等），并按照推荐用量施用。

（3）施用方法　调理剂通常需要与土壤充分混合，可以通过撒施、翻耕等方式进行施用。

（4）监测和评估　施用后，定期监测土壤的改良效果，并根据效果调整施用方案。

具体的施用标准可能因地区、作物和土壤条件而异，建议参考相关农业标准和指南，或咨询当地农业技术推广部门。

三、增效肥料

241. 什么是增效肥料?

增效肥料是指通过添加一定的增效剂或者通过特有的增效技术、工艺生产的升级肥料产品，其肥效优于普通肥料，可以提高农作物产量和品质。

242. 增效肥料与传统肥料相比有哪些创新之处?

与传统肥料相比增效肥料的创新之处体现为以下几点：

（1）增效剂的使用　增效肥料的核心是肥料增效剂，这些增效剂可以提高肥料中养分的有效性，减少肥料的施用量，提高肥料的利用率。增效剂可以是化学合成类、腐植酸类、氨基酸类、糖醇类、小分子有机酸类、纳米材料类、海藻提取物类、生物炭类、功能菌类等。

（2）天然和环保　许多增效剂如海藻酸类、腐植酸类和氨基酸类等是天然物质或植物源的，具有环保安全的特点，能够提高肥料利用率，同时减少对环境的负面影响。

（3）多功能性　增效肥料不仅提供养分，还具有刺激植物生长、提高作物抗逆性、防治病虫害等多种功能。例如，生物刺激素可以加强有益营养的吸收、提高作物品质和抗逆能力。

（4）减少施肥次数和劳动强度　增效肥料通过提高肥料利用效率，可以减少施肥次数，降低劳动强度，简化施肥方式。

（5）适应现代农业需求　增效肥料适应现代农业对高效、环保、便捷的需求，有助于实现化肥减量增效的目标，符合农业绿色发展的要求。

综上所述，增效肥料通过添加增效剂或采用增效技术，提高了肥料的利用率和肥效，具有多功能、环保、便捷等创新特点，相比传统肥料在提高作物产量和品质、减少施肥量、降低环境风险等方面具有显著优势。

243. 增效肥料中常用的增效剂有哪些? 它们如何发挥作用?

随着肥料行业的迅速发展，增效载体的种类不断丰富，根据载体的来源及作用机制的不同，常见的增效剂可以划分为以下几个主要类型：

（1）化学合成类增效剂　在农业及环境修复领域中具有重要作用。其中，EDTA（乙二胺四乙酸）作为典型的螯合剂，可通过与铁、锰、锌等微量元素形成稳定络合物，显著提升其在水溶液中的溶解度和生物有效性，进而促进植物根系吸收。此外，二乙撑三胺五乙酸（DTPA）和羟乙基乙二胺三乙酸（HEEDTA）等衍生物同样展现出优异性能，能够有效调控土壤中微量营养元素的释放速率，优化作物对养分的吸收效率。

（2）腐植酸类增效剂　具有促进植物生长、提高肥料利用率和改良土壤结构等显著优势。其作用机制主要体现在三个方面：首先，通过增加土壤有机质含量，有效改善土壤的物理结构和化学性质，为植物根系创造更适宜的生长环境；其次，凭借其分子结构中的羧基和酚羟基官能团，能够通过吸附-螯合协同作用活化土壤中难溶性养分，显著增强土壤的保水保肥能力；同时，这种独特的理化特性还可诱导植物根系表面积扩展，促进养分吸收通道的形成。

（3）氨基酸类增效剂　如蛋氨酸、苯丙氨酸及聚天门冬氨酸等，通过模拟植物内源激素的生物合成路径，在作物生理调控中发挥多重功能。这类物质可以作为植物内源激素的前体分子，具有促进植物生长和发育（如促根、促转色），增强作物的抗逆性（如抗旱、抗寒）等作用。

（4）海藻提取物类增效剂　主要包括海藻酸、海藻多糖等活性成分，是一类富含天然植物生长素和细胞分裂素等植物激素的生物刺激素。其作用机制主要表现为通过激活作物代谢途径、优化光合作用系统及增强抗氧化防御体系，从而显著提升作物抗病性和环境适应能力。同时，其多糖组分可通过改善土壤孔隙结构及离子交换容量，促进根系微环境的养分迁移。

（5）微生物类增效剂　主要包括功能菌及其代谢产物（如解磷菌、固氮菌等），其作用机制涉及对土壤难溶性养分（如磷、钾）的生物矿化、大气氮素固定以及生物活性物质（如植物激素、胞外酶）的合成释放。通过上述生物化学过程，这类增效剂可显著提高土壤养分的生物有效性，并通过多重协同效应促进作物生长发育。

（6）纳米材料类增效剂　包括纳米碳、纳米二氧化硅等，通过其高比表面积吸附养分，实现缓慢释放，减少养分流失，从而显著增强肥料的吸附性和缓释性，提高肥料的利用效率。

（7）糖醇类增效剂　如甘露糖醇、山梨糖醇等，主要通过螯合作用稳定微量元素（如铁、锌、硼），显著提升叶面施肥效率，目前在苹果、葡萄等经济作物的叶面喷施中应用广泛。糖醇类增效剂可以降低叶面表面张力，促进养分快速渗透，避免高浓度施肥导致的叶片灼伤。同时调节植物细胞渗透压，增强水分保持能力，从而有效提升作物抗旱性。

（8）生物炭类增效剂　能够改善土壤结构，增加土壤的保水保肥能力，同时为作物提供一定的养分。生物炭通过其独特的物理和化学性质，能够吸附和保持土壤中的水分和养分，从而改善土壤的肥力。此外，生物炭还能促进土壤微生物的活动，提高土壤的生物活性，进一步增强土壤的健康和肥力。

这些增效剂通过不同的作用机制，提高肥料的利用效率，改善土壤环境，促进植物生长，从而实现增效肥料的高效、环保和多功能性。

244. 如何科学施用增效肥料以最大化其效果？

科学施用增效肥料需以“精准匹配、技术集成、减量增效”为核心，可以采取以下措施：

（1）精准匹配肥料类型与作物需求　根据作物需肥规律选择增效肥料，经济作物优先选用缓/控释肥料或含氨基酸、海藻酸的功能型水溶肥，减少追肥次数，提升品质；粮食作物选用稳定性肥料（含 DMPP 等硝化抑制剂）或增值尿素，降低氮素损失，提高利用率。根据生育时期分阶段施用，苗期以促根型增效剂（如聚天门冬氨酸）为主，花期补充硼、锌等螯合中微量元素。

（2）结合土壤问题制定施肥方案　通过测土配方明确土壤限制因素，酸化土壤搭配石灰类调理剂与腐植酸增效肥，中和酸性并活化养分；盐碱化土壤选用石膏、沸石等矿物源调理剂与稳定性肥料，减少盐分胁迫；贫瘠土壤添加微生物肥料或有机源增效剂，提升有机质与养分有效性。

（3）采用高效施肥技术　采用水肥一体化技术，将水溶肥与滴灌、喷灌结合，实现少量多次精准供应，减少淋失。对玉米、小麦等大田作物，采用种肥同播技术一次性施用控释肥，减少人工成本。果树等经济作物可采用叶面喷施的方式，将含有增效剂的液体肥料直接喷施到作物叶片上，快速补充作物所需的营养元素。

（4）控制用量与时机　根据土壤测试结果和作物需求，合理控制增效肥料的施用量，在常规化肥用量基础上减少 10%～20%，通过增效剂补偿养分损失。根据作物的生长周期和需肥规律，选择合适的施肥时机，缓/控释肥或稳定性肥料全量基施，满足作物全生育期需求；在作物生长的关键时期施用水溶肥或功能型叶面肥快速补充养分。

(5) 注重环境适配与协同效应　根据当地的气候条件选择合适的土壤调理剂。例如，在干旱地区，优先使用保水型增效剂（如吸水树脂）来增强土壤的保水能力；在多雨地区，则选用抗淋溶的包膜肥料，以减少养分流失。根据当地的配套栽培措施选择土壤调理剂。例如，与有机肥搭配施用，增强土壤的缓冲能力，以提高土壤的整体肥力。结合秸秆还田技术，通过施用增效剂加速秸秆的分解过程，释放更多的养分，从而改善土壤结构和肥力。

(6) 选择优质产品并验证效果　选用通过农业农村部登记的增效肥料，优先选择龙头企业产品。小面积试验观察增产效果、土壤改良指标。

245. 增效肥料的市场监管和质量标准如何?

当前增效肥料市场监管以国家标准和行业标准为核心，重点覆盖微生物、水溶肥、缓控释肥等类别，但新型增效剂仍存在标准空白。监管通过登记管理、质量抽检、跨部门联合执法等方式推进，但面临立法滞后、检测能力不足等挑战。目前，增效肥料的市场监管和质量标准存在以下问题：

(1) 市场监管问题

① 缺乏专门法规。我国现行的肥料登记管理制度主要针对肥料新产品进行登记管理，缺乏明确的法律效力，没有专门关于肥料生产经营和使用行为的法律法规。这导致对肥料质量、价格和市场等方面的管理较为薄弱。

② 监管漏洞。部分增效肥料生产企业不具备增效物质的检验条件，肥料的中控检验和出厂检验形同虚设，无法保证出厂产品质量，导致假冒伪劣产品流入市场。

③ 准入门槛低。增效肥料行业的准入门槛较低，许多小微企业参与生产，相关标准制定滞后于产品研发，且标准之间存在差异甚至冲突，增加了监管难度。

(2) 质量标准问题

① 标准滞后。增效肥料的标准制定相对滞后，部分产品缺乏统一的技术规范，导致市场上产品质量参差不齐。

② 产品标志混乱。市场上部分增效肥料产品的登记证号等标志不明显、不规范，产品名称混乱，宣传内容噱头多，给消费者选择带来困难。

③ 质量参差不齐。由于缺乏严格的质量控制和标准，部分增效肥料存在养分含量不足、有毒有害物质超标、随意添加违规成分等问题。

四、微生物肥料

246. 微生物肥料是什么？具有哪些种类和作用？

生物肥料也叫微生物肥料，是指一类含有活微生物的特定制品，应用于农业生产中，能够获得特定的肥料效应，它本身不含营养元素，不能代替化肥。从成品性状看，微生物肥料成品剂型主要有液体、固体、冻干剂 3 种。液体有的是由发酵液直接装瓶，也有用矿物油封面的。固体剂型主要是以草炭为载体，分为粉剂、颗粒剂等剂型，近年来也有用吸附剂的。用发酵液浓缩后冷冻干燥的制品为冻干剂。

微生物肥料种类很多，按照肥料中含有微生物的种类可以分为细菌肥料、真菌肥料、放线菌肥料；按照微生物肥料的施用作用还可以把微生物肥料分为根瘤菌肥料、固氮菌肥料、解磷菌肥料、解钾菌肥料。

微生物肥料的作用包括以下几方面：

① 活化土壤中的养分物质，增加土壤中养分来源，增加土壤肥力；

② 分泌有益物质，刺激调节作物生长，改善作物品质；

③ 拮抗病原微生物，减轻作物病害，提高作物抗逆性；

④ 减轻农业环境的污染，可大量生产无公害食品。

247. 大豆根瘤菌肥如何拌种？使用时应该注意哪些问题？

拌种宜在室内或阴凉处进行，不要阳光直射。先将 1 份菌肥加 0.5～1 份清水或凉米汤调成浆糊状，然后加入种子搅拌，使每粒种子上都沾上菌剂，但不能损伤种皮，否则将造成烂种、缺苗。待稍晾干、爽手后即可播种，播完后立即盖土，切忌日光暴晒。已拌菌的种子最好在当天播完，超过 48 小时应重新拌种，已开封使用的菌剂也应在当天用完。种子拌菌后不能再拌杀虫剂等化学农药，如果种子需要消毒，应在菌剂接种前 2～3 天进行，防止农药将活菌杀死。每千克菌剂可拌大粒种子 50～100 千克，小粒种子 30～50 千克。

根瘤菌肥最好施在富含有机质的土壤中，或与有机肥料配合施用，但不能与化肥混施。施化肥时，应将种子与化肥隔开，化肥要施在种子下 4 厘米处为好。氮肥不宜施用过多，但与磷、钾及微量元素肥料配合施用，则能促进根瘤菌肥活性，特别是在贫瘠的土壤上。大豆出苗后发现结瘤效果差时，可在幼苗附近浇泼兑水的根瘤菌肥。

248. 什么是解磷菌？磷细菌肥料施用注意事项有哪些？

解磷菌是土壤中存在的能够释放有机酸或无机酸，可以增加难溶性磷酸盐的溶解性和土壤有效磷含量，改善作物磷素营养的一类微生物。解磷菌的种类很多。按菌种及肥料的作用特性分为有机磷细菌肥料和无机磷细菌肥料。磷细菌的解磷原理是：①无机磷化合物的溶解作用；②有机磷的降解作用；③解磷菌细胞对磷素有固定与释放作用。

作基肥时可与农家肥料混合均匀后沟施或穴施，施后立即覆土；追肥时将肥液于作物开花前期施于作物根部；拌种时在磷细菌肥料内加入适量清水调成糊状，加入种子混拌。磷细菌肥料应用于缺磷但有机质丰富的土壤效果最佳；不同类型的解磷菌种互不拮抗，可以复合施用；磷细菌肥料不能和农药及生理酸性肥料同时施用；磷细菌的适宜温度为 30～37℃，适宜的 pH 为 7.0～7.5。

249. 什么是解钾菌？解钾菌肥料的施用效果如何？

解钾菌又称钾细菌、硅酸盐细菌，是从土壤中分离出来的一种能分解铝硅酸盐和磷灰石类矿物的细菌，能够分解钾长石、磷灰石等不溶的硅铝酸盐的无机矿物，促进难溶性的钾转化为可溶性养分，促进作物生长发育，改善作物品质，增强作物的抗逆性，提高产量。

以下面几种为例，介绍解钾菌肥料的施用效果。

（1）解钾菌在水稻上的应用　解钾菌对水稻的生长发育具有促进作用，可有效控制无效分蘖、增强植株的抗倒伏能力，每穗的总粒数、实粒数和千粒重较对照分别增加 4.5 粒、3.1 粒和 0.4 克，水稻也可增产 7%左右。

（2）解钾菌在花生上的应用　解钾菌还可改善花生品质，使花生增产 15%以上。

（3）解钾菌在甘薯上的应用　甘薯接种解钾菌可增产 5%～10%，并可提高单薯质量，而对甘薯茎叶产量影响不大。

（4）解钾菌在大豆上的应用　解钾菌对大豆有明显的增产效果，可较对照增产 15%左右，同时可以提高大豆根瘤的结瘤数，并在一定程度上抑制病虫害的发生，起到防病、抗病、增产等效果。

250. 什么是复合微生物菌肥？复合微生物肥料如何施用？

复合微生物肥料是由功能型微生物（解磷、解钾、固氮微生物）或其他多种微生物（无拮抗性）与营养物质复合而成的微生物肥料。

复合微生物肥料可以分为单独由多种微生物复合而成或者是由微生物与营养元素、肥料添加剂、肥料增效剂复合而成两大类。根据组成成分不同后者又可以分为以下几类：

（1）微生物与微量元素复合而成　微量元素对植物体内酶活及辅酶组成具有重要意义，对高等植物叶绿素、蛋白质的合成，光合作用以及养分的吸收和利用方面起着促进和调节的作用，例如铁等是固氮酶的组成成分，是固氮过程中的关键元素。

（2）联合固氮菌复合而成　固氮微生物利用植物分泌物和根的脱落物作为能源物质生活和固氮称为联合固氮体系。从水稻、玉米、小麦等禾本科植物的根系分离出联合固氮细菌，研发出具有固氮、解磷、激活土壤微生物和在代谢工程中分泌植物激素等作用的一类微生物肥料。

（3）固氮菌、根瘤菌、磷细菌和钾细菌复合生物肥料　选用不同的固氮菌、根瘤菌、磷细菌和钾细菌，分别接种到培养基上培养，按比例混合制成的菌剂。此类微生物肥料可供给作物一定量的氮、磷和钾元素，其效果优于单株菌接种。

（4）有机-无机复合生物肥料　在复合微生物肥料中加入化肥，制成有机-无机复合生物肥料。单独微生物肥料不能满足作物对营养元素的需要，增产效果不明显；大量不合理使用化肥，导致土壤板结，作物品质下降。此类复合生物肥料很好地综合了微生物肥料与化肥的优势，同时达到减少化肥用量、增产、改善品质、保护环境的目的。

（5）多菌株多营养生物复合肥　以农副产品或发酵工业的肥料为原料，利用微生物的共生关系通过多种有益微生物混合发酵而成的微生物复合肥料。微生物的种类繁多，可以产生多种酶、维生素以及其他生理活性物质，可直接或间接促进作物生长。

根据复合微生物肥料的特点，复合微生物肥料适合作为不同作物的基肥及追肥施用。使用时避免与作物种子或根系直接接触，建议间隔 5～8 厘米为宜。根据肥料中氮磷钾元素含量的多少，可以与化肥单独或一同施用。

第六节　新型肥料施用技术

一、测土配方施肥技术

251. 什么叫测土配方施肥技术？

测土配方施肥是以土壤测试、肥料田间试验、农户调查为基础，根据作物需肥规律、土壤供肥性能和肥料效应，在合理施用有机肥料的基础上，提出氮、磷、钾及中、微量元素等肥料的施用数量、施肥时期和施用方法。

测土配方施肥技术的核心是调节和解决作物需肥与土壤供肥之间的矛盾。同时有针对性地补充作物所需的营养元素，作物缺什么元素就补充什么元素，需要多少补多少，实现各种养分平衡供应，满足作物的需要；达到提高肥料利用率、减少化肥用量、提高作物产量、改善农产品品质、节支增收的目的。

252. 测土配方施肥技术具有哪些作用？

测土配方施肥是一项先进适用的科学施肥技术，在生产中应用，既可以实现增产增效、改善农产品品质，又可以提高土壤肥力和肥料利用效率。作用主要包括以下几方面：

（1）增产增效

① 调肥增产增效。在不增加化肥投入的前提下，调整化肥比例（$N:P_2O_5:K_2O$），纠正偏施，提高产量，实现增产增效。

② 减肥增产增效。对于盲目投入，只凭多施求高产、施肥经济效益低的，通过测土配方施肥技术，适当减少肥料的用量，以取得增产或平产的效果，实现节本增效。

③ 增肥增产增效。对化肥施用量少或单施一种养分肥料的，农作物产量未达到最大利润施肥点或者土壤最小养分已经成为限制作物产量提高的因子，适当提高肥料用量或配施其他养分元素肥料，即可大幅度增加作物产量，从而实现增产增效。

（2）提高土壤肥力　土壤肥力是提供作物所需各种营养元素的综合能力。配方施肥能培肥地力，维持土壤的持续生产力。配施微量元素能消除土壤障碍因子，克服生理病害。如油菜缺硼“花而不实”、水稻缺锌僵苗、玉米缺锌花白苗等土壤养分失调问题，均可通过测土配方施肥来解决。

（3）改善农产品品质　根据土壤供肥能力和作物需肥特性来进行配方施肥，不但能大幅度提高作物产量，而且能明显改善农产品品质。测土配方施肥能提高农产品中矿物质含量；提高蔬菜、瓜果中维生素 C、可溶性糖及其他营养物质含量。

（4）提高肥料利用效率　我们所施用的化肥，一般情况下，氮肥当季利用率为 30％～45％，磷肥只有 20％～30％，钾肥最高也只有 50％左右，其余部分均通过挥发、淋溶、固定等途径损失。根据不同作物的需肥特性，缺啥补啥、缺多少补多少，才能够更好地发挥肥料利用效率。

253. 配方施肥的理论依据是什么?

配方施肥是一项科学性强的综合性科学施肥技术，其理论根据如下。

（1）作物增产曲线证明了肥料报酬递减律的存在　对某一种农作物的施肥量都有一定的限度。在缺肥的中、低产地区施用肥料增产幅度大，而高产地区，施用肥料的技术要求则比较严格。肥料的过量投入，不论是哪类地区，都会导致肥料效益下降以致减产。因此，确定最经济的施肥量是配方施肥的核心。

（2）作物生长、发育所需要的各种营养元素之间都有一定的比例　有针对性地解决限制当地产量提高的最小养分，协调各种营养元素之间的比例关系，纠正单一施肥，实行氮、磷、钾、微量元素肥料配合施用，发挥各种养分之间的相互促进作用，是配方施肥的重要依据。

（3）配方施肥解决了农作物需肥与土壤供肥的矛盾　农作物在生长过程中，不断地消耗土壤中的养分，同时也消耗土壤中的有机质。因此，正确地处理好农家肥料和化学肥料的投入与农产品产出、用地与养地的关系，是提高作物产量和产品质量、提高土壤肥力的重要措施。

（4）配方施肥是一项综合性的技术体系　配方施肥虽然以确定不同养分的施用量为主要内容，为了发挥肥料的最大增产效益，施肥必须与选用良种、耕作制度、气候等影响肥效的多种因素相结合，形成一整套完整的技术体系。

254. 测土配方施肥技术包括哪些内容?

测土配方施肥技术包括以下内容:

(1) 测土 通过土壤测试和采样，了解土壤的养分含量和特性。采样时需注意采样单元的选择、采样时间和采样点的确定，确保样品的代表性。

(2) 配方 根据作物需肥规律、土壤供肥性能和肥料效应，计算出所需的肥料种类和用量。这一步骤需要综合考虑作物的生长需求和土壤的供肥能力。

(3) 配肥 根据配方结果，配制出符合需求的肥料。这包括选择合适的肥料种类和比例，确保肥料的营养成分能够满足作物的需求。

(4) 供肥 将配制好的肥料提供给农户或农业合作社，确保肥料的供应。

(5) 施肥指导 提供施肥技术和方法的指导，帮助农户正确施用肥料。这包括施肥的时间、方法和用量等具体操作。

255. 测土配方施肥技术中的“测土”步骤应该注意什么?

(1) 采样单元 以一块集中连片种植同一种蔬菜作物的土地或一个大棚为一个采样单元，不能在多个不同品种种植基地或多个大棚混合取土。

(2) 采样时间 一是在前茬作物拉秧后，后茬作物种植施肥前；二是作物生长期间，应在追肥前采样化验，追肥后不宜立即取土。

(3) 取样点的确定 采集土壤样品应沿着一定的路线，按照“随机、等量、多点混合”的原则进行采样。随机即每一个采样点在采样单元内随意确定；等量即每一个采集点的土样深度、厚度、宽度要一致，上、中、下各部位土壤采样量要一致；多点混合即把一个采样单元内各点所采的土样混合成一个样品。一般采用“S”法或“X”法，随机确定 10～15 个采样点，并将取样点在取样单元内分布均匀，确定取样点时，要避开地（棚）头、地（棚）边以及肥料过于集中的地方。

蔬菜生长过程中取土，垄栽蔬菜应注意小沟、株与株之间各占一定的比例；畦栽蔬菜取样方法同常规。用于蔬菜土壤酸化和盐害诊断的土壤样品采集时，只采集垄背从地表开始向下 0～20 cm 土层的土壤，其他原则同上。

(4) 取样方法 每个采样点的采样量要均匀一致，土样上层与下层的比例要相同。蔬菜根系大都分布于0～20厘米内，棚内取样时也应在此深度内进行。取样有专门的取样工具，为圆形空心管或铁锨，直接将其敲入土壤中一定深度，取出管内土壤即可。若无专用工具，也可挖一个20～30厘米深的土坑，一面铲成垂直或斜面，从垂直面或斜面自上而下铲取2厘米厚、5厘米宽的条状土块为该点样品。用于测定微量元素的样品应用不锈钢取土器或竹器采样，不要取紧贴铁锨的土壤，防止金属污染。

（5）取样数量　各点采集土壤样品0.5～1千克，然后将所采集的各点的土壤样品都放在干净的塑料布（或没有污染的塑料编织袋）上。将采集的所有土样碾碎，充分混匀后，将塑料布堆成圆锥形或正方形，采用四分法留取对角两份土壤样品，其余两份土壤弃去，然后再将保留的土壤继续用四分法留取两份土壤样品，直至样品量为1千克左右，装入样品袋中，避免其他因素的干扰。

二、水肥一体化技术

256. 什么是水肥一体化技术?

水肥一体化技术也称为灌溉施肥技术，是借助压力系统（或地形自然落差），根据土壤养分含量和作物种类的需肥规律及特点，将可溶性固体或液体肥料配制成的肥液，与灌溉水一起，通过可控管道系统均匀、准确地输送到作物根部土壤，浸润作物根系发育生长区域，使主根根系土壤始终保持疏松和适宜的含水量。通俗地讲，就是将肥料溶于灌溉水中，通过管道在浇水的同时施肥，将水和肥料均匀、准确地输送到作物根部土壤。

257. 水肥一体化技术具有哪些优点?

水肥一体化技术与传统地面灌溉和施肥方法相比，具有以下优点：

（1）节水效果明显　水肥一体化技术可减少水分的下渗和蒸发，提高水分利用率。在露天条件下，微灌施肥与大水漫灌相比，节水率达50%左右。保护地栽培条件下，滴灌与畦灌相比，每亩大棚一季节水80～120米，节水率为30%～40%。

（2）节肥增产效果显著　水肥一体化技术具有施肥简便、施肥均匀、供肥及时、作物易于吸收、提高肥料利用率等优点。据调查，常规施肥的肥料利用率只有30%～40%，滴灌施肥的肥料利用率达80%以上。在作物产量相近或相同的情况下，水肥一体化技术与常规施肥技术相比可节省化肥30%～50%，并增产10%以上。

(3) 减轻病虫草害发生　水肥一体化技术可有效地减少灌水量和水分蒸发，提高土壤养分有效性，促进根系对营养的吸收储备，还可降低土壤湿度和空气湿度，抑制病菌、害虫的产生、繁殖和传播，并抑制杂草生长。因此，水肥一体化技术也可减少农药的投入和防治病虫草害的劳力投入，与常规施肥相比，利用水肥一体化技术每亩农药用量可减少15%～30%。

(4) 降低生产成本　水肥一体化技术是管网供水，操作方便，便于自动控制，减少了人工开沟、撒肥等过程，因而可明显节省施肥劳力；灌溉是局部灌溉，大部分地表保持干燥，减少了杂草的生长，也就减少了用于除草的劳动力；由于水肥一体化可减少病虫害的发生，所以可以减少用于防治病虫害、喷药等的劳动力；水肥一体化技术实现了种地无沟、无渠、无埂，大大减轻了水利建设的工程量。

(5) 改善作物品质　水肥一体化技术适时、适量地供给作物不同生育期生长所需的养分和水分，明显改善作物的生长环境条件，因此，可促进作物增产，提高农产品的外观品质和营养品质；应用水肥一体化技术种植的作物，具有生长整齐一致、定植后生长恢复快、提早收获、收获期长、丰产优质、对环境气象变化适应性强等优点；通过水肥的控制，可以根据市场需求提早供应市场或延长供应市场。

(6) 改善土壤微生态环境　采用水肥一体化技术除了可明显改善大棚内空气湿度和棚内温度外，还可以增强微生物活性。滴灌施肥与常规畦灌施肥相比，地温可提高2.7℃，有利于增强土壤微生物性，促进作物对养分的吸收；有利于改善土壤物理性质，滴灌施肥克服了因灌溉造成的土壤板结问题，土壤容重降低，孔隙度增加，有效地调控土壤根系的水渍化、盐渍化、土传病害等问题。水肥一体化技术可严格控制灌溉用水量、化肥施用量、施肥时间，不破坏土壤结构，防止化肥和农药淋洗到深层土壤，造成土壤和地下水的污染，同时可将硝酸盐产生的农业面源污染降到最低程度。

(7) 便于精确施肥和标准化栽培　水肥一体化技术可根据作物营养规律有针对性地施肥，做到缺什么补什么，实现精确施肥；可以根据灌溉的流量和时间，准确计算单位面积所用的肥料数量。微量元素通常应用螯合态，价格昂贵，而通过水肥一体化可以做到精确供应，提高肥料利用率，降低微量元素肥料施用成本。水肥一体化技术的采用有利于实现标准化栽培，是现代农业中的一项重要技术措施。在一些地区的作物标准化栽培手册中，已将水肥一体化技术作为标准措施推广应用。

258. 水肥一体化技术具有哪些缺点?

水肥一体化技术是一项新兴技术，而且我国土地类型多样化，各地农业生产发展水平、土壤结构及养分间差别很大，用于灌溉施肥的化肥种类多种多样，因此，水肥一体化技术在实施过程中存在如下缺点：

（1）易引起堵塞　灌水器的堵塞是当前水肥一体化技术应用中最主要的问题，也是目前必须解决的关键问题。原因有化学因素、物理因素，有时生物因素也会引起堵塞，因此，灌溉时水质要求较严，一般均应经过过滤，必要时还需经过沉淀和化学处理。

（2）引起盐分积累　污染水源当在含盐量高的土壤上进行滴灌或是利用咸水灌溉时，盐分会积累在湿润区的边缘而引起盐害。施肥设备与供水管道连通后，若发生特殊情况，如事故、停电等，系统内会出现回流现象，这时肥液可能被带到水源处。另外，当饮用水与灌溉水用同一主管网时，如无适当措施，肥液可能进入饮用水管道，对水源造成污染。

（3）限制根系发展，降低作物抵御风灾能力　由于灌溉施肥技术只湿润部分土壤，加之作物的根系有向水性。对于高大木本作物来说，少灌、勤灌的灌水方式会导致其根系分布变浅，在风力较大的地区可能产生拔根危害。

（4）工程造价高，维护成本高　根据测算，100 亩水肥一体化系统投入 5 万～15 万元。具体费用取决于设备类型、土地条件、施工难度和配套功能。基础滴灌系统 5 万～8 万元，智能控制升级版 10 万～15 万元，复杂地形或定制需求可能上浮 20%～30%。

259. 水肥一体化技术通常选择哪些肥料?

水肥一体化技术对设备、肥料以及管理方式有着较高的要求。由于滴灌灌水器的流道细小或狭长，所以一般只能用水溶性固态肥料或液态肥料，以防流道堵塞。而喷灌喷头的流道较大，且喷灌的喷水如降雨一样，可以喷洒叶面肥，因此，喷灌施肥对肥料的要求相对要低一点。

（1）氮肥　常用于水肥一体化技术的氮肥见表 2-6。其中，尿素是最常用的氮肥，纯净，极易溶于水，在水中完全溶解，没有任何残余。

尿素进入土壤后 3～5 天，经水解、氨化和硝化作用，转变为硝酸盐，供作物吸收利用。

表 2-6 用于水肥一体化技术的含氮肥料

肥料	养分含量	分子式	pH(1 克/升,20℃)
尿素	46-0-0	$CO(NH_2)_2$	5.8
硫酸铵	21-0-0	$(NH_4)_2SO_4$	5.5
硝酸铵	34-0-0	NH_4NO_3	5.7
磷酸一铵	12-61-0	$NH_4H_2PO_4$	4.9
磷酸二铵	21-53-0	$(NH_4)_2HPO_4$	8.0
硝酸钾	13-0-46	KNO_3	7.0
硝酸钙	15-0-0	$Ca(NO_3)_2$	5.8
硝酸镁	11-0-0	$Mg(NO_3)_2$	5.4

（2）磷肥 常用于水肥一体化技术的磷肥见表 2-7。其中，磷酸非常适合水肥一体化技术，通过滴注器或微型灌溉系统灌溉施肥时，建议使用酸性磷酸。

表 2-7 用于水肥一体化技术的含磷肥料

肥料	养分含量	分子式	pH(1 克/升,20℃)
磷酸	0-52-0	H_3PO_4	2.6
磷酸二氢钾	0-52-34	KH_2PO_4	5.5
磷酸一铵	12-61-0	$NH_4H_2PO_4$	4.9
磷酸二铵	21-53-0	$(NH_4)_2HPO_4$	8.0

（3）钾肥 常用于水肥一体化技术的钾肥见表 2-8。其中，氯化钾、硫酸钾、硝酸钾最为常用。

表 2-8 用于水肥一体化技术的含钾肥料

肥料	养分含量	分子式	pH(1 克/升,20℃)
氯化钾	0-0-60	KCl	7.0
硫酸钾	0-0-50	K_2SO_4	3.7
硝酸钾	13-0-46	KNO_3	7.0
磷酸二氢钾	0-52-34	KH_2PO_4	5.5
硫代硫酸钾	0-0-25	$K_2S_2O_3$	

（4）中微量元素 中微量元素肥料中，绝大部分溶解性好、杂质少。钙肥常用的有硝酸钙、硝酸铵钙。镁肥中常用的有硫酸镁，硝酸镁

价格高很少使用，硫酸钾镁肥也越来越普及。水肥一体化技术常用的微肥是铁、锰、铜、锌的无机盐或螯合物。

（5）有机肥料　有机肥要用于水肥一体化技术，主要解决两个问题：一是有机肥必须液体化，二是要经过多级过滤。一般易沤腐、残渣少的有机肥都适合于水肥一体化技术；含纤维素、木质素多的有机肥不宜用于水肥一体化技术，如秸秆类。有些有机物料本身就是液体的，如酒精厂、味精厂的废液。但有些有机肥沤后含残渣太多不宜作滴灌肥料（如花生麸）。沤腐液体应用于滴灌更加方便。只要肥液不存在导致微灌系统堵塞的颗粒，均可直接使用。

（6）水溶性复混肥　水溶性肥料是近几年兴起的一种新型肥料，是指经水溶解或稀释，用于灌溉施肥、无土栽培、浸种蘸根等用途的液体肥料或固体肥料。根据其组分不同，可以分为大量元素水溶肥料、微量元素水溶肥料、中量元素水溶肥料、含氨基酸水溶肥料、含腐植酸水溶肥料。在这5类肥料中，大量水溶肥料既能满足作物多种养分需求，又适合水肥一体化技术，是未来发展的主要类型。除上述有标准要求的水溶肥料外，还有一些新型水溶肥料，如糖醇整合水溶肥料、含海藻酸型水溶肥料、木醋液（或竹醋液）水溶肥料、稀土型水溶肥料、有益元素类水溶肥料等，也可用于水肥一体化技术。

260. 水肥一体化技术在玉米上如何应用？

（1）东北春玉米区　底肥建议施用玉米配方肥20～25千克/亩，施肥时肥料离种子侧5～10厘米、深7～10厘米，推荐选用具有保水、生根等作用的功能肥料。玉米全生育期膜下滴灌6～10次，每次灌水量10～30米^3/亩，灌溉定额每亩100～250立方米，浅埋滴灌单次灌水量较膜下滴灌高3～5米^3/亩。玉米播种后即滴灌出苗水，同时随水滴施高磷中氮低钾型水溶肥或磷酸一铵3～5千克/亩，利于出苗快而齐。拔节至抽雄前分2次随水滴施高氮低磷中钾型水溶肥5～10千克/亩。抽雄期滴施中氮低磷高钾型水溶肥7～9千克/亩。灌浆期至乳熟期，追施中氮高钾型水溶肥3～5千克/亩。全生育期施氮（N）13～20千克/亩、磷（P_2O_5）6～10千克/亩、钾（K_2O）6～12千克/亩。

（2）西北内陆灌区和沿黄灌区春玉米区　玉米全生育期一般灌水8～12次。播种后即灌水1次，灌水量15～30米^3/亩。有条件地区在秋翻地时施用腐熟有机肥2～3吨/亩，底肥建议施用玉米配方肥20～30千克/亩，推荐选用具有保水、生根等作用的功能肥料。强化玉米中后期水肥供给，分别于拔节期、拔节-大喇叭口期、大喇叭口-吐丝期追肥4～5次高氮型水溶肥，吐丝-灌浆期追2～3次中氮高钾型水溶肥，共追氮（N）13～20千克/亩、磷（P_2O_5）6～10千克/亩、钾（K_2O）4～10千克/亩，施肥量可根据土壤地力、目标产量等调整。

（3）华北黄淮和汾渭平原夏玉米区　该区域玉米生长正值雨热同期，可结合降水情况进行测墒补灌施肥。播种后0～20厘米土壤相对含水量小于65%时，滴灌出苗水15米³/亩左右；为预防地下害虫，可在滴出苗水时每亩滴施高氯·辛硫磷60～80克。拔节期0～40厘米土壤相对含水量小于70%时灌水15～20米³/亩；大喇叭口至灌浆期0～40厘米土壤相对含水量小于75%时灌水20～25米³/亩。在施肥方面，总养分量建议氮（N）15～20千克/亩、磷（P_2O_5）6～8千克/亩、钾（K_2O）8～10千克/亩，其中70%～80%的氮、40%左右的钾及20%左右的磷分3～4次在拔节至灌浆期随水追施。石灰性土壤或缺锌地块增施硫酸锌2千克/亩。

261. 水肥一体化技术在大豆上如何应用?

（1）春大豆区　全生育期一般灌水5～10次，每次灌水量10～30米³/亩。滴灌时地表湿土边缘超过播种行5～10厘米即可，勿过量灌溉。高产地块一般施用氮肥（N）4～6千克/亩、磷肥（P_2O_5）4～7千克/亩、钾肥（K_2O）3～5千克/亩，30%氮钾和70%的磷肥作底肥，分枝期、初花期、盛花期、结荚期和鼓粒期对水肥需求较大，追肥宜在以上时期随水追施。可结合追肥，适当补施硼、钼、锌等微量元素水溶肥。

（2）夏大豆区　一是水分调控。根据降雨情况，全生育期灌水4～8次。苗期需水少，花荚期和鼓粒期需水量大，播种48小时内即滴灌出苗水，地表湿土边缘超过播种行5～10厘米即可，为防止板结可在种子顶土时再滴灌1次；开花期、结荚期和鼓粒期根据墒情滴灌3～6次，一般每次灌水量15～30米³/亩。二是养分调控。高产田块一般施用氮肥（N）3～5千克/亩、磷肥（P_2O_5）5～8千克/亩、钾肥（K_2O）4～6千克/亩。播种时每亩可施用大豆配方肥15～20千克作种肥。追肥在开花期、结荚期或鼓粒期分次随水滴施追肥。可在初花期或结荚期喷施1～2次0.01%～0.05%钼酸盐溶液或1～2次0.1%的硼、锰、铜、锌等微量元素溶液 30～40 千克/亩。

262. 水肥一体化技术在小麦上如何应用?

（1）华北黄淮及汾渭平原灌溉冬麦区　底肥结合整地或播种机施，一般全生育期氮肥 30%～40%、磷肥 80%～100%、钾肥 50%～70%底施，有条件区域增施有机肥。全生育期施氮（N）15～20 千克/亩、磷（P_2O_5）8～12 千克/亩、钾（K_2O）6～10 千克/亩。麦玉轮作区，配合玉米晚收技术，可在玉米灌浆后期实施“一水两用”技术，即在玉米收前每亩滴水 25～30 立方米，待田间土壤适耕时，机械收获玉米，并精细整地、趁墒播种小麦。小麦全生育期滴灌或喷灌 4～7 次，每次灌水量 15～25 米^3/亩，灌溉定额每亩 90～200 立方米。起身、拔节、孕穗和灌浆是冬小麦水肥需求关键期，追肥宜分2～4 次随水滴施。石灰性土壤或缺锌地块追施硫酸锌 1～2 千克/亩。

（2）长江中下游冬麦区　该区域降水充沛，水源多为山塘、水库、湖泊、江河等，可结合降水或灌水，进行追肥，实现水肥耦合。产量 500 千克/亩以上地块，推荐用 40～45 千克/亩冬小麦配方肥作基肥，起身拔节期结合灌水追施尿素 12～20 千克/亩、氯化钾 4～6 千克/亩。在一些微量元素缺乏的地区，可结合病虫草害防治，在小麦拔节期、孕穗期和灌浆期喷施微量元素水溶肥。强中筋小麦适当增加氮钾肥用量和后期追肥。

（3）西北内陆灌溉麦区　滴水出苗，保证出苗整齐一致。根据小麦的水肥需求规律，做好水肥调控。一般冬小麦全生育期灌水 7～8 次（包括出苗水），春小麦全生育期灌水 6～8 次（包括出苗水），灌溉定额 250～300 立方米，随水施肥 4～6 次。高产小麦全生育期每亩氮肥（N）推荐施用量为 13～22 千克，磷肥（P_2O_5）为 7～12 千克，钾肥（K_2O）为 6～10 千克。少量的氮钾、大部分磷肥播种前作底肥施入。追肥以尿素、磷酸一铵和硫酸钾、氯化钾等水溶性肥料为主。

三、智能化精准推荐施肥技术

263. 什么是智能化精准推荐施肥技术? 如何理解“智能化”施肥的核心?

智能化精准推荐施肥技术是指借助计算机、智能装备及数据驱动技术，结合土壤、作物、气候等多源信息，通过算法模型（如养分专家系统）和 4R 养分管理策略（正确肥料品种、用量、时间、位置），为特定地块或作物生成个性化施肥方案的技术。该技术通过“智能分析—精准推荐—自动执行”的闭环流程，显著提升肥料利用效率，减少资源浪费，推动农业绿色高质量发展。

“智能化”施肥的核心体现在以下方面：

（1）数据驱动　整合土壤测试、作物需肥规律、环境条件等数据，构建精准施肥模型。

（2）算法支持　利用专家系统（如 Nutrient Expert）和预测模型（如 QUEFTS）优化施肥方案。

（3）精准决策　基于 4R 策略，针对性地匹配肥料种类、用量与施用时空条件。

（4）动态调整　结合实时监测技术（如传感器、遥感），动态更新施肥方案以适应变化。

（5）自动化执行　通过智能装备（如水肥一体化设备）实现施肥操作的自动化，降低人工干预。

264. 智能化精准推荐施肥系统包含哪些智能装备?

智能化精准推荐施肥系统所需的智能装备可归纳为以下五大类：数据采集、智能分析、精准执行、终端交互及效果验证与反馈。

（1）数据采集装备

① 土壤传感器。实时监测土壤湿度、温度、pH 值、氮磷钾含量等基础参数，为施肥决策提供核心数据支撑。

② 环境监测站。采集气温、降水、光照等气象数据，动态调整施肥策略以适应气候变化。

③ 多光谱无人机/遥感设备。通过多光谱成像技术扫描农田，获取作物长势、叶绿素含量及养分盈亏信息，生成“农田体检报告”。

④ 作物生理监测设备。如光谱仪或便携式检测仪，用于实时分析作物生理指标（如叶片营养状态）。

（2）智能分析平台

① 算法模型与专家系统。如养分专家系统推荐施肥，基于土壤数据、作物需肥规律及气候条件，利用 QUEFTS 模型和 4R 策略生成个性化施肥方案。

② AI 与云计算平台。整合多源数据，通过深度学习优化施肥策

略，支持动态调整和预测性管理。

（3）精准执行装备

① 水肥一体化设备。集成滴灌、喷灌系统，自动配比水肥并精准输送至作物根部，节水节肥效率提升 30%以上。配备智能电磁阀和配肥机，根据实时需求调整肥料种类与用量。

② 变量施肥机械。搭载 GPS 的智能拖拉机或无人机，实现定位精准施肥，减少施肥不均问题。例如无人机可 3 天完成万亩农田施肥任务，效率远超人工。

③ 自动化灌溉系统。如物联网控制的滴灌/喷灌设备，结合传感器数据自动启停，确保水肥同步管理。

（4）终端交互设备

① 移动终端（手机/平板）。农户通过 APP 远程监控设备运行状态、接收施肥建议及调整参数。

② 物联网节点。部署于田间的无线传输设备，实时上传数据至云端并接收指令，保障系统全链条互联。

（5）验证与反馈装备

① 便携式检测仪。快速验证施肥后土壤养分变化及作物响应，优化后续方案。

② 无人机巡检与摄像头。通过多光谱成像或视频监控，评估施肥效果及作物健康状况，提供可视化反馈。

系统通过"数据采集→智能分析→精准执行→动态优化"的闭环流程，实现施肥全流程的自动化与精准化。例如，智能水肥一体化设备通过传感器采集数据后，由云平台分析生成施肥方案，再通过滴灌系统执行，最终由无人机巡检验证效果。这种集成化装备体系不仅提高肥料利用率，还显著降低人工成本，推动农业绿色可持续发展。

265. 智能化精准推荐施肥技术给农业生产带来哪些革新？

智能化精准推荐施肥技术通过集成物联网、大数据、人工智能等现代科技手段，正在推动农业生产向高效、绿色、智能化方向转型，未来随着 5G、AI 算法的进一步应用，该技术将更深度融入智慧农业体系，助力全球粮食安全与绿色发展。

具体革新体现在以下五大方面：

（1）肥料利用率显著提升，实现减量增效　传统粗放式施肥因缺乏精准调控机制常造成资源浪费，研究数据显示其肥料利用率普遍不足40%。而基于智能感知技术的精准施肥体系通过以下机制实现突破：首先构建数据驱动的决策模型，通过土壤传感器网络、多光谱无人机等智能装备实时采集土壤养分动态、作物生长需求及气象环境参数；继而运用4R精准施肥策略构建智能决策模型，生成个性化施肥方案。该技术体系可将肥料利用率提升至60%以上。中国农业科学院在建三江水稻示范区采用“养分专家+”模式，减施氮肥21%、磷钾肥11%～26%，同时增产5%～6%。

（2）降低环境污染，推动绿色农业

① 减少过量施肥污染：传统过量施肥导致水体富营养化、土壤酸化等问题，智能化技术通过精准控量减少养分流失，降低农业面源污染。例如，无人机施肥可减少化肥用量15%以上，并降低碳排放。

② 闭环管理：结合水肥一体化系统，实现水肥同步精准供给，避免养分淋失，保护生态平衡。

（3）生产成本下降，经济效益提升

① 节约资源：精准施肥减少肥料浪费，无人机作业效率是人工的10倍以上，降低人工和机械成本。例如，河南许昌采用无人机施肥后节约成本15%。

② 增产增收：通过优化施肥方案，作物单产提升5%～30%（如水稻增产5%～6%），同时改善农产品品质，提高市场竞争力。

（4）智能化装备普及，推动农业机械化转型

① 智能装备应用：无人机与变量施肥机通过搭载GPS定位系统和传感器网络，可实现大田作业的精准撒施；水肥一体化系统则依托滴灌、喷灌技术，实现水肥配比的自动化调控，较传统模式节水30%、节肥20%。

② 操作便捷性：农户通过手机APP或微信小程序即可获取施肥方案，降低技术门槛。

（5）数据驱动的农业管理模式革新

① 大数据与AI模型：整合历史数据与实时监测信息，构建养分预测模型，动态调整施肥策略，适应气候变化和作物需求。

② GIS与遥感技术：生成农田养分分布图，指导差异化施肥，解决传统“一刀切”弊端。

266. 智能化精准推荐施肥技术推广应用存在哪些挑战？

智能化精准施肥技术虽在提升农业效率和可持续性方面潜力巨大，但在实际推广中仍面临多重挑战，主要体现在以下五个方面：

（1）技术成本高，初期投入压力大

① 设备与数据采集成本高：土壤传感器、无人机、智能施肥机械等硬件设备价格较高且需定期维护更新，大部分农户难以承担。

② 数据服务费用高：云端算法平台、遥感影像分析等数据服务需长期订阅，进一步增加使用成本。

（2）农户接受度低，技术推广难度大

① 依赖传统习惯：许多农户长期依赖经验施肥，对新技术信任度不足，担心风险。

② 技术复杂：智能化系统操作涉及数据分析、设备调试等专业步骤，农民普遍缺乏相关技能，需长期培训支持。

（3）数据获取与整合能力不足

① 土壤与作物数据匮乏：部分地区缺乏系统化的土壤检测和作物生长监测数据，导致施肥方案的科学性受限。

② 多源数据融合困难：气象、遥感、传感器数据整合需依赖高效算法和算力，中小型农场以及大部分散户常因技术门槛难以实现。

（4）政策支持与推广体系不完善

① 补贴力度有限：尽管部分地区出台补贴政策，但覆盖范围小且申请流程复杂，难以惠及普通农户。

② 跨部门协作不足：农业、环保、科技等部门协同机制不健全，技术推广缺乏统一规划，部分地区出现重复建设或资源浪费。

（5）技术与服务生态尚未成熟

① 设备兼容不足：不同厂商的传感器、无人机与控制系统间缺乏统一标准，导致设备协同效率低。

② 售后服务缺失：智能设备维修、数据平台维护等配套服务在农村地区覆盖不足，影响技术持续使用。

为突破上述挑战，需采取综合措施：

（1）降低技术成本。推动设备国产化、规模化生产，鼓励企业开发低成本解决方案（如共享无人机服务）。

（2）强化培训与示范。通过田间学校、示范基地直观展示技术优势，增强农户信心。

（3）完善政策支持。加大财政补贴力度，简化申请流程，并建立跨部门协作机制统筹推广。

（4）构建技术生态。制定行业标准，促进设备互联互通，同时加强售后服务网络建设。

未来，随着5G、AI技术的深入应用，智能化施肥技术有望进一步降本增效，但其推广仍需政策、技术与市场三端协同发力，才能真正实现“藏粮于技”的战略目标。

四、轻简化施肥技术

267. 什么是轻简化施肥技术？该技术的核心特征是什么？

轻简化施肥技术是通过系统优化施肥方式、精简作业流程并降低劳动强度，实现节肥增效、省工降本的现代农业解决方案。其核心理念在于以技术创新驱动传统施肥模式的转型升级，通过“简化操作、提升效率、降低成本”三位一体的路径，推动农业向资源节约型与环境友好型方向发展。具体实践体现在以下五个维度：

（1）流程精简，降本增效　采用“一次性施肥”替代传统分次追肥模式，如种肥同播技术将播种与施肥同步完成，减少田间作业次数。控释氮肥等缓控释技术可实现养分全程精准供给，无需多次追肥，有效降低管理成本。

（2）机械替代，解放人力　依托智能播种机、水肥一体化系统等装备，实现种肥同步施入、自动化灌溉施肥等操作，大幅降低体力劳动强度。机械化作业不仅提升效率，更破解了劳动力短缺困境。

（3）技术增效，养分适配　结合作物需肥规律开发的缓控释肥料，可延长肥效期2～3倍，减少施肥频次30%以上。如聚脲甲醛缓释肥通过养分梯度释放，与作物生长周期精准匹配，肥料利用率提升15%～20%。

（4）区域适配，定制方案　针对不同作物及区域特性开发专用技术体系，小麦、玉米等大田作物应用“一播全苗＋缓释肥”模式后，追肥次数减少2～3次，节肥率达15%～20%。河南省小麦种植区实践表明，该模式实现产量稳定与成本双降。

（5）生态经济双赢　通过精准施肥减少养分流失，降低农业面源污染风险。油菜轻简化技术示范显示，氮肥追施量减少15%左右，产量却提升5%～10%，真正实现生态效益与经济效益协同增长。

268. 常见的轻简化施肥技术类型有哪些?

轻简化施肥技术通过“缓释肥增效、机械化减工、水肥协同提效、分区管理精准”等策略，推动农业向高效、绿色、可持续方向转型。其核心在于简化流程、精准匹配、环境友好，尤其适用于劳动力紧缺的规模化种植区及经济作物生产。以下是其常见类型及特点：

(1) 一次性基施缓控释肥技术　该技术采用缓控释肥料，将作物整个生长周期所需的养分一次性施入土壤，利用包膜控释和稳定性肥料等载体，实现养分的精准释放。这种方法省去了传统分次追肥的烦琐作业，为作物生长提供了持续稳定的养分。其核心特征是以缓控释技术为核心，通过精准调节养分释放速率，使其与作物的需求周期相匹配，确保养分高效利用，减少流失和浪费，同时提升施肥作业的效率。例如，在强筋小麦的种植中，通过结合氮肥分期调控和缓释肥的长效供氮技术，可以实现高产、优质和延长生长周期的三重目标。

(2) 机械化施肥技术　机械化施肥技术是一种利用智能农机装备来实现精准施肥的方法，旨在减少对人工的依赖。其核心技术与装备包括种肥同播机，这种机器能够在播种的同时完成施肥作业，例如棉花覆膜精量播种机和玉米侧深施肥机，它们能够确保肥料被深施至种子侧下方，从而减少养分的流失。此外，无人机施肥技术也广泛应用于规模化种植区，它能够快速且精准地撒施肥料，其效率是传统人工施肥的10倍以上。对于特定的作物，如蔬菜，还有轻简化施肥装置，如蔬菜专用施肥机，这种机器集成了翻土、施肥和覆土的功能，有效解决了硬质土壤施肥的难题。

(3) 水肥一体化技术　水肥一体化技术是一种先进的农业灌溉方法，它通过滴灌和喷灌系统将水和肥料同步精准地输送到作物的根部。这项技术的优势在于能够节水30%、节肥20%，同时减少养分的淋失，特别适用于果树、蔬菜等经济作物的种植。在实际应用中，新疆棉区通过采用膜下滴灌技术实现了水肥的协同管理，从而使得皮棉产量增加了4.5%。在设施农业中，结合智能传感器动态调控水肥配比，进一步提升了番茄、辣椒等作物的品质。

(4) 秸秆还田与有机替代技术　秸秆还田与有机替代技术是一种新型农业实践，旨在通过将秸秆归还田间或增加有机肥的使用来替代部分化肥，从而提升土壤肥力并简化施肥流程。具体实施方式包括秸秆还田，即结合机械深翻技术，促进秸秆中的有机质分解，进而减少氮肥的使用量10%～15%。另一种方式是有机-无机配施，例如在棉花种植中，通过腐熟的有机肥与缓控释肥相结合，不仅能够改善土壤结构，还能降低施肥的频率。

（5）分区精准施肥技术　分区精准施肥技术是一种根据不同区域的土壤特性和作物需求来制定差异化施肥方案的农业管理方法，旨在避免传统“一刀切”施肥方式造成的资源浪费。典型的应用案例包括小麦的分区管理，例如在豫北高产区采用“一底一追”的施肥策略，而在砂质土壤区则适当增加追肥次数，沿淮低产区则重视底肥的施用。在棉花种植方面，新疆棉区通过优化株行距配置和实施水肥前移策略来提高施肥效率，黄河流域则推广“精量播种＋简化整枝”的技术组合，以实现精准施肥和资源的高效利用。

（6）轻简化追肥技术　轻简化追肥技术是一种通过叶面喷施或简化追肥流程来补充作物生长中后期所需养分的农业技术。其技术要点包括叶面喷施，例如在小麦灌浆期喷施尿素或磷酸二氢钾，以及在棉花生长过程中喷施硼肥，这些措施可以有效减少根部追肥的操作。此外，通过简化追肥次数，如弱筋小麦提倡一次性施肥，强筋小麦仅重施花铃肥，可以减少管理环节，提高施肥效率。

269. 不同作物适用的轻简化施肥方案是什么？

轻简化施肥是用现代化的施肥技术代替人工施肥操作，减轻施肥过程中的劳动强度，简化施肥方式、减少施肥次数的施肥方法。针对不同作物类型，轻简化施肥方案如下：

（1）大田作物（小麦、玉米、水稻）

① 种肥同播＋缓/控释肥技术：采用一次性基施缓/控释肥料，结合机械化种肥同播技术，减少追肥次数。例如，玉米专用控释氮肥可实现全生育期养分供应，氮肥利用率提高8%～12%。

② 测土配方施肥：基于土壤养分测试结果，精准配比氮磷钾及中微量元素，减少冗余施肥。例如，小麦种植中通过测土配方技术减少氮肥用量10%～15%，产量保持稳定。

（2）设施作物（蔬菜）

① 水肥一体化＋水溶肥管理：通过滴灌或微喷系统，将水溶性肥料精准输送到作物根部，减少养分流失。例如，番茄种植中结合水肥一

体化技术，氮肥利用率提高 20%～30%。

② 功能性增效肥料应用：使用含腐植酸、氨基酸或微生物的增效肥料，增强作物抗逆性并减少施肥量。例如，设施黄瓜施用海藻酸类水溶肥，增产 8%～10%，化肥用量减少 15%。

（3）油料作物（油菜、花生）

① 控释氮肥一次性基施：针对油菜需肥规律，研发专用控释氮肥，一次性基施替代传统分次追肥。

② 高光谱诊断动态施肥：利用高光谱技术实时监测作物长势，动态调整施肥方案，避免盲目追肥。

（4）果树（苹果、柑橘） 有机无机复混肥＋轻简化施肥：将有机肥与缓释化肥混合施用，结合机械化开沟深施，减少人工成本。例如，苹果园施用有机无机复混肥，化肥可减量 20%，果实品质显著提升。

270. 如何实现“减肥不减产”？

“减肥不减产”的核心是通过缓控释技术延长养分供应周期、水肥一体化提升利用效率、测土配方避免冗余施肥，以及利用功能性肥料增强作物吸收能力，实现科学减量与精准供给的动态平衡。基于此原理，可通过以下系统性方案实现化肥减量与农业增效的协同目标。

（1）新型肥料研发与应用

① 缓控释肥料升级：通过包膜技术延长养分释放周期，符合作物需求规律，减少养分流失（如包膜控释尿素可减少活性氮排放 64%）。

② 微生物肥料创新：开发含固氮菌（如根瘤菌）、解磷菌（如芽孢杆菌）的功能菌剂，活化土壤养分，替代部分化肥（研究表明施用微生物肥料可使玉米增产 5%～10%）。

（2）智能施肥技术体系构建

① 数字化配方系统：基于土壤测试数据和作物生长模型，采用“养分专家系统”实施 4R 精准推荐，实现氮肥利用率提升。

② 智能施药机械配套：推广变量施肥无人机与智能配肥站，控制施肥误差。

（3）资源循环与生态模式创新

① 有机替代工程：通过秸秆粉碎还田（替代化肥量 8%～12%）、绿肥种植（固氮量 40～60 千克/公顷）、畜禽粪污沼气化处理（资源化利用率超 90%），构建闭环养分循环体系。

② 种养耦合系统：推广“稻鸭共作”（减少化肥用量20%）、“果-沼-畜”（氮肥减量15%）等生态农业模式，实现环境效益与经济效益双赢。

（4）政策保障与技术推广

① 标准体系建设：制定新型肥料生产、登记和施用规范，建立产品质量追溯体系，严打假冒伪劣产品。

② 补贴激励机制：对采用轻简化技术和新型肥料的农户给予补贴，建立示范田推广成功案例。

271. 轻简化施肥技术的相关标准有哪些?

轻简化施肥技术的标准体系涵盖肥料产品、施用技术、机械操作及效果评估等方面。以下是相关国家标准、行业标准及技术规范：

（1）肥料产品标准

① 稳定性肥料：《稳定性肥料》（GB/T 35113—2017）规定了稳定性肥料的术语和定义、要求、试验方法、检验规则、标识、包装、运输和贮存。《脲醛缓释肥料》（GB/T 34763—2017）规定了脲醛缓释肥料的术语和定义、要求、试验方法、检验规则、标识、包装、运输和贮存。

② 缓/控释肥料：《缓释肥料》（GB/T 23348—2009）规定了缓释肥料的定义、技术要求、试验方法及标识，确保养分释放符合作物需求。《大量元素水溶肥料》（NY/T 1107—2020）规定了大量元素水溶肥料的要求、试验方法、检验规则、标识、包装、运输和储存。《微量元素水溶肥料》（NY 1428—2010）规定了微量元素水溶肥料的技术要求、试验方法、检验规则、标识、包装、运输和贮存。

③ 土壤调理剂：《土壤调理剂通用要求》（NY/T 3034—2016）明确了土壤调理剂的分类、功能要求及安全性指标（如重金属限量）。

（2）施肥技术规范

① 测土配方施肥：《测土配方施肥技术规程》（NY/T 2911—2025）规定了土壤采样、检测、配方制定及施肥建议的操作流程。

② 水肥一体化：《微灌工程技术规范》（GB/T 50485—2020）涉及滴灌、微喷灌系统的设计、施工及水肥协同管理。《灌溉施肥技术规范》（NY/T 2623—2014）指导水肥配比、施肥频率及设备维护，适用于大田和设施农业。

③ 智能化精准施肥：《农机作业远程监测管理系统　平台技术要求》（T/CAMA 56—2022），中国农业机械化协会标准，规范智能施肥机械的精度、传感器性能等。

（3）机械操作标准　一次性施肥装备：《机械化有机无机肥一体施用技术规程》（DB13/T 5639—2022），规定了施肥过程中的术语和定义、作业条件、作业准备和施肥技术。该标准适用于机械化宽行条播作物种植区。

CHAPTER 3

第三章 主要作物施肥技术

第一节 大田粮食作物

一、玉米

272. 玉米具有什么需肥特点？

玉米是高产作物，植株高大，吸收养分多。玉米的需肥规律是氮肥最多，钾次之，磷较少。玉米的需肥特点主要包括以下几个方面：

（1）对氮、磷、钾的需求　玉米在整个生长过程中对氮、磷、钾的需求量最大。每生产 100 千克玉米籽实，需吸收氮 2.5 千克、磷 1 千克、钾 2.1 千克。在玉米的不同生长阶段，对这三种元素的需求量也有所不同。例如，在拔节至抽雄期，玉米对氮的需求量显著增加，因为氮是植物蛋白质合成的重要成分，直接影响玉米的生长速度和叶片的光合作用效率。

（2）对其他微量元素的需求　除了氮、磷、钾外，玉米还需要其他微量元素如锌、钼等。这些元素对玉米的生长也有重要影响。例如，缺锌会导致玉米植株的第 7～9 叶片呈现花白色。

（3）不同生长阶段的需肥特点

① 苗期（拔节前）：这一阶段主要是营养生长阶段，根系尚未完全

发育，吸收能力有限，因此应适量施肥，避免过量导致浪费或伤害幼苗。

② 穗期（拔节至抽穗）：这是玉米生长的关键阶段，决定了玉米穗的大小和最终产量。此时对氮的需求显著增加，因为氮是蛋白质合成的重要成分。

③ 花粒期（抽雄至成熟）：这一阶段主要是生殖生长阶段，对氮、磷、钾的需求达到高峰。特别是在籽粒形成期，对氮的需求尤为突出。

273. 养分丰缺对玉米生长和产量有哪些影响？

首先，氮素对玉米的生长和产量影响较大。生长初期若氮肥不足，植株生长缓慢且呈黄绿色；旺盛生长期氮肥不足，则呈淡绿色，然后变成黄色，同时下部叶子开始干枯，由叶尖开始逐渐达到中脉，最后全部干枯。但是，氮肥过量也会影响正常生育。后期氮素营养过多时，生育延迟，营养体繁茂，籽实产量下降。同时，若氮素过多，则促进了蛋白质的合成，大量消耗碳水化合物，因此，组织分化不良，表皮发育不完全，易倒伏。

其次，玉米有两个时期易缺磷：①幼苗期。玉米从发芽至三叶期前，幼苗所需的磷是由种子供给的，当种子内的磷消耗完后，便开始吸收土壤或肥料中的磷。但因幼苗根系短小，吸收面积小，吸收能力差，如此期磷素不足，下部叶片便出现暗绿色，此后从边缘开始出现紫红色。极端缺磷时，叶子边缘从叶尖开始变成褐色，此后生长更加缓慢。②抽雄期。抽雄期后植株内部的磷开始从叶片和茎内向籽粒中转移，这时如果缺磷，雌蕊花丝延迟抽出，受精不完全，往往长成籽实行列歪曲的畸形果穗。但磷肥也不宜过多，施磷过剩玉米生育加速，果穗形成过程很快结束，穗粒数减少，产量不高。

最后，玉米幼苗期缺钾生长缓慢，茎秆矮小，嫩叶呈黄色或黄褐色。严重缺钾时，叶缘或顶端成火烧状。较老的植株缺钾时叶脉变黄，节间缩短，根系发育弱，易倒伏。植株缺钾时，果穗顶部缺粒，籽粒小，产量低，壳厚淀粉少，品质差，籽粒成熟晚。而钾肥过多对玉米的生长发育及产量并没有明显的影响。

274. 玉米种肥应该选择哪种肥料？

尿素：含氮量高，易于被作物吸收利用。在玉米的拔节期和大喇叭口期追施尿素能迅速补充氮素营养，促进植株生长和穗部发育。但需注意尿素在转化为铵态氮的过程中会消耗土壤中的水分，因此在干旱条件下应适量减少用量或配合灌溉施用。

磷肥：对玉米根系的发育和幼苗生长至关重要。在大喇叭口期和开花期追施磷肥，有助于提高玉米的抗逆性和促进籽粒饱满。常用的磷肥有过磷酸钙、钙镁磷肥等，建议与有机肥混合施用以提高利用率。

钾肥：能增强玉米的抗病能力和产量，促进植株的生长发育。在拔节期和大喇叭口期追施钾肥，有助于提高玉米的抗逆性和品质。氯化钾是常用的钾肥之一，但需注意其含氯量可能对某些作物造成不利影响，因此在盐碱地或敏感作物上应慎用。

复合肥：将氮、磷、钾等多种营养元素按一定比例混合而成，能满足玉米生长过程中对各种营养元素的需求，且肥效持久、使用方便。在玉米种植中，高氮型复合肥的配方较适用。

275. 玉米追施氮肥的原则是什么？

合理追肥是提高玉米产量的重要环节，各种氮素化肥均可作追肥施用。追肥的时间、数量和次数，要根据土壤肥瘦、基肥和种肥施用量，以及气候条件等来确定。

北方气温低，玉米的生育期短，应强调早施追肥。拔节前一次追施氮肥最为经济有效，与拔节前和抽雄前两次追肥的效果相似。如若进行两次追肥，要前重后轻，以免贪青晚熟。

南方玉米的生育期长，可采用“三攻”追肥法。

(1) 早追拔节肥　玉米长至七八片叶时就进入拔节期了，此时穗分化已经开始，是营养生长和生殖生长并进的时期，需肥量急剧增加。此时追施氮肥可起到发棵壮秆的作用，有利于幼穗分化。早追拔节肥，促使根、叶和茎秆发达，能制造和供应幼穗较多的养料，以降低空秆率，增加双穗率。

(2) 重施攻穗肥　一般在抽雄前十天左右（大喇叭口期）追施氮素化肥。此时正是玉米雌穗的小穗和小花分化盛期，是决定果穗大小、粒数多少的关键时期，重施攻穗肥，保证足够的养分向穗部转移，对增加粒重、提高产量有很大作用。

(3) 稳追攻粒肥　玉米抽穗后，雌穗吐丝时追施少量氮肥，可促使籽粒饱满。此时玉米果穗的大小和行粒数的多少虽已定型，对养分的吸收也开始逐渐减慢，但如果肥料供应不足，会引起植株早衰，影响籽粒充实，造成灌浆不良。适当补施粒肥可防止早衰，延长植株根系及叶片的活动时间，表现为秸秆成熟，提高粒重，从而获得高产。

276. 尿素如何在玉米上施用?

合理施用尿素对玉米有显著的增产效果，但如施肥方法不当，也会引起烧籽、烧苗降低肥效。尿素中含有少量缩二脲杂质，对种子发芽有害。因此，施用尿素时必须注意施肥技术。

尿素作种肥施用：每公顷施用量不能高于150～180千克，肥料应施于种子斜下方5厘米左右的部位。不应将肥料施在种子的垂直下方，以防幼根接触肥料受害。

尿素追肥的方法：在垄侧距植株5～7厘米处开沟条施或刨埯穴施。用机械深追肥时，追肥的时间宜早不宜晚，以防伤根。尿素既可以通过土壤施于作物根部，也适宜于叶面喷施。尿素土施追肥时应深施。深施可提高肥料的利用率。叶面喷施合适的浓度一般为0.1%～0.5%，有利于玉米灌浆进而提高千粒重。叶面肥中所含的尿素有利于磷钾的吸收。

为了防止尿素作种肥用量过大发生烧种、烧苗问题，可以将尿素作基肥（底肥）施用，即于秋翻地或起垄时将尿素翻入土壤或合入垄中，肥效与追肥相近或略低。这种施肥方法适于在秋雨少、气温低的北方地区应用。

277. 玉米对氮、磷的吸收量如何?

随着玉米产量的提高，吸收氮、磷营养的数量也相应增加。因此要获得较高产量，必须相应地满足其营养要求。玉米对氮和磷的吸收量在不同生育期有所不同，且吸收比例也有所差异。

（1）氮的吸收量

① 春播玉米：每生产100千克玉米籽粒，需要吸收氮（N）3.5～4.0千克。

② 夏播玉米：每生产100千克玉米籽粒，需要吸收氮（N）2.5～2.7千克。

③ 高产情况下：每公顷产量在10000～12000千克时，需要纯氮225千克。

（2）磷的吸收量

① 春播和夏播玉米：每生产100千克玉米籽粒，需要吸收磷

(P_2O_5) 1.2～1.4 千克。

② 高产情况下：每公顷产量在 10000～12000 千克时，需要纯磷 75 千克。

278. 玉米在哪些土壤上容易缺锌？症状是什么？

玉米对微量元素锌的反应比较敏感。土壤缺锌的原因一般有几种情况：一是成土母质缺锌的土壤，如花岗岩发育的土壤；二是石灰性土壤，主要分布在北方，包括绵土、塿土、黄潮土、褐土、棕壤、潮褐土等，这一类土壤的 pH 值较高，降低了锌的有效性，是我国缺锌的主要土壤；三是有机质含量较高的石灰性水稻土，因有机质的吸附也使锌的有效性降低；四是过量施用磷肥的土壤也易产生缺锌。一般认为植株体内的 P/Zn 比大于 400 时，会发生玉米缺锌症状。

玉米缺锌的显著症状是白苗花叶，有“白花叶病”之称，玉米的缺锌症一般从四叶期开始，新叶基部的叶色变淡呈黄白色。五至六叶期时，心叶下 1～3 叶出现淡黄和淡绿色相间的条纹，叶脉仍绿，基部出现紫色条纹。10～15 天后，紫红渐变为黄白色，叶内变薄，似“白苗”。严重时，远看全田一片白。缺锌的玉米植株矮化，节间缩短，叶枕重叠，顶端似平顶。严重者白色叶片逐渐干枯甚至整株死亡。拔节后渐转淡绿，喇叭口期中下部叶出现黄绿相间的条纹，叶“花叶”，基部重新变白，半透明。抽雄后，自下至上呈“花叶”状。发育受阻，抽雄和吐丝都比正常植株迟 2～3 天。空秆多，果穗缺、秃尖。

279. 玉米怎样施用锌肥？

在有效锌含量低于临界值（1.5 毫克/千克）的土壤上种植玉米，可能发生缺锌症，应该采取施肥措施补充锌的不足。

(1) 基肥　每公顷用硫酸锌 15～22.5 千克，与有机肥料混合条施或穴施。

(2) 拌种　每千克玉米种子拌硫酸锌 300～600 克，先用少量水将肥料溶解后喷于种子上拌匀。

(3) 根外追肥　根外追肥是发现玉米缺锌症状后补施锌肥的一个好方法。用 0.15%～0.20%的硫酸锌溶液，每公顷喷 600～750 千克，自拔节期起喷 2～3 次，每次间隔 10～15 天。

280. 玉米施锰肥效果如何？怎样施用？

有些土壤大量营养元素与微量元素比例失调。在有效锰含量低的土壤上施用锰肥对玉米有明显的增产效果。锰肥的施用方法有两种：一是拌种，每千克玉米种子用硫酸锰 12 克拌匀后播种，二是叶面喷施，在拔节至抽穗期用 0.5%浓度的硫酸锰溶液喷施叶面。

281. 东北春玉米施肥原则是什么？

东北春玉米施肥原则主要包括以下几点：

① 根据测土配方施肥结果，确定大量元素与中微量元素合理配比。

② 加强农机与农艺相结合，基肥和追肥合理分配，基肥调整适宜的铵硝比值。

③ 增施有机肥，推荐采用机械深施，有机无机肥配合施用；秸秆适量粉碎还田，长期秸秆还田地块适当减少施钾量。

④ 种肥适当增施磷酸二铵和增效肥料，提高玉米低温抗性。

⑤ 重视硫、锌等中微量元素施用，酸化严重土壤增施钙镁等碱性肥料。

⑥ 玉米和大豆带状间作、套种或者轮作，大豆种植区减少化肥施用量。

⑦ 推荐生长中期进行植保飞防作业，保障地上部群体质量，采取适时晚收技术。

282. 华北及黄淮海夏玉米区施肥原则是什么？

① 推荐智能配肥、机械深施、水肥一体化等技术，提高肥料利用率。

② 根据测土配方施肥结果，大量元素与中微量元素合理配比，稳定氮肥用量。

③ 根据土壤肥力和种植制度，高效施用磷钾肥，充分利用前茬作物施用磷钾肥的后效。

④ 结合种肥同播技术，科学施用缓控释肥料，保持玉米生育中后期养分供应平衡。

⑤ 肥料深施与高产优质栽培技术相结合，推荐应用高产耐密适宜机收品种，合理增加种植密度。

⑥ 重视硫、锌、硼等中微量元素补充。

283. 怎样提高玉米田的施肥效益?

提高玉米田施肥效益的关键在于合理施肥和科学管理。

(1) 合理施肥

① 基肥施用：基肥应包含有机肥和化肥，有机肥如农家肥可以改善土壤结构，化肥如尿素、过磷酸钙等应按需施用。基肥施用量应根据土壤肥力和目标产量确定，通常建议亩施农家肥 500～750 千克、尿素 6 千克、过磷酸钙 30 千克、锌肥 2 千克左右。

② 种肥施用：种肥应在播种时施用，以满足幼苗的营养需求。种肥可选择易于吸收的速效肥料，如磷酸二铵等。

③ 追肥技术：追肥应根据玉米生长阶段进行。苗期（幼苗长出6～7 片叶时）施尿素 10 千克，拔节期（幼苗长出 11～12 片叶时）施尿素 40 千克，并可适当追施钾肥。此外，磷、钾肥全部作为基肥施用，后期可根据玉米长势适当追施叶面肥。

(2) 科学管理

① 合理密植：适宜的种植密度为 4500～5500 株/亩，过密或过稀都会影响产量。

② 田间管理：包括适时播种、合理密植、苗期管理（如间苗、补苗）、中耕管理等。例如，幼苗长出 3～4 片叶时进行间苗，长出 6～7 片叶时配合追肥进行小培土，长出 11～12 片叶时配合追施拔节肥进行大培土。

③ 病虫害防治：苗期主要防治地老虎等害虫，后期根据玉米长势适时防治其他病虫害。

284. 环境因素如何影响玉米施肥效果?

环境因素对玉米施肥效果的影响主要体现在以下几个方面：

(1) 土壤条件　土壤的养分状况、通气状况和水分状况对玉米的养分吸收有显著影响。土壤养分状况是合理施肥的基础，不同土壤质地和肥力会影响养分的形态、转化及其有效性。适当的土壤水分含量能够增加营养元素的溶解和移动，提高肥料利用率，而过多的土壤水分则会抑制玉米根系的生理活性，降低养分吸收能力。

(2) 气候条件　气候条件如降雨和温度会影响土壤养分状况和玉米吸收养分的能力。高温多雨的区域，有机肥料分解快，适合施用有机肥；而低温寡照的环境则会影响肥效的发挥。此外，低温时节施肥应适当提前，高温天气应深施肥料以防止烧苗和肥分流失。

（3）肥料种类　不同种类肥料的性质不同，其养分含量、溶解度、酸碱度、稳定性、在土壤中的移动性、肥效快慢和持效长短都会影响玉米的营养吸收。有机肥料养分全，肥效迟但后效长，适合改良土壤结构；化学肥料养分含量高但养分不全，肥效快而短，适合调节玉米不同营养阶段的养分需求。

二、水稻

285. 水稻的养分需求量是多少？

一般每生产稻谷和稻草各 100 千克，需要吸收氮（N）1.5～1.9 千克、磷（P_2O_5）0.8～1.0 千克、钾（K_2O）1.8～3.8 千克。各种养分含量不同的原因，主要是水稻品种、土壤类型、栽培方式、种植制度、气候类型等的不同。

286. 水稻在不同生育期分别需要多少养分？

水稻不同生育期对氮、磷、钾的吸收量是不同的。一般吸肥规律是：分蘖期以前水稻干物质积累不多，吸收养分也较少。这一时期吸收的养分占一生总吸收量的比例为，氮 1/3～1/2、磷 1/6～1/5、钾 1/5 左右。分蘖至抽穗期是水稻吸收养分最多的时期，这一时期所吸收的养分占整个生育期总吸收量的 50%以上。抽穗以后直至成熟吸收的氮为 1/6～1/5、磷 1/4～1/3、钾为 1/6～1/4。

287. 水稻怎样进行合理施肥？

根据天气、土壤、品种等因素进行水稻合理施肥，具体包括以下几个方面：

（1）平衡施肥　根据各作物需肥规律、土壤养分供应状况等实行平衡施肥，实行有机肥与无机肥相结合、基肥与追肥相结合。

（2）看天施肥　根据天气预测和实际温度变化来施肥。积温不足时应减少氮肥用量，春夏气温低时，肥效反应慢，应适当早施分蘖肥。

（3）看地施肥　根据土壤类型和肥力状况调整施肥量。岗地、沙地要增加肥量，洼地、黏土地要减少肥量。

（4）看水施肥　根据灌溉条件调整施肥量和次数。干旱缺水的地方多施肥，不缺水的地方少施肥。

（5）看品种施肥　不同品种的水稻对肥料的需求不同。长粒品种应减少氮肥用量，增加钾肥用量；圆粒品种则应增加氮肥用量。

（6）看种植方式施肥　根据插秧密度调整施肥量。插秧密度大时减少氮肥用量，插秧密度小时适当增加氮肥用量。

（7）看叶龄指标施肥　根据水稻的叶片长度、颜色、分蘖数等指标判断是否缺肥，缺肥时及时增施调节肥或穗肥。

288. 化肥（氮素）如何在水田施用？

（1）铵态氮肥　铵态氮肥中的氮素形态为铵，铵易被土壤吸收。由于铵与各种阴离子结合能力不同，氮素的稳定性也不同。如氯化铵、硫酸铵结合能力较强，相反，氨水、碳酸氢铵结合能力弱，易挥发，但施后肥效反应快。

碳酸氢铵含氮17%左右。由于氨结合力弱，接触空气易吸湿潮解，并分解为氨气、二氧化碳和水。如进行深层或全层施肥可以减少损失，较表层施肥增产10%～15%。

氯化铵和硫酸铵分别含氮25%和21%，化学性质较稳定，但不要与石灰和草木灰等碱性肥料混用，深施增产效果好。硫酸铵是生理酸性肥料，若长期施用，土壤酸性增大，引起板结。同时在淹水条件下，易产生硫化氢中毒，影响水稻正常发育。

（2）硝态氮肥　硝酸铵、硝酸钠、硝酸钙、硝酸铵钙属于这类氮肥。其中硝酸铵的含氮量为34%。硝酸铵容易吸湿结块。施入水田，易随水流失，稻田应用很不经济。洼地透水性差，最好也要深施。如果稻田透水性强，在水稻需肥较多的时期施用时，施用量不要过大，并要浅水施肥，施后立即中耕，也可以维持一定肥效。

（3）尿素肥料　尿素属于酰胺态氮肥，在土壤中经酶分解成碳酸铵才能被作物吸收利用。但是碳酸铵的稳定性很差，所以尿素按硝酸铵的方法撒施，易氨化损失，同时，尿素态氮在没有转化以前，又易随水流失，利用率只有30%～40%。因此，稻田施用尿素应采用以下方法：

① 深层施肥。在秋翻前或春翻前把尿素均匀地撒施到田面后翻入土层。据试验，深层施肥比水耙前混施增产10%以上。深层施肥的施肥量不宜过多，以免后期贪青倒伏，在冷凉低洼地少施，砂土和瘠薄地多施。

② 追肥。在尿素作底肥的基础上，于水稻返青期或分蘖期追施尿

素 75～120 千克。追肥时要与中耕结合，使更多的肥料混入土壤中。追肥时间不要太晚，以免后期生育过于繁茂而贪青倒伏。

③ 根外追肥。在扬花期至灌浆初期，用 1%～2%的尿素溶液，每公顷喷施 750 千克左右，可以减少空秕率、增加粒重，最高可增产 10%左右。

289. 水稻秧田怎样施肥？

移栽水稻生长初期主要是培育壮秧。秧田基肥一般宜用腐熟程度较好的有机肥料，目的是改善土壤结构，增加土壤透气性，以利于发壮苗。为了培育壮秧，秧田基肥除施用有机肥料外，还应强调用磷肥作基肥，尤其是在低产稻区和由红黄壤发育的水稻土上更应采用这一经济合理的施肥措施。

水稻苗期对氮素营养的反应也很敏感。一般来说秧田氮素追肥要抓两头，一是水稻幼苗从胚乳营养转入土壤营养时，即三叶期前要施一次追肥。这时植株小，阳光足，追肥可以促进苗壮，培育出壮秧。二是在移栽前施一次起身肥，以利于返青快和好拔秧，特别是早稻育秧，因气温低，早追肥可以培育出养分含量较高的秧苗，使移栽后能提早发根和发秧。晚稻秧苗，因气温高、生长快，如果基肥充足，前期追肥可少施或不施，做到“促”“控”结合，既要避免秧苗长得过大，又要防止秧苗老化。总之，秧田追肥要掌握早施、施匀、勤施以及“先少后多、先淡后浓”的原则。

在水旱田轮作地区，为了获得壮秧，利用旱田育秧的方法，在早春把大量有机肥和磷钾等化肥撒施地面，随后翻地 15 厘米，使肥料和全层土壤充分混合，然后播种并用喷壶喷水，保持湿润。

290. 双季稻施肥和单季稻施肥有何不同？

双季稻由于在本田的营养生长期短，只是单季稻营养生长期的 1/6～1/3，早稻的吸肥高峰也较单季稻集中和提前，而且高峰期的吸肥强度比单季稻同期要高得多。

因此，双季稻插秧后应早施分蘖肥，保证充足的氮素供应。这一时期的追肥对促进分蘖有明显的功效。但是，分蘖盛期如果氮素过多，会增加无效分蘖，病虫害严重，所以分蘖盛期要“控”，要“稳”得住。在缺磷的稻田，应注意增施磷肥，以防稻苗发僵，增加有效分蘖。

291. 水稻施肥和旱田作物施肥有哪些不同?

① 水田土壤分为氧化层和还原层，由于氮素形态变化而发生的脱氮现象在旱田当中不会发生。夏季水稻泡水后土壤表层有几毫米乃至1～2厘米的氧化层，而其下面的土层，即大部分的耕层土壤为还原层。水田施用氮肥必须深施到还原层中，才能避免脱氮损失。

② 水田由于排水和水分渗漏，常使肥料随水流失，而在旱田肥料随水流失的现象则较少。

③ 旱田作物多数喜欢吸收硝酸态氮素，而水稻喜欢吸收铵态氮素。

④ 在水田既要合理地进行氮磷钾搭配施用，还必须使用“促”和“控”相互结合的施肥技术，可以避免无效分蘖或空壳秕粒等现象导致减产。

292. 寒地水稻如何进行氮素管理?

在高寒地区（例如黑龙江）种植水稻，氮素管理很重要。氮肥施用过多，经常出现稻瘟病、倒伏、空秕率高等情况，严重影响水稻产量；氮肥不足也影响水稻产量。寒地水稻氮素管理就是根据寒地水稻需肥规律进行氮素调控。寒地水稻施氮量为90～105千克/公顷，通过氮素调控，可以减少30%施氮量。

293. 什么是水稻田的前氮后移施肥法?

水稻田的前氮后移施肥法是一种优化施肥技术，通过调整氮肥的施用时间和比例，提高水稻的产量和品质，同时减少环境污染。该施肥方法的主要内容包括：

(1) 施肥比例调整　将氮肥的施用比例调整为基肥50%、分蘖肥20%、穗肥30%。这种分配方式减少了前期氮肥的用量，适宜的氮肥后移，确保水稻在不同生长阶段对氮肥的需求得到满足。

(2) 施肥时机　基肥在移栽时施用，分蘖肥在返青后施用，穗肥在水稻倒二叶开始出叶、幼穗长约1厘米时施用。这种分次施肥的方式可以促进低节位分蘖的生长，增加颖花数量，防止颖花退化，提高稻谷产量。

(3) 施肥效果　应用前氮后移施肥技术的水稻田，亩增产稻谷38.2千克，增幅达6.7%。此外，该技术还能提高水稻的结实率、千粒重，降低环境污染。

（4）适用条件　该技术适用于传统施肥方法中前期氮肥比例过高的情况，通过减少前期氮肥用量，适宜的氮肥后移，确保水稻前期具有适宜的分蘖数，群体不过旺，提高水稻群体质量。

294. 杂交水稻怎样施肥?

由于杂交水稻具有生长势强、分蘖力旺、穗大粒多的特点，因此在群体结构上既要争取足够的穗数，又要发挥穗大粒多的优势。杂交水稻每公顷栽插的基本苗数少，主要靠分蘖成穗，分蘖穗占总穗数的 80%～90%。在培育分蘖壮秧、插足基本苗的前提下，正确处理分蘖优势与主穗优势的关系，管理上要以早管促早发、争穗粒为主攻方向，适当利用本田分蘖成穗。所以，在施肥上要重施基肥、早施追肥、看苗补肥，做到前期攻得起、中期经得住、后期不早衰。注意增施磷钾肥。基肥足，要以有机肥为主。第一次追肥要早，插秧后 5～7 天进行。第二次在插秧后 15 天左右。要求插后 20 天内够苗，使前期迅速搭起丰产禾架。中期禾苗长势正常可不施肥。地力差、禾苗长势较弱的田块，可补施一次穗肥。始穗至扬花期用磷酸二氢钾等进行 1～2 次叶面喷肥，可以提高结实率和千粒重。

295. 水稻如何深层施肥?

水稻深层施肥的方法主要包括机械侧深施缓释肥技术和传统的人工深层施肥方法。具体方法如下：

（1）机械侧深施缓释肥技术　机械侧深施缓释肥技术是一种新型的施肥方法，通过在插秧机上加装侧深施肥装置，在插秧的同时将缓释肥均匀、定量地施入秧苗根侧 3～5 厘米、深度 4～6 厘米的位置，并覆盖于泥浆中，避免肥料漂移，促进秧苗根系对养分的吸收。这种技术能够提高肥料利用率，减少施肥次数和肥料用量，降低人工投入和养分损失，促进化肥减量增效和农业绿色高质量发展。

（2）传统的人工深层施肥方法　传统的人工深层施肥方法虽然不如机械侧深施技术精准，但也有操作简便的特点。具体步骤如下：

① 选择合适的肥料。选择氮磷钾配比合理、含有一定比例缓释养分的肥料。

② 施肥位置。将肥料施于土壤深层，通常在根系附近，确保肥料不会被风吹水冲，根系能够充分吸收养分。

③ 施肥量控制。根据土壤肥力和作物需求，控制施肥量，避免过

量或不足。

④ 施肥后管理。施肥后及时覆盖土壤，减少养分挥发和流失，确保肥料效果最大化。

296. 水稻直播田和插秧田的施肥有什么不同?

直播田水稻主要施用硝酸铵、氨水和尿素作追肥；插秧田可以用一部分作基肥，一部分作追肥。

直播田追肥的施肥量，每公顷施氮素 60～75 千克。分两次追肥的，第一次追三分之二，第二次追三分之一。追肥时间，一次追肥的，在分蘖期施用；分两次追肥的，第一次在稻苗露出水面照垄的时候，结合中耕除草追肥，第二次在六月末，结合二遍中耕除草追肥，追肥方法目前主要是撒施。施肥前田里水要排浅，留 3～4 厘米的水层，并要把上下水口堵好，不让田里的水流动。水层如果过浅，容易烧苗，而水层过深，养分又容易流失。追肥后要经 3～4 天，待养分被土壤和稻苗吸收以后再灌水。水源不足的地块，也可以不放水施肥，但是施肥以后，在 6～7 天内不要排水，以免养分流失。

插秧田追肥，一般在稻苗返青后进行，每公顷施氮素 52.5～60 千克，根据实际情况，分两次追肥比较合适。追肥方法与直播田相同，插秧田追肥是在插秧前三四天结合耙地施肥，每公顷用氮素 22.5～30 千克，有利于秧苗返青。

297. 水稻叶面施肥用什么肥料好?

在水稻生长后期，根部吸收养分能力减弱的情况下，进行叶面施肥，能及时补充所需营养元素，改善作物自身微循环，促进根系生长发育，提高对养分和水分的吸收能力，增强光合作用，促进蛋白质和叶绿素的合成。

尿素是中性肥料，电离度小，扩散性大，易被水稻茎叶吸收，特别适用于叶面施肥。经测定表明：用尿素叶面施肥后 30 分钟，叶片的叶绿素含量即有增加，5 小时后可被吸收 40％～50％，最终吸收率可达 90％左右。在水稻齐穗至灌浆期进行叶面施肥，能提高生育后期功能叶片的成活率，加速籽粒的灌浆速度，减少空秕率，千粒重可提高 0.1～0.6 克。尿素作叶面施肥的浓度以 1.5％～2.0％为宜。

为了提高叶面施磷肥的效果，宜将溶液调至酸性，因介质呈酸性反应时，有利于叶部对离子的吸收。水稻叶面施用过磷酸钙的浓度为

0.1%～0.2%、磷酸二氢钾的浓度为0.2%。

叶面施肥时，为了更好地发挥效果，喷施时间宜选择在无风天、阴天，或在湿度较大、蒸发量较小的上午9时前或下午4时以后进行。

298. 什么是水稻田土壤的硝化作用？和施用氮肥有什么关系？

土壤中含有的动植物残骸，在通气较好的条件下，通过微生物作用，释放出来的氨，一部分被稻苗和微生物直接利用外，还有大量氨在亚硝酸细胞、硝酸细菌作用下，氧化为硝酸和亚硝酸，形成硝酸态氮，这种作用称为硝化作用。

硝酸态氮也是水稻可利用的氮素形态。另外硝酸的形成，还有助于土壤中磷素的吸收和利用。为此在水稻栽培中，要设法提高土壤透性，加强微生物活动，给硝化作用创造条件，加快有机质分解，满足水稻对养分的需要。

稻田土壤在灌水条件下，表面是氧化层，其下为还原层，如施用氮素化肥，又极易把铵态氮氧化为不易被土壤吸附的硝态氮，然后随水下渗到还原层发生反硝化作用以致损失肥效。根据这个道理，在施用氮素化肥时，直接施到还原层损失少，氮利用率高。

299. 怎样通过施肥培育秧田？

培育秧田是促进壮苗生育的主要措施。培育大秧应有计划建立永久性秧田，增施基肥，培育床土。不施基肥，苗黄不壮，返青慢。根据各地经验，每公顷施优质有机肥料37500～52500千克，过磷酸钙375～450千克作基肥；或采用肥沃泡子泥等铺盖床面，使床土松软，改善土壤结构，为秧苗创造良好的水、肥、气、热环境。在施足优质基肥的基础上，不提倡用氮肥作基肥，因为氮肥过多，地上部易徒长，根部发育较差，抗逆力弱。但在基肥不足、质量又较差的条件下，适当用些，以补氮素的不足，效果也很好。但要掌握好用量，硝酸铵每平方米25克左右为宜。

300. 北方水稻如何追肥？

在施用基肥的基础上，要适期、适量追施氮肥，以满足水稻不同生育期的营养需要。

(1) 分蘖肥　为了促进分蘖早生快发，提高分蘖成穗率，在耙地前基肥未施氮肥的，应早施分蘖肥，就是在水稻秧缓苗后的返青期追施氮肥，施用氮肥的数量为施氮总量的20%～30%。

（2）穗肥　施用穗肥，既可促进颖花数量增多，又可防止颖花退化。在高产栽培中，基肥、蘖肥充足的，一般不应在穗分化开始时施肥，应控制这一时期对氮的过多吸收。在抽穗前15～18天施用氮肥较为适宜，对提高结实率和千粒重都有好处。施肥量不宜超过氮肥总用量的20%。对于耐肥抗倒性强，上位叶片和穗短而直的品种，适量施用还是有利的。对生育过于繁茂或有发生稻瘟病危险的稻田则不宜再施穗肥。

（3）粒肥　对叶色黄、植株含氮量偏低、土壤肥力后劲不足的稻田，要酌情施用氮肥。粒肥有延缓抽穗后叶面积下降及提高叶片光合能力的作用，减少秕粒，增加粒重，防止根叶早衰，使籽粒饱满。但粒肥施用不当时，氮素浓度过高，增加碳水化合物的消耗，引起贪青晚熟，空瘪率增加，千粒重下降，且易产生病虫害。晚熟品种，后期有早衰现象的稻田，以及砂壤土易脱肥的稻田宜追施粒肥。

必须在安全抽穗期前抽穗的水稻才能施用粒肥。施肥量一般应控制在每公顷施尿素30～45千克、硝酸铵37.5～52.5千克或碳酸氢铵60～90千克。施肥应在齐穗期至抽穗后10天内进行。

301. 防御水稻冷害应如何施肥?

水稻营养生长期有较大可塑性，实行科学施肥，使营养体早期生长旺盛，既可达到计划的群体，又能保证及时转入生殖生长，是防御水稻冷害、提高产量的技术关键。

（1）控制氮肥的施用　在前期水稻生长阶段，氮肥用量过多，会加快水稻生长速度，形成的茎叶幼嫩、含水量高，容易受冷，不抗冻，所以前期要控制氮肥用量，施氮时期要后移。北方寒地稻作区冷害年份，通常应将氮肥总量减少20%～30%。余量中的70%～80%用作底肥和蘖肥，20%～30%在抽穗前10～20天作穗肥，如果预计抽穗提早、气温又较高，可在抽穗前10天施用，长相不足，后期有脱肥趋向，可提早在抽穗前15～20天施用；天气不好则不能施用。

（2）增施磷、钾肥　磷能提高水稻体内可溶性糖的含量，提高水稻的抗寒能力、促进早熟。低温冷害年，尤其是生育前期，由于温度低，土壤中有效磷的溶解释放量少，阻碍水稻对磷的吸收，必须增施一定量的磷肥补充土壤中磷的不足，以提高水稻的抗寒能力。由于磷肥在土壤中的移动性小，不易淋失。磷肥应当作基肥一次施入根系密集的土层中。钾肥亦作基肥施入，也可部分在追肥中施入，更利于水稻植株健壮，提高抗寒和抗病能力。

(3) 重视有机肥的施入　腐熟有机肥有利于根层土壤的保温和促进水稻根系的发育，利于壮苗，提高稻株的抗寒、抗病性能。在有机肥中，如施用草木灰或秸秆还田，不仅有利于土层保温，还可供应钾营养，有利于稻株健壮和提高水稻抗逆性。

302. 盐碱地水稻怎样施肥？

(1) 施肥方法　在苏打盐渍型水稻土上条状深层集中施（简称深集施肥法）的效果比表面撒施和全层施肥法增产效果好。苏打盐渍型水稻土施用氮肥，以用生理酸性的硫酸铵深层集中施用的方法最好，其次是尿素深层集中施，这两种方法是盐碱地水稻增产的有效施肥方法。

(2) 施用时期和用量　依据水稻需肥规律，苏打盐渍型水稻土施用氮素化肥时期和用量：①插秧后返青、分蘖至拔节期，是水稻生育需氮素高峰期，占吸收氮素总量的 50%左右。为此，氮素总量的 2/3 作底肥施用，以促进苗齐苗壮，增加有效分蘖率。底肥如用尿素，可与过磷酸钙混施。施后必须及时灌水泡田，7 天后换水，可减少氮素流失和挥发损失。如用硫酸铵一般泡田 5 天后可换水移栽秧苗，追肥可采取深层集中施肥法。②拔节到孕穗期一般吸收氮量约占吸收总量的 35.6%。

苏打盐渍土肥力属于中低水平，有机质含量 2%～3%，全氮 0.2%，全钾 1%～3%，全磷 0.1%。为了增加穗数，使穗大粒多，仍需追穗肥。孕穗期至抽穗期吸收氮量约占吸收总量的 9.5%，为了提高结实率、增加千粒重，需要补追氮肥。

(3) 增施有机肥　有机肥含有大量有机质，有利于生根保苗。有机质在分解过程中产生大量有机酸，一方面可以提高土壤的缓冲能力，降低土壤碱性；另一方面可加速养分分解，促进养分转化，提高养分的有效性。条件具备的地方可以大量采用秸秆还田的方法，减轻盐碱对作物的危害。

303. 抛秧种稻怎样合理施肥？

(1) 育秧田施肥技术　用育秧盘育苗，盘中装土 2.0～2.5 千克。施氮、磷、钾化肥按纯元素量各为 1 克作基肥。待秧苗长到 2～3 叶期时，每盘可追施硫酸铵 5 克，或硝酸铵 3 克，用水稀释 100 倍，用喷壶浇施，追肥后再用清水浇洗1次。

（2）本田施肥技术　本田施肥应做到有机肥与化肥配合施用。以基肥为主，追肥为辅。要掌握因土施肥的原则。沿江低洼地和山区涝洼地，土壤有机质含量较多，但熟化程度差，要适量施用氮肥，应多施磷钾肥，以防贪青倒伏和稻瘟病。每公顷宜施氮肥75～97.5千克、磷肥67.5～112.5千克、钾肥52.5～90千克。

在土壤有机质多、有机质熟化程度高和土壤肥力较高的稻田上，氮磷肥的用量要适中，一般应多施钾肥。氮、磷、钾比例以1∶0.7∶0.5～0.7为宜。即每公顷施氮肥90～112.5千克、磷肥60～75千克、钾肥52.5～75千克。氮肥应以40%～60%作基肥，其余作追肥施用。

土层较薄、有机质含量少、肥力又差的稻田，应多施氮肥，适当施用磷钾肥。化肥用量建议为，每公顷施氮肥90～150千克、磷肥75～135千克、钾肥30～52.5千克。氮肥以40%～60%作基肥，其余氮肥作蘖肥和穗肥施用。

为促进发苗，磷肥要全部作基肥。氮肥以50%～70%作基肥，余下的作追肥。钾肥可分两次施用，即70%作基肥，30%于幼穗分化期作穗肥使用。

304. 水稻旱育秧田怎样施肥？

（1）良好的氮素营养条件是培育壮秧的基础　水稻旱育秧是在早春低温条件下进行的。由于温度低，根系对矿物质营养的吸收能力弱，幼苗生长受到影响。

稻谷子粒中的含氮率不到1.7%，远不能满足培育壮秧的要求，必须依赖外界的氮素供应。在土壤氮素充足的条件下，幼苗吸入的氮素多，胚乳的消耗加快，幼苗干重超过原来种子干重的“超重期”提早，这是幼苗叶片同化和根的呼吸功能良好与秧苗生长健壮的一个标志。但氮施用过多，也会使秧苗生长软弱，降低抗逆能力。秧苗根系对氮素浓度的适应能力，一般与秧龄大小呈正比。如果生育初期秧苗吸氮过多，它会过分地促进地上部生长，影响根系活力，并使碳氮比降低，从而削弱秧苗素质，降低抗逆性。

（2）增加磷钾比例是旱育秧的重要措施　秧苗生长初期适当控制氮肥用量，增加磷钾肥比例，对培育壮秧和提高秧苗的抗寒性有较好的作用。在连年施用有机肥的基础上，结合整地，对化肥进行分层施用：将氮素化肥分布于秧苗根系所及的全层土中，而把磷钾肥料集中施于土壤浅层。由于磷离子在土壤中移动较慢，幼苗期间的根系分布又较浅，故应集中施在浅层。

磷肥具有促进根系生长和提高秧苗抗逆性的作用，尤其是低温年份，磷肥的效果更大。

(3) 秧田施足有机肥料，培肥地力极为重要　早春育秧由于温度低，肥料的分解和吸收缓慢，故需增施腐熟有机肥，以改善床土理化性质。一般每平方米需施山地腐殖土 15～20 千克，或草木灰 5～10 千克以及腐熟猪粪 10 千克。施硫酸铵 50 克、磷酸二铵 100 克、硫酸钾 50 克，均匀施入表土 10 厘米土层中。

305. 水稻旱作怎样施肥?

水稻旱作施肥技术，可分为底肥、种肥和追肥三种。

(1) 底肥　水稻旱作的根系向土壤深处生长，故施用底肥尤为重要。在翻地前，应将充分腐熟的优质有机肥均匀撒在地表，翻地时把有机肥翻压在土层中。在每公顷施用 22500～30000 千克有机肥的基础上，化肥施用比例应为氮磷 1∶1 或氮磷钾 1∶1∶0.5，即每公顷施用磷酸二铵 105～195 千克，加硫酸钾 45～75 千克作底肥，氮肥最好作追肥用。

(2) 种肥　整地时未施底肥的，可将底肥的全部或一部分，随着播种作种肥用。平播和垄上耕种时，应于开沟后，播种前将肥料施入沟内。应先滤施化肥后再滤施有机肥。单用化肥作种肥，特别是施用尿素，一定要深开沟，把化肥滤在沟底，肥上盖一层土再播种，以防烧苗和伤芽。

(3) 追肥　水稻旱作前期生育较缓慢，一定要重视早期追肥。可在稻苗 3～4 叶期追一次肥，并于孕穗再追一次肥。一般第一次追肥每公顷施尿素 105～150 千克，第二次追肥施尿素 45～75 千克。

追肥方法：平播地块应在行间用小尖镐开沟，深 10 厘米左右，将化肥施入沟内，盖土，保证肥料有效利用。垄作地块，可在垄帮开沟追肥。一般用小尖镐挖成浅沟，将化肥撒在沟底，随即盖上土。

306. 怎样提高水稻的化肥利用率?

提高水稻化肥利用率的方法包括以下几种：

(1) 推广测土配方施肥　各地围绕“测、配、产、供、施”五大环节，强化农企对接，推广专用肥套餐定制配送等服务模式，推进配方肥落地。测土配方施肥技术覆盖率超过95%。

(2) 推广“三新”集成配套　各地加强施肥新技术、新产品、新机具的融合配套，因地制宜推广“三新”技术配套模式，促进化肥利用率提高。例如，采用水稻侧深施肥技术，氮肥利用率平均提高3.7个百分点。

(3) 多元替代　鼓励引导农民开展粪肥就近就地还田、种植绿肥，加大微生物肥料推广力度，替代部分化肥投入。例如，推广大豆接种根瘤菌菌剂，在氮肥减量的同时，利用率提高约3个百分点。

(4) 采用“三控”施肥技术　实际应用证明，采用“三控”技术的水稻田，氮肥利用率可提高10个百分点以上，同时减少病虫害和农药使用量，节省氮肥20%左右。

(5) 推广智能化专家施肥推荐系统　各地培育专业化服务组织，推广智能化专家施肥推荐系统，提供智能化诊断、数字化配肥、机械化用肥“一条龙”科学施肥服务，促进施肥精准化。

307. 怎样根据计划产量计算水稻的施肥量?

确定水稻施肥量，主要以氮肥为主，相应地施用磷肥和钾肥。

化肥施肥量（千克/公顷）的计算公式：

$$\text{化肥施肥量}=\frac{\text{计划产量需肥量}-(\text{土壤供肥量}+\text{有机肥供肥量})}{\text{化肥中有效成分含量（\%）}\times\text{肥料利用率（\%）}}$$

式中，需肥量、供肥量都用产量乘每100千克经济产量的需肥量计算。

根据水稻对养分元素吸收的比例，由土壤有效养分、丰缺状况和肥料利用率三方面决定磷肥的用量。水稻在一般情况下需要的氮磷比约为1∶0.5（氮肥利用率为40%左右，磷肥利用率为20%左右）。

308. 硅肥对水稻有哪些作用?

水稻是典型的集硅、喜硅作物，对硅需求量较多。水稻体内硅酸含量约为氮的10倍、磷的20倍左右，土壤中硅的含量丰富，但水稻的吸收率极低。施用硅肥具有以下作用：

(1) 增加水稻产量，提高水稻的品质　北方稻田土壤大多数是白浆土、草甸土，老稻田每年从土壤中摄取大量的硅，致使稻田严重缺硅，水稻生长不良，茎秆细长软弱，叶片由直立型变成垂柳叶，空秕粒多、千粒重下降、易倒伏，易发生稻瘟病、二化螟等病虫害。近年来的研究表明，在施用氮、磷、钾肥的基础上，施用硅肥可进一步提高产量。土壤中速效硅含量愈低，施硅肥增产效果愈明显。硅肥对水稻增产一般在10%～15%。

（2）改善水稻的株型，提高光能利用率　水稻吸收硅以后，形成硅化细胞，增强细胞壁强度，使植物机械组织发达，株型挺拔，茎叶直立，叶片伸出角度小，有利于通风、增加透光和密植，促进光合作用的进行和提高光合作用的效率，且有利于有机物的积累，从而增加稻谷的产量。

（3）增强水稻的抗病性　施用硅肥能增加水稻表皮细胞的坚韧性，提高对病菌侵入的抗性。硅化细胞的形成使水稻表层细胞壁加厚，角质层增加，从而增强对病虫害抵抗能力，特别是对稻瘟病、水稻纹枯病、水稻胡麻斑病等有比较显著的作用。

（4）提高水稻抗倒伏和根系氧化能力　硅素能够增强植株基部秸秆强度，使水稻导管的刚性增强，提高水稻体内部通气性，从而增强根系的氧化能力，防止根系早衰与腐烂，根系的发达能增强水稻的抗倒伏能力。

（5）增强水稻抗寒抗低温能力　水稻植株中的硅化细胞能够有效地调节叶面气孔开闭及水分蒸腾。施用硅肥料，可以增强水稻的抗旱、抗寒及抗低温的能力。

（6）活化土壤中的磷和提高水稻磷肥利用率　硅能够减少磷肥在土壤中的固定，同时活化土壤中的磷，促进磷在水稻体内运转，从而提高磷肥的利用效率和水稻结实率。施硅酸钙能提高土壤 pH 值和钙离子的浓度，降低铝离子的浓度，减少磷的吸附和固定，提高磷的有效性。

309. 怎样施用硅肥？

水稻施用硅肥的方法包括基肥和追肥两种方式。

（1）基肥　硅肥一般作为基肥使用，通常在水稻插秧前旋地时全田撒施。可以将硅肥与农家肥等有机肥混合使用，也可以单独使用。施用量一般为每亩 6 千克左右，力求撒施均匀，并结合耙耕整地施入土壤。

（2）追肥　追肥以叶面喷施为宜，特别是在水稻分蘖盛期，可以使用高效速溶硅肥进行根外喷施。每次每亩喷施量约为 100 克，连续喷施两次，每次间隔 10～15 天。

310. 硫对水稻有哪些作用？

硫是水稻生长不可或缺的营养元素之一，对水稻的生长和产量有着显著的影响。硫元素在水稻体内主要以硫酸盐的形式被吸收利用，参与氮素代谢，影响蛋白质的正常代谢和合成。作用包括以下几方面：

（1）促进生长和增产　硫是蛋白质、氨基酸、酶和辅酶等关键物质的重要组成成分，充足的硫营养能够促进水稻生根，使根系更加发达，增加叶片面积和厚度，从而提高光合作用效率，增加干物质积累，最终提高产量。

（2）增强抗逆性　硫元素能够提高水稻对不良环境的抵抗能力，增强其抗寒性和抗旱性。硫还能促进维生素、生物素和糖类的合成，这些物质有助于提高水稻的抗逆性。

（3）改善品质　硫元素对水稻的品质也有积极影响。它能够减少硝酸盐的积累，降低作物对砷、溴、锑等有害物质的吸收，从而改善稻米的品质和风味。

311. 水稻怎样施用硫肥？

水稻施用硫肥的方法包括土壤施肥和叶面喷施两种方式。

（1）土壤施肥　硫肥可以作为基肥施用，结合耕地翻入土壤效果更好。在水稻生长的关键时期（如分蘖期和拔节期），适时补充硫肥可以提高其吸收效率。

（2）叶面喷施　在水稻生长后期，可以通过叶面喷施含硫肥料来补充硫元素，这种方法操作简便，效果显著。

312. 水稻缺锌有什么症状？

水稻缺锌症状，一般出现在插秧后 20 天左右。水稻缺锌，先在下部叶片中脉区出现褪绿黄白斑，上生红褐色斑点和不规则斑块，后逐渐扩大成红褐色条斑，自叶尖向下变红褐色干枯，并自下叶向上叶依次出现。病株出叶速度缓慢，新叶短而窄小，叶色较淡，特别是基部中脉附近褪成黄白色。重病植株叶枕距缩短或错位，明显矮化丛生，很少分蘖，田间常表现参差不齐。根系老朽，呈褐色。根据植株形态以及土壤和植株含锌量，可分为下列四种类型：

（1）生长正常　叶色浓绿，叶片没有斑点，生长整齐，叶片宽大，土壤有效锌含量高于1毫克/千克，植株叶片含锌量高于20毫克/千克。

(2) 轻度缺锌　叶色绿，在分蘖期茎部老叶出现少量斑点，这种症状一般维持半个月左右即消失，土壤有效锌含量0.5～1.0毫克/千克，植株叶片含锌量为15～20毫克/千克。

(3) 中度缺锌　叶色深绿，茎部1～2层老叶出现较多的褐斑，有的植株新叶中筋失绿变白，生长缓慢。这种症状能维持20天左右或更长，大雨后缺锌症状逐渐减轻或消失，有时基部老叶仍有少量褐色斑点，土壤有效锌含量为0.3～0.5毫克/千克，植株叶片含锌量为10～15毫克/千克。

(4) 严重缺锌　新叶中筋失绿变白，其他叶片出现大量褐斑，基部叶片全部呈褐色，生长受抑制，新叶变小，叶枕间距离短，植株矮小，根系细弱。雨季后症状虽有好转，但仍不能恢复正常，缺锌症状延续到抽穗成熟期。有的植株不能抽穗或仅抽出一小穗，参差不齐，迟熟，造成严重减产。土壤有效锌含量为0.3毫克/千克左右，植株叶片含锌量为10毫克/千克左右。

313. 水稻在什么情况下有缺锌症状?

水稻缺锌原因主要有：

① 农户认为锌对水稻产量影响不大，忽视定期补锌，导致土壤缺锌。

② 农户对缺锌土壤识别力较差，石灰性冲积土、pH>7.9的水稻土、冷浸田、白浆土、有机质含量过高或过低的土壤都易缺锌。

③ 长期过多施用磷肥，造成土壤中速效磷含量过高，会诱发土壤缺锌。因为磷、锌之间存在“拮抗作用”，所以会降低土壤锌的有效性。

④ 在秧田期和移栽后的一个月内，气温、地温都较低（30℃是土壤锌活化的最适温度），土壤中微生物活力差，土壤中锌难以转化为有效态影响水稻对锌的正常需求。

314. 稻田怎样施用锌肥?

土壤中锌供应不足时，施用锌肥的水稻株高、穗长增加、穗粒数增多。施用锌肥要注意以下三方面。

(1) 锌肥施用时期和方法　水稻缺锌症状多在苗期表现，中后期逐渐缓和甚至消失。一般缺锌的土壤，在每年施一次农家肥、每公顷用量为45立方米的基础上，还可通过浸种或拌种、秧田喷施、秧根蘸锌肥、叶面喷施和追施等措施补锌。

直播水稻可用锌肥处理种子。

① 氧化锌拌种方法。将浸泡好的水稻种子，在催芽时用1%～1.5%的氧化锌拌种和包衣（按干种子用1.0%的氧化锌、湿种子用1.5%的氧化锌）。

② 硫酸锌浸种。即水稻种子用清水浸泡一天后，放入0.1%～0.3%硫酸锌溶液中再浸泡24～48小时（早、中稻48小时，晚稻24小时）。

叶面喷施用0.1%～0.5%的硫酸锌溶液，直播田可在五叶期、分蘖末期各喷一次。移栽田可在分蘖初期、分蘖末期各喷一次。必须注意叶面喷肥要保证肥液在叶面上的滞留时间，以使植株充分吸收利用。因此，要选择晴天上午8～10时，或下午3～6时进行喷肥，喷肥后遇雨应重喷一次。

锌肥蘸秧根能集中利用锌肥，效果非常好。稻苗移栽时用2%～4%的氧化锌溶液（加适量干细土兑水调成浆状），随蘸随插。

（2）锌肥施用量　一般缺锌田每公顷施用硫酸锌15千克，严重缺锌田每公顷施用硫酸锌30千克。

（3）水稻施锌肥后效和施肥周期　水稻田施锌肥有较好的后效，可以隔年施用一次。

315. 怎样判断稻田是否需要施用锌肥?

稻田是否缺锌，主要取决于土壤有效锌的含量。测定土壤有效锌含量方法和鉴定指标是：碱性、中性土壤用DTPA浸提测定，当速效锌<0.5毫克/千克时为缺锌。在酸性土壤用0.1mol/L盐酸浸提，当速效锌<1毫克/千克时为缺锌。土壤酸碱度及碳酸盐含量等是影响土壤中锌的有效性的主要因素，含碳酸盐矿物多的石灰性土壤上，锌多不能被作物吸收利用；在有机质多的土壤上，有时因锌被有机质所固定，表现出缺锌；还有施磷过多时，也会导致缺锌，这是由于土壤中锌与磷酸形成难溶性磷酸锌沉淀而引起磷锌拮抗，降低锌的有效性。

在缺锌的稻田，锌肥作本田基肥施用或于苗期叶面喷施均有效果，一般可增产5%～10%。用硫酸锌作基肥时，每公顷施用量为15千克，每2～3年施用一次。如在水稻生育期间发现缺锌症状，应及时进行叶面喷施，用硫酸锌配成0.2%的水溶液，每公顷喷施450～600千克溶液。

三、小麦

316. 小麦的生长习性是什么？具有什么需肥特点？

小麦是一年生禾本科植物，温度适应性强：小麦适合在温带地区生长，喜欢阳光，属于温带长日照植物。其生长地纬度范围广泛，跨北纬18°～50°。小麦的生长期可分为幼苗期、分蘖期、生长期、抽穗期、灌浆期和成熟期。现在栽培的小麦种子普遍无休眠期，播种后即可发芽，具有较强的耐旱和耐寒能力，适应性强。冬小麦一般在10月播种，经过冬季的低温春化阶段，第二年春季5～6月份收获。春小麦主要在甘肃、宁夏、陕北、内蒙古等地种植。

小麦的需肥特点主要体现在对氮、磷、钾等大量元素的阶段性需求差异，以及微量元素和有机肥的综合调控作用。

(1) 氮素需求　小麦对氮的吸收呈现双峰特征：①出苗至拔节期吸收量占总量的40%，用于促进分蘖和茎叶生长。②拔节至孕穗开花期吸收量占30%～40%，直接影响穗粒数和产量。

氮肥不足会导致植株矮小、分蘖少，但过量易引发徒长和倒伏。

(2) 磷素需求　①分蘖期和幼穗分化期是磷需求的关键阶段（占总吸收量的30%），直接影响根系发育和成穗率。②孕穗至成熟期吸收量占比达40%，促进籽粒灌浆。

磷肥不足易导致根系弱、分蘖减少，需通过底肥和追肥补充。

(3) 钾素需求　①拔节至孕穗开花期吸收量占比高达60%，增强茎秆强度、提高抗倒伏能力。②后期促进光合产物运输，提升千粒重。

(4) 微量元素需求　如钙、镁、硼、锌等对细胞壁稳定性、光合作用和花粉萌发有重要作用，可通过叶面喷施补充。

(5) 有机肥需求　有机肥（如堆肥、厩肥）可改善土壤结构，提供缓释养分，需与化肥配合使用。

317. 氮、磷、钾元素对小麦生长有哪些生理作用？

氮能促进小麦分蘖和茎、叶生长，有利于叶绿体的增长和光合作用的进行。在幼穗分化期，充足的氮并配合适当的磷、钾，有利于形成大穗，增加小穗数和小花数，提高结实率。

磷能加速小麦的生长发育，并促进成熟。在小麦扬花灌浆阶段，磷素营养充足，对增加千粒重、提高籽实产量有重要作用。

钾能促进小麦碳水化合物的形成与转化，促使叶中的糖分积累，增强小麦的抗逆能力。

氮、磷、钾三要素不足对小麦的影响极大。氮肥不足时，产量显著下降，籽实中蛋白质含量低，品质低劣。磷肥不足也严重影响产量，因为小麦对土壤中的难溶性磷吸收能力低。钾不足时，作物体内含糖量低，耐寒和抗旱性能差。只有同时满足小麦对氮、磷、钾三要素的需求，才能保证正常生育，为小麦的优质高产创造条件。

318. 小麦缺素症的表现如何?

缺氮：植株矮小细弱，叶黄绿，尖端变黄，分蘖少，茎细弱发红，茎有时呈淡紫色，穗形短小，千粒重低。

缺磷：叶片暗绿，带紫红色，无光泽，植株细小，分蘖少，次生根极少，茎基部呈紫色。

缺钾：初期，叶片呈蓝绿色，叶质柔弱，并卷曲，以后老叶的尖端及边缘变黄，变成棕色，叶尖、叶边干枯，全叶随之枯死，呈烧焦状。秆短而弱，易发生倒伏。籽粒不充实，分蘖不规则，或穗少。

缺钙：植株生长点及叶尖端易死亡，幼叶不易展开，幼苗死亡率高，叶片呈灰色，已长出叶子也常现失绿现象。

缺镁：植株生长缓慢，叶呈灰绿色，有时叶脉间部分发黄，幼叶在叶脉间形成缺绿的条纹或整个叶片发白，老叶易早枯。

缺硫：植株常常变黄，叶脉尤甚，但老叶往往保持绿色。植株矮小，成熟延迟。

缺锌：叶的全部颜色褪淡，叶尖停止生长，叶片失绿，节间缩短，植株矮化丛生。

缺钼：叶片失绿黄化，先从老叶的叶尖开始向叶边缘发展，再由叶缘向内扩散，先是斑点，然后连成线和片，严重者黄化部分变褐，最后死亡。

缺硼：分蘖不正常，严重时不出穗，或者只开花不结实。

缺铜：叶子失绿，老叶多弯曲，灌浆很差，成熟期延迟，籽粒秕。

缺锰：叶片柔软下披，新叶脉间条纹状失绿，由绿黄到黄色，叶脉仍为绿色；有时叶片呈浅绿色，黄色的条纹扩大成褐色的斑点，叶尖出现焦枯。

319. 小麦吸收各种养分的高峰是什么时期？

小麦吸收氮、磷、钾的高峰期各不相同。氮素在分蘖期吸收得少，到孕穗期以后迅速增加，到乳熟期又减少。磷在生育初期的吸收比例小于氮，吸收高峰期在抽齐穗时。钾在分蘖初期比氮、磷吸收得都少，过了这个时期之后急剧增加，在抽齐穗时达到最高值，以后又减少（表 3-1）。施用各种肥料均需在小麦吸收养分高峰期之前，才能满足正常生长发育的需要。

表 3-1　小麦吸收养分状况（对最高养分吸收量的百分比/%）

养分	分蘖初期	分蘖盛期	孕穗期	齐穗期	乳熟期	完熟期
N	15.5	52.0	92.4	97.2	99.7	100.0
P_2O_5	7.8	26.9	84.6	100.0	93.0	93.1
K_2O	4.9	24.4	80.3	100.0	64.0	58.4

320. 小麦怎样施用种肥？

种植小麦，需要施足、施好种肥，对于小麦苗齐、苗壮、抗旱、抗寒、加速生育、早熟高产具有重要作用。

（1）化肥拌种　最适于与种子混拌播种的氮肥是硫酸铵。硫酸铵吸湿性小，不容易挥发、分解，对种子萌发和幼苗出土均无不良影响。肥料和种子都必须充分干燥，而且要随拌随播。每公顷用量一般为 60～75 千克。

用尿素拌种时，用量不能过多，因为尿素中含有缩二脲，易伤害种子。尿素在氨化过程中产生的氨气对种子也有毒害，所以用量不得超过 52.5 千克。

粒状过磷酸钙、重过磷酸钙也可拌种施用，一般每公顷用量粒状普通过磷酸钙为 45～75 千克，重过磷酸钙 22.5～37.5 千克，先与 1～2 倍细干的有机肥料拌匀，再与浸种阴干后的麦种放在一起搅拌，随拌随播。质量差，特别是游离酸含量高的过磷酸钙不宜拌种施用。

磷酸二氢钾是一种优质磷、钾复合肥，用作种肥，可以改善小麦苗期的磷、钾营养，促进根系下扎。用磷酸二氢钾 500 克，兑水 5 千克，溶解后拌麦种 50 千克，拌匀堆闷 6 小时播种。

（2）分箱施肥播种　装有肥料箱的播种机，可以分箱施肥播种，输肥箱与输种管可插入同一开沟器内的不同位置，肥与种子同时播下，由于肥和种的接触机会比拌种少，这种施肥方法，可以增加施肥量。

(3) 单独施肥　当拌种和分箱施肥都达不到预计施肥量的情况下，要采用单独施肥的方法。在播种前单独播肥，施肥深度以施于种子斜下方 2～3 厘米为好，种子扎根时，不致引起烧苗，施肥量可较拌种的增加 1～2 倍。

321. 春小麦怎样进行追肥?

春小麦生育期短，追肥的效果一般不如种肥，所以多数不提倡施用追肥。追肥只作为补充基肥或种肥不足的一项辅助增产措施。

春小麦追肥以早为好，第一次追肥在三叶期到分蘖期，大约占追肥量的 2/3，如土壤水分适宜或追肥结合灌水松土，可获得较好效果。一般每公顷施尿素 75～112.5 千克，多用播种机施肥，与苗带成 15°～25° 角播入。在没有追肥工具的情况下，可用于扬施，然后用松土器松土，或把肥料耙入土壤中，但应注意不要在雨后或有露水时扬施，以免肥料粘到叶面上，造成烧伤。拔节期进行的第二次追肥，称为拔节肥，一般轻施，大约占追施量的 1/3。

322. 怎样施用硼肥防治小麦不稔症?

有些土壤因有效硼含量低，小麦发生不稔症。据测定，当土壤中有效硼含量低于 0.2 毫克/千克时，就会导致小麦硼素营养不良，引起花药瘪秕，雄蕊退化，花粉败育，不能正常授粉结实，严重的影响产量。

在缺硼的土壤上施用硼肥，可防治小麦不稔症，硼肥的施用方法：

(1) 种肥　每公顷用 7.5～15 千克硼砂，均匀地搅拌在过磷酸钙里制成颗粒肥，在播种时随种子施入土中。也可进行拌种，用硼砂 10 克，兑水 5 千克，溶解后拌麦种 50 千克，可使小麦增产 10% 以上。

(2) 叶面喷肥　追肥不宜过晚，最好在分蘖与拔节期进行两次喷施，硼酸浓度为 0.02%～0.025%，硼砂浓度为 0.03%～0.05%。每公顷喷洒溶液 450～750 千克。

323. 冬小麦的需肥特点是什么?

冬小麦的需肥特点主要包括对氮、磷、钾的需求量较大，且需求量随生育期变化。

冬小麦和春小麦不同，生育期较长，冬小麦在生长发育过程中需要氮、磷、钾等多种元素。据分析，每生产 50 千克小麦，需从土壤中吸收氮素约1.5千克、P_2O_5 0.5千克、K_2O 1.5千克，氮、磷、钾三要素比例约为3∶1∶3。

不同地区和品种的小麦对养分的吸收量有所不同，但总体上，小麦对氮的吸收有两个高峰：一是在出苗到拔节阶段，吸收量约占总氮量的40%；二是在拔节到孕穗开花阶段，吸收量约占总氮量的30%～40%。磷和钾的吸收量则随生长推移而增多，磷在孕穗到成熟期吸收最多，钾在拔节到孕穗、开花期吸收最多。

冬小麦与其他作物相比，对肥料的需要有以下几个显著特点：①对土壤肥力的依赖性很大，故施肥对其高产举足轻重；②氮肥用量不宜过大，否则易造成前期生长过旺，后期倒伏减产；③小麦对磷特别敏感，如果3叶期缺磷，会导致次生根少，分蘖延迟或不分蘖。3叶期后缺磷，会延迟抽穗、开花和成熟，使穗粒数减少，千粒重下降。此外，小麦虽然吸收锌、硼、锰、铜等微量元素的绝对数量少，但这些微肥对其生长发育却起着十分重要的作用，也应该注意适时施用。

324. 冬小麦越冬前怎样施肥?

越冬前的施肥，包括施足底肥、补施种肥、冬前追肥三个环节。

冬小麦自出苗到拔节，植株生长的中心是根、叶和分蘖。小麦是对磷反应敏感的作物，为了保证小麦前期良好的磷营养条件，磷肥多以基肥和种肥施用，对于北方冬麦区来说，增施磷肥，可促进早生健壮分蘖。同时，促使植物体内积累较多的糖分，增强抗寒性，有利于小麦安全越冬，为来年返青准备好物质条件。苗期适当地追施氮肥，可以增加早期分蘖，有利于培育壮苗，但也不可使苗生长过旺，过旺往往引起前期徒长，后期倒伏。

325. 对冬小麦如何追返青肥?

小麦返青以后，随着气温的升高，地上部迅速生长，对氮、磷、钾的需要量较前期显著增加，这一阶段的生长中心仍然是根、叶和分蘖，追返青肥是春季追肥的关键，对于巩固年前分蘖，适当争取一部分春季分蘖和提高有效分蘖均有一定效果。返青肥的种类以速效性氮肥为主，配合磷、钾肥。每公顷施硫铵75～150千克，过磷酸钙75～150千克，如每公顷施硫铵225千克以上，可分返青、拔节期两次施用。在数量分配上，要掌握“前重后轻”，即返青肥多施、拔节肥少施的原则。

326. 冬小麦从拔节到开花阶段的施肥原则是什么？

小麦在这一阶段对养分的吸收率增长最快。植株进入孕穗期，生长中心转为茎和幼穗。此期如能满足植株对养分的需要，使营养物质大量运转至茎叶和幼穗，可促使秆壮穗大，这一阶段主要是增强氮素营养。一般在前期适当控制的基础上，重施拔节肥，有利于小花分化，减少不孕小穗小花数，增加结实数。拔节肥的具体用量和施用日期，要根据地力和苗情等灵活掌握。

327. 冬小麦后期怎样追肥？

（1）科学施肥　根据苗情和土壤肥力状况进行施肥，避免过量施肥导致烧苗或无效分蘖增多。

（2）补充微量元素　适量补充硅、锌、硼等微量元素肥料，以提高小麦的抗病能力和产量。

（3）结合浇水　在土壤墒情不佳时，结合浇水进行施肥，以提高肥料的吸收效率。

四、谷子

328. 谷子的需肥特点是什么？

谷子是密植作物，籽实和谷草营养均很丰富。植株繁茂，根系发达，并在土壤浅层伸展，需要从表层土壤中吸收大量养分。据资料介绍，每生产 100 千克春谷籽粒，约从土壤中吸收氮 4.7 千克、磷 1.6 千克、钾 5.7 千克；每生产 100 千克夏谷籽粒，约吸收氮 2.5 千克、磷 1.2 千克、钾 2.4 千克。谷子一生需肥的规律是苗期和成熟期需肥较少，拔节至抽穗期需肥多。

氮肥能促使茎叶繁茂、穗大粒多。谷子在拔节前由于苗小，生长缓慢，吸收氮量很少。自拔节到穗分化期的一个月内，由于茎叶生长和幼穗发育同时进行，吸氮量迅速增加，此期氮素吸收量占全生育期吸收总量的三分之一。抽穗到开花期，谷穗迅速生长，吸收氮量占吸收总量的 20％，以后对氮素的吸收很少。

磷肥能促进谷子发育和成熟。开花后若磷肥充足，有降低秕粒率、增加千粒重的作用。谷子对磷素吸收最多的时期与对氮素吸收最多的时期是一致的。拔节到穗分化期的吸收量占一生吸收总量的 50％，抽穗到开花阶段的吸收量约占吸收总量的20%。

谷子生育前期即幼穗分化阶段，从土壤中吸收的磷素，大量积累在幼嫩的新生组织如茎、叶、幼根及幼穗中，开花灌浆以后籽粒中需要大量的磷素，主要是依靠前期植株中积累的磷素向籽粒中转移。所以生育前期的磷素营养条件对产量有重大影响。

钾肥能增强谷子茎秆的韧性、减少倒伏、提高抵抗力。同时还有促进养分向籽粒输送，增加籽粒重量的作用，谷子对钾素的吸收在抽穗前最多。

329. 氮、磷、钾三要素对谷子生育有什么影响？

氮是构成谷子植株体内蛋白质和叶绿素的主要成分。氮不足时谷子叶片小、叶色发黄、植株矮小、穗发育不良、穗小粒少产量低。相反，氮肥过多时茎叶徒长柔弱、易倒伏、抗逆性差、晚熟、产量低，因此谷子整个一生中都需要维持一定水平的氮素营养。

磷是谷子生长发育的重要营养元素，在谷子生育各阶段都不能缺少，尤其是生育前期。前期缺磷时叶色发红，根系弱，生长缓慢，致使穗小粒少秕粒多，所以施用磷肥最好在播种期或苗期。

钾对谷子茎秆的形成和籽粒灌浆的快慢都有影响，缺钾时叶色变黄、叶干枯、茎叶组织软弱、植株矮小，抗倒伏、抗病能力弱。谷子从拔节期开始，需钾量逐渐增加，抽穗后逐渐减少，因此钾肥也以播种时施足为宜。

一般地讲，春谷比夏谷对土壤养分的需要量多，尤其是对磷、钾的需要，往往随着产量的增加而增加。夏季是高温季节，生长速度比春谷快，所以对氮素的吸收量相对也较多。

330. 谷子怎样施肥？

谷子具体施肥措施包括三方面，分别是①基肥，以农家肥为主，混过磷酸钙，翻地或起垄时施入；②种肥，亩施适量磷酸二铵与氮肥，促谷苗生长；③追肥，苗高一定时，距苗眼一定距离开沟，均匀撒氮肥后埋土，深施增效。种肥大多施用充分腐熟的农家肥料或者化肥。化肥最好是氮、磷或氮、磷、钾配合施用，每公顷施硫铵75千克、硝铵37.5～52.5千克或尿素37.5千克，配合过磷酸钙75千克左右。如用硝铵作种肥，可以直接与种子混拌播种。硫铵、尿素或过磷酸钙则要分别施肥和播种。

此外，在成熟期也可以采用叶面喷肥的方式，具体操作如下：

磷酸二氢钾：抽穗至灌浆初期喷施0.2%～0.3%溶液，每7～10天一次，连续2～3次，促进增加千粒重和抗逆性。

锌硼元素：硫酸锌和硼砂分别配制成0.1%～0.2%溶液喷施，提升结实率和饱满度。

331. 谷子怎样追肥?

追肥对谷子的增产作用极为显著。

谷子需肥盛期在拔节-抽穗、抽穗-成熟期。最适宜的追肥时期为拔节期，连枯萎小叶在内，植株展开10～12个叶片时，结合耥二遍地追肥最好。在肥力较差和种肥不足的地块上，适时早追极为有效。一次追肥的每公顷追施尿素75～112.5千克或硝铵112.5～187.5千克，追肥量多时可分两次追肥，第一次追肥在拔节期，第二次追肥在孕穗前进行，以促使籽粒饱满，增加千粒重，减少秕粒。两次追肥的数量分配应当是前重后轻，各为2/3和1/3。

用尿素、碳铵、氨水作追肥施在地表容易挥发损失，必须深追覆土，宽苗眼谷子由于覆不上土，最好用硝铵或硫铵作追肥。

谷子除了进行土壤施肥外，叶面喷肥也有一定效果，叶面喷肥是补充谷子后期营养的有效措施。据试验，在谷子拔节初期，用尿素进行根外追肥，谷粒和谷草都可增产。

五、高粱

332. 高粱的需肥特点及各生育期对肥料的需求如何?

高粱对肥料的需求较为敏感，对钾的需求最多，其次是氮，最后是磷。

高粱的生育期可以分为三个阶段，每个阶段对肥料的需求有所不同：

(1) 生育前期（苗期） 从出苗到第一片真叶展开前，高粱主要依靠种子中贮存的养分。出苗到拔节期吸收的氮、磷、钾仅占全生育期总量的13.7%、12.0%和20.0%。此时，氮、磷充足有利于根系生长，增强抗旱性。对于分蘖品种，加强氮素营养可促进分蘖。

(2) 生育中期（旺盛期） 从拔节到开花期，高粱生长迅速，对养分的需求急剧增加。这一阶段吸收的氮、磷、钾分别占全生育期总量的63.5%、86.5%和73.9%。充足的氮素供应可以促进幼穗形成更多的小穗和小花；磷素对小花形成和籽粒重量有重要作用；钾素促进碳水化合物的形成和转运，促进茎秆坚韧，防止倒伏。

（3）生育后期（成熟期） 在籽粒形成期，高粱继续从土壤中吸收养分，并依靠营养器官中积累的养分转移。开花至灌浆阶段吸收的氮、磷、钾占全生育期总量的22.8%、1.5%和6.1%。适当供给氮素可以提高籽粒中蛋白质的含量；磷和钾促进营养物质的转移，使籽粒大而饱满。

333. 高粱怎样施用种肥？

过去种高粱多以优质的有机肥料作种肥，随着机械化的发展和化肥使用数量的增加，高粱的种肥已由单一的施用有机肥料改为有机肥料和化肥配合施用，或以化肥代替有机肥。生产实践证明，高粱施用种肥是经济有效的，用肥量少，增产效果大，省工又方便。

高粱施磷肥作种肥有明显增产效果；氮、磷肥配合施用比单独施用效果好。

种肥的施用方法是在播种时将肥料条施于播种沟的一侧，覆一层土以后播种。要注意不能使种子和化肥接触，以免影响种子发芽，或引起烧苗。

334. 高粱什么时期追肥效果好？

根据高粱的生长情况适时进行追肥，是争取高产的主要措施之一，尤其是在基肥和种肥不足的情况下进行追肥就更有必要。

高粱拔节以后，由于营养器官和生殖器官旺盛生长，植株吸收养分的数量急剧增加，是一生中吸收养分数量最多的时期。应用^{32}P测定，高粱拔节期吸收的磷占一生吸收总量的40.7%，为孕穗挑旗期的两倍，为开花灌浆期的七倍左右。在拔节期或拔节前追肥，满足高粱拔梗与小穗小花分化对养分的需要，可显著增加拔梗与小花数，从而增加穗粒数。拔节期追肥不仅能促进幼穗分化，而且能增进茎叶组织细胞分裂，使茎秆加粗，中上部叶片增大。

在生育期较长的地区，如果肥料数量多（每公顷375千克以上），或后期易脱肥的地块，应分两次追肥。两次追肥的数量分配应是前重后轻，即重施拔节肥，施肥量为总量的三分之一；轻施挑旗肥，以减少小穗小花的退化，增加结实粒数与粒重，并防止早衰。

335. 高粱如何追肥？

高粱的追肥方法包括基肥、种肥和追肥，具体如下：

（1）基肥　在播种前结合耕耙田地亩施 2000～3000 千克有机肥、15～25 千克过磷酸钙和 10～20 千克钾肥作为底肥。基肥的施用方法包括撒施和条施。

（2）种肥　亩施 1000 千克腐熟的稀粪水或少量的氮素化肥（如尿素），有利于培育全苗、壮苗。

（3）追肥

① 拔节期。当叶片的展开量达到 2/3 时，亩施 5～8 千克钾肥和 40 千克碳铵，可促进穗分化、减少小花退化，实现穗大粒多。

② 大喇叭口期。追施尿素，促进幼穗发育。

③ 孕穗期。轻施孕穗肥，结合中耕培土，有利于防风防涝。

④ 抽穗期和灌浆初期。可喷施 0.1%磷酸二氢钾或 2%尿素，促进早熟，增加产量。

追肥原则：追肥原则为“前重后轻”，即拔节期重施拔节肥，孕穗期轻施孕穗肥。施肥方法包括开沟条施、穴施和撒施，撒施时必须配以深中耕或浇水，使肥效充分发挥。

追肥方法：可根据种植密度采用条施或埯施法。条施是在距植株 6 厘米处开 10～13 厘米深的沟，施肥后覆土，埯施也要刨坑深施覆土。即使结合耥地追肥，也要先开沟或刨埯深施覆土后再耥地，以免盖不上土而损失养分。

追肥量和时间：高粱在不同生育期的需肥量不同。苗期至分蘖期需肥量较少，拔节期吸肥量最高，约占 47%，孕穗期至挑旗期约占 24.6%，开花灌浆期需肥量最少，约占 7.3%。因此，追肥应在拔节期进行，有条件的情况下，孕穗至挑旗期再进行一次追肥。

336. 高粱高产的施肥原则和方法是什么？

高粱的施肥需要遵循轻施肥的原则，合理使用一定的有机肥，需要注意的是，在使用有机肥作为基肥时，需要保证腐熟，施肥时可以使用一定的石灰粉，有效杀灭粪肥中的虫卵。

高粱种植过程中落实配方施肥、平衡施肥、分期施肥及按需施肥结合的原则。种植时需要施足基肥，底肥最好选择农家肥，也可以适当搭配磷酸钙、尿素及复合肥，选择沟施或窝施。高粱拔节后生长旺盛，需要消耗大量养分，这也是需肥量最多的时期。通常抽穗前 7～10 天施用拔节孕穗肥，一般每亩地为 1000 千克农家肥和 10 千克尿素；头季高粱收获前 7～10 天施加 1000 千克的农家肥作为促芽肥。

高粱的施肥方法需要根据土壤肥力、气候条件、高粱品种等多种因素进行调整。不同的施肥方法有各自的优缺点，需要结合实际情况进行选择。通过合理的施肥，可以有效地提高高粱的产量和品质。高粱高产施肥方法包括以下几个方面：

（1）基肥的施用　高粱基础肥施用时要根据土壤肥力、高粱品种、气候条件等因素进行调整。通常在春季犁地前施用有机肥，如畜禽粪肥、绿肥等，可增加土壤肥力。在播种前施用复合肥，可以提供高粱生长所需的氮、磷、钾等营养元素。

（2）追肥的施用　高粱的生长期较长，需要进行追肥，以保证高产。在高粱生长过程中，应根据生长期进行施肥。初期生长时，以氮肥为主，增加植株叶面积，促进生长。进入生育期后，应适量追施磷、钾肥，以促进籽粒形成和增加产量。

（3）叶面肥的施用　叶面肥适用于高粱生长中后期，可以促进植株生长和开花结果，提高产量和品质。叶面肥通常是通过喷洒、施粉等方式进行施用，对高粱植株的生长起到了很好的作用。

（4）微量元素肥的施用　微量元素肥包括铁、锌、铜、锰等，这些元素虽然需求量很少，却对高粱生长起到了至关重要的作用。在生长期后期，适量施用微量元素肥，可以提高高粱的产量和品质。

第二节　大田经济作物

一、大豆

337. 大豆的需肥特点是什么？

每形成 100 千克大豆籽粒需要氮素 6.6 千克、磷素 1.3 千克、钾素 1.8 千克，相当于 19.4 千克硝酸铵、7.2 千克过磷酸钙、3.6 千克硫酸钾的养分含量。大豆在不同的生育期吸收氮、磷、钾的数量不同。出苗到开花期吸收的氮占一生吸收氮量的 20.4%、磷占 13.4%、钾占 32.2%；开花期到鼓粒期吸收氮为 54.6%、磷 51.9%、钾 61.9%，鼓粒期到成熟期吸收氮为25.0%、磷34.7%、钾5.9%。由此可见，大豆各生育时期都需要相当数量的氮、磷、钾营养。总的来说就是大豆苗期需少量氮促生长，磷促根系发育；花荚期为大豆氮、磷、钾吸收高峰（占总量60%左右），需重点追肥；在鼓粒期需持续供钾防早衰，适量补氮保产量。

大豆对氮的吸收量，从始花至结荚期，占一生总吸收量的1/2，所以花期追施氮肥，有明显的增产效果。大豆对磷的吸收虽然以开花结荚期最多，但苗期磷素营养十分重要，所以磷多作底肥和种肥施用。大豆幼苗至开花结荚期对钾的吸收量占一生吸收量的90%，所以钾肥也应作基肥或种肥施用。

除氮、磷、钾外，微量元素钼在大豆生育中也有重要作用，主要是促进大豆根瘤形成和发育，增强其固氮能力，还能增强对氮磷的吸收和转化。大豆需钙也较多，钙的作用主要是促进生长点细胞分裂，加速幼嫩组织的形成和生育。

338. 大豆的施肥方法是什么？

大豆的施肥方法主要包括基肥、种肥和追肥，具体施肥量和时间根据土壤肥力和大豆生长阶段有所不同。主要施肥方法如下：

（1）基肥　基肥应以有机肥为主，辅以适量的化肥。有机肥可以改善土壤结构，提供持续的营养供应。每亩施用腐熟的农家肥2000～3000千克、磷酸二铵20千克、钾肥20千克、硼肥1千克、锌肥1千克。在播种前施用，主要满足大豆生长初期的营养需求。

（2）种肥　种肥一般在播种时施用，常用的种肥包括磷酸二铵、尿素和钾肥。每亩施用磷酸二铵3～5千克、钾肥2千克、尿素1千克。在播种时施用，帮助大豆苗期生长。

（3）追肥　追肥在大豆生长过程中应根据需要进行，一般在大豆生长的关键时期施用，如开花前和开花后，以满足大豆生长高峰期的营养需求。

339. 大豆施肥的注意事项有哪些？

（1）有机肥　多施有机肥有助于大豆生长发育，增强固氮能力。有机肥可以作为基肥或种肥施用。

（2）氮肥　大豆需氮较多，但自身具有固氮能力，因此氮肥施用需适量。中等以下肥力的田块适量施用氮肥有较好的增产效果，而肥力较高的田块则不宜过多施用氮肥。

（3）磷肥　大豆需磷较多，磷肥应作为基肥或种肥早施。磷肥在土壤中移动性差，早期施用效果更好。

（4）钾肥　钾肥对大豆生长也有重要作用，特别是在开花结荚期和鼓粒期。

340. 大豆是否需要施用氮肥?

大豆与其他作物不同，根部有根瘤菌共生。根瘤菌能固定空气中的游离态氮素，供给大豆氮素营养。所以有人认为，种大豆不必施用氮肥。但是试验证明，根瘤菌固定的氮素，只能满足大豆需要氮素的三分之一到一半，所以在多数情况下，靠根瘤的固氮作用，不能获得高产，为了获得大豆高产还是需要施用氮肥。

肥力低和底肥不足的田块，大豆出苗后，由于种子中的含氮物质已基本用完，而这时根瘤尚未形成，或者固氮能力还弱，因此，苗期常会出现缺氮现象。播种时用少量氮肥作种肥，对幼苗有促进根、叶生长的作用。中等肥力田块，可将氮肥和其他肥料混合作底肥，以满足大豆苗期对氮的需求，施肥量一般每亩尿素 4～5 千克。

氮肥施用不当往往会影响根瘤着结，降低根瘤菌的固氮能力。氮肥施用过多，也会使大豆因生育过于繁茂，而落花落荚或贪青倒伏，所以施用氮肥必须因地制宜地掌握好施用技术。一般来说，地力瘠薄的地块或者生育不繁茂的矮棵早熟大豆品种，需要施用氮肥，而肥力较高、水分充足的地块，或生育茂盛的中晚熟品种，可不必施用氮肥。大豆施用氮肥以作种肥和花期追肥为好，但作种肥一般用量要少，追肥要注意深施。为了防止氮肥对根瘤固氮作用产生不利影响，最好多施农家肥来满足大豆对氮素的需要。氮肥配合农家肥料施用也会提高肥效。

341. 什么叫大豆的前作施肥?

大豆的前作施肥是指给大豆的前茬作物大量施用农家肥料或磷钾肥。农家肥料是一种完全肥料，既含有部分速效性养分，又含有多量迟效性养分，有良好的后效。所以施用农家肥料不仅对当季作物，对下茬作物也有显著增产效果。

前作施肥多用于夏大豆和秋大豆，夏大豆一般种在麦茬上，秋大豆多种在稻田上。夏大豆和秋大豆的发育期较短，所以当季施的农家肥料有时由于腐解缓慢，满足不了大豆的需要。而前作施肥，肥料在土壤里有充分转化时间，而且土肥相融，为大豆创造了良好的土壤环境，同时也缓和了抢收抢种时劳力和机械力的紧张，两季肥一季施，是一项经济有效的增产措施，往往获得两季双丰收的效果。

化学肥料，特别是磷肥，作为贮备施给大豆前茬，对大豆有良好的后效。各种迟效性化肥也可作为大豆的前作施肥用。

342. 连作大豆怎样施肥？

连作大豆，也叫重迎茬大豆，重茬即连年种植大豆，迎茬为隔年种植大豆。重迎茬的主要危害一般认为是：①土壤养分非均衡消耗；②病虫害加重；③土壤理化性质恶化；④植物分泌毒素的自身危害；⑤土壤微生物群落失去平衡。一般大豆重迎茬较正茬减产 6.1%～10.7%，重茬一年减产 9.9%～15.9%，重茬两年减产 13.8%～24.1%，重茬 3 年减产 19.0%～31.1%。

在大豆主产区大豆轮作困难，重迎茬种植现象普遍，可以通过施肥等措施缓解连作障碍。连作大豆施肥：

（1）种肥　推广测土施肥，根据测土结果确定施肥量和比例，平原区按测土结果配制施肥量与比例，达到养分平衡，丘陵区适当增氮，低湿区适当增磷、钾。

平原区：每公顷施磷酸二铵 130 千克、尿素 46.5 千克、硫酸钾 90 千克。

丘陵区：每公顷施磷酸二铵 163.5 千克、尿素 66 千克、硫酸钾 120 千克。

低湿区：每公顷施磷酸二铵 147 千克、尿素 40.5 千克、硫酸钾 120 千克。

（2）叶面肥　在结荚期和鼓粒期每公顷喷施尿素 6 千克、磷酸二氢钾 1.5 千克两次。

（3）微肥　每公顷施硼砂 7.5 千克，将硼砂与化肥充分混匀，播种时一次施用；钼酸铵拌种，每千克种子拌 1 克钼酸铵，或用含硼钼肥种衣剂包衣。

343. 连作大豆如何实现增碳调磷高效施肥？

连作大豆实现增碳调磷高效施肥的具体方法包括以下几个方面：

（1）合理施用底肥　底肥是大豆生长的基础，建议选择高磷的复合肥，如氮磷钾配比为 13∶25∶10 的肥料。对于上一茬也是大豆的情况，每亩使用20千克即可；如果上一茬是玉米，建议每亩使用15千克左右。此外，可以每亩使用10千克磷酸二铵和3.5千克氯化钾的混合肥料。

（2）合理追肥　在大豆苗期，如果土壤贫瘠或出现叶片发黄的情况，可以每亩施用尿素150克＋钼肥40克，兑水30千克进行喷施。在开花结荚期，结合中耕，每亩使用15-15-15硫基复合肥20千克＋过磷酸钙5千克，并可喷施尿素100克、硼肥40克及含有螯合钙的叶面肥。

（3）增碳调磷　大豆对碳的需求较高，可以通过增加有机肥的施用来满足这一需求。有机肥不仅提供全面的营养，还能有效防止后期脱肥。磷肥的施用也有助于增加根瘤菌，促进大豆的生长。

施肥时要注意不要过多，尤其是氮肥，过量施用氮肥可能会抑制根瘤菌的固氮功能。此外，施肥时要根据土壤墒情和田间大豆的长势进行调整，避免过度施肥导致浪费或烧根现象。通过以上措施，可以有效实现连作大豆的增碳调磷高效施肥，提高大豆的产量和品质。

344. 夏大豆和秋大豆怎样施肥?

夏大豆和秋大豆的生育期一般比春大豆短，许多地区采用培养前茬的做法解决大豆的施肥问题。对夏大豆，除前作施肥外，部分地区采用耙地施基肥（主要是指农家肥料）的方法，磷肥和其他迟效性化肥也可以耙施。即将肥料撒施于地表，耙地入土，土壤和肥料可以充分混合，但施肥部位往往偏浅。夏大豆区土壤瘠薄或基肥不足的地块，往往追一次枝芽肥，于花芽分化到分枝出现期，即结合第二次锄地追施化肥。一般每公顷施硫酸铵112.5千克，或硝酸铵75千克左右，加过磷酸钙112.5千克，开沟条深施效果更好。花期追氮肥根据情况进行一次或两次。追一次时在初花期，追两次在初花前和盛花期各一次。荚肥是否需要，要根据大豆的生长情况确定，由于大豆开花期较长，需养分数量又多，养分不足，往往会因早荚和晚花争夺养分而引起花荚脱落。基肥或追肥不足的地块，肥力低前茬“瘦”的地块，需施少量荚肥。

秋大豆或与小麦套种的大豆多强调种肥，但需注意化肥对种子发芽出苗产生不良影响，最好结合农家肥施用，单施时应使种子和肥料保持5～10厘米的距离。

345. 施用缓效氮肥对大豆的增产作用怎样?

大豆是需肥较多的作物，大豆根瘤固定的氮能满足大豆需要氮素的1/3～1/2，因此在多数情况下，仅靠根瘤的固氮作用不能获得高产。为了获得高产，需要适量施用氮肥。然而，氮肥施用不当会影响根瘤固氮能力，导致大豆生长发育不良。因此，施用缓效氮肥既不影响根瘤固氮，又能在生育旺盛期满足大豆对氮的需求。

施用缓效氮肥对大豆的增产作用显著。缓效氮肥的氮素营养释放缓慢，淋失少，利用率高，能够满足大豆生长过程中对氮的需求，特别是在大豆生育前期和旺盛期，缓效氮肥的效果尤为明显。研究表明，施用缓效氮肥的大豆，与普通尿素相比，百粒增重 0.4～0.8 克，产量普遍提高 5%～11.1%，并且氮素利用率提高 5.6%。

缓效氮肥也称为长效氮肥或可控释氮肥，其在水中的溶解度很小。施入土壤后，在化学和生物因素的作用下，肥料逐渐分解，氮素缓慢释放，满足作物整个生育期的需求，减少了氮素的淋失、挥发及反硝化作用所引起的损失，同时避免了浓度过高对作物造成危害。此外，缓效氮肥可以作基肥一次施用，节省劳力，并解决了密植情况下后期追肥的困难。

不同类型的缓效氮肥在大豆种植中有不同的应用效果。例如，包硫尿素通过硫黄包膜控制养分释放，适用于温暖潮湿的土壤环境；涂层尿素通过海藻胶膜延缓尿素酶解速度，延长肥效时间；长效碳铵通过包膜控制氮释放，适用于保护地种植。这些不同类型的缓效氮肥都能在不同程度上提高大豆的产量和肥料利用率。

346. 春大豆是否应该进行秋季施肥？

大豆是需肥较多的作物，尤其是生育前期。但大豆对化肥又敏感，施肥不当会引起烧籽烧苗，施用氮肥又往往妨碍根瘤着结，降低固氮活性。为了避免“肥害”，大豆强调施基肥，但春施基肥不利于保墒。为此，北方春旱地区常将春施基肥改做秋施基肥。

秋施肥是于晚秋翻地前，将化肥撒施地表，翻地入土，或扣入垄中的一种施肥方法。大豆秋施肥有两个好处：①可以做到深施，以适应大豆根深、吸肥面广的特点，深施还可减少养分损失和跑墒；②秋施可以避免肥料与种子靠近或接触，减少对大豆发芽出苗的不利，以及对根瘤着结和固氮作用的影响，所以是一种值得推广的措施。但秋施氮肥适于高寒一季春大豆区使用，而且施肥时期必须掌握在结冻前。

347. 大豆施用增花保荚肥料要注意什么？

大豆花荚脱落的原因很多，养分供应失调也是重要原因之一。大豆在各生育时期对养分的吸收是不平衡的，至开花结荚期，包括贮藏的碳水化合物和蛋白质在内，吸收全氮量的78.4%、全磷量的50%、全钾量的82.1%。可见，开花结荚阶段的养分供应问题，是关系到大豆开花、花荚脱落和产量的关键之一。这一时期养分供应不足、过剩或失调，以及养分供应与外界环境或技术措施配合不当，都会引起严重的落花落荚。

为了增花保荚，在施肥上需掌握以下要点：

（1）结合深耕增施农家肥料　用农家肥料作基肥，同时深耕，增加土壤中各种养分含量，提高土壤肥力，创造适宜的土壤环境，可显著提高大豆的保花保荚率。

（2）施足磷肥　磷肥主要应作种肥或基肥施用，以满足大豆苗期和整个生育期的需要，由于大豆开花期至成熟期对磷的吸收持续时间较长，当基肥和种肥不足时，还应追施部分磷肥，以减少花荚脱落，同时促使籽粒饱满和提早成熟。

（3）花期追氮　花期追施少量氮肥也有增花保荚的作用。为了避免氮肥对根瘤着结产生不良影响，一般不提倡用氮肥作种肥，至少是不能用多量氮肥作种肥。因此追施氮肥，特别是花期追施氮肥不仅能减少花荚脱落，还能促进大豆后期发育。

（4）施钼肥　施微量元素钼除能促进根瘤发育外，还能提高大豆的结荚数。通过拌种、根外追肥的办法补充钼，也是一项增花保荚提高产量的重要措施。

348. 大豆容易缺少哪些微量元素？

大豆正常生长发育，除需要氮、磷、钾等大量元素外，还需要钙、镁、硫等中量元素和硼、锌、铜、锰、铁、钼等微量元素。大豆所需微量营养能否得到满足，主要取决于土壤中微量元素的丰缺和其他环境条件。

低洼地或排水不良的土壤上种植大豆，最容易缺锰。缺铁症常发生在石灰性土壤上，在土壤 pH 7.5～8.5 的条件下，有时施铁有效。与铁相反，大豆缺钼症常发生在 pH 低于 6 的酸性土壤上。泥炭土、腐殖质含量极高的低洼地带有时需要施铜。大豆所需要的钙和镁，通常用施石灰的办法来解决，在过酸的土壤上施用石灰，除满足大豆对钙和镁的需要外，还能提高微量元素的有效性。增施有机肥，每亩施用腐熟的有机肥 1000～2000 千克，可预防大豆多种微量元素缺乏症，也是重要的增产措施之一。

349. 大豆缺素症有哪些表现?

缺氮：先是真叶发黄，严重时从下向上黄化，直至顶部新叶。在复叶上沿叶脉有平行的连续或不连续铁色斑块，褪绿从叶尖向基部扩展，乃至全叶呈浅黄色，叶脉也失绿。叶小而薄，易脱落，茎细长。

缺磷：根瘤少，叶色变深，呈浓绿或墨绿色，叶形小，尖而狭，且向上直立。植株瘦小，根系不发达，生长缓慢。严重缺磷时，茎出现红色。开花后缺磷，叶片上出现棕色斑点。

缺钾：老叶边缘变黄，逐渐皱缩向下卷曲，但叶片中部仍保持绿色，叶片残缺不全，根系发育不良。黄化叶难以恢复，叶薄，易脱落。根短、根瘤少。生育后期缺钾时，上部小叶柄变棕褐色，叶片下垂而枯死。

缺钙：早期缺钙，胚叶的基部会产生大量黑斑，胚叶叶缘呈黑色，叶片斑纹密集，节间缩短，茎秆木质化。功能叶黄化并有棕色小点，先从叶中部和叶尖开始，叶缘、叶脉仍为绿色。叶缘下垂、扭曲，叶小、狭长，叶端呈尖钩状。晚期缺钙时，叶色黄绿带红色或淡紫色，落叶迟缓。

缺镁：在三叶期即可显症，多发生在植株下部。叶小，叶有灰条斑，斑块外围色深。有的病叶反张、上卷，有时皱叶部位同时出现橙、绿两色相嵌斑或网状叶脉分隔的橘红斑；个别中部叶脉红褐，成熟时变黑。叶缘、叶脉平整光滑。严重缺镁时，组织甚至坏死。

缺硫：叶脉、叶肉均生米黄色大斑块，染病叶易脱落，迟熟。

缺铁：从上部幼叶开始，表现为脉间失绿呈黄色，并有轻度卷曲。严重时新叶和幼茎黄白化，甚至呈漂白色，叶缘出现褐色坏死斑块。

缺硼：4 片复叶后开始发病，花期进入盛发期。新叶失绿，叶肉出现浓淡相间斑块，上位叶较下位叶色淡，叶小、厚、脆。缺硼严重时，顶部新叶皱缩或扭曲，上、下反张，个别呈筒状，有时叶背局部现红褐色。蕾期发育受阻停滞，迟熟。主根短、根颈部膨大，根瘤小而少。

缺锰：上位叶失绿，叶两侧生橘红色斑，斑中有 1～3 个针孔大小的暗红色点，后沿脉现均匀分布大小一致的褐点，形如蝌蚪状。后期，新叶叶脉两侧着生针孔大小的黑点，新叶卷成荷花状，全叶色黄，黑点消失，叶脱落。严重时顶芽枯死，迟熟。

缺铜：植株上部复叶的叶脉绿色，余浅黄色，有时生较大的白斑。

新叶小、丛生。缺铜严重时，在叶两侧、叶尖等处有不成片或成片的黄斑，斑块部位易卷曲呈筒状，植株矮小，严重时不能结实。

缺锌：下位叶有失绿特征或有枯斑，叶狭长，扭曲，叶色较浅。植株纤细，迟熟。

缺钼：由于氮素代谢失调而叶变成浅绿色，根瘤发育不良，固氮作用也减弱。

350. 大豆如何施用钼肥？

钼是大豆生长所必需的一种微量元素，是大豆体内酶的组成部分，能促进根瘤生长，增强根瘤菌的固氮能力，并加速对磷的吸收作用。钼还能促进大豆生育，提早开花成熟、增荚增粒、促籽粒饱满，提高大豆产量和质量。

大豆施用钼酸铵的方法，有拌种、作种肥和根外追肥三种，具体过程如下：

（1）拌种　钼酸铵 10～20 克，加少量水溶解后再加水至 1 千克，制成 1%～2%的溶液。1 千克溶液可拌大豆种子 30 千克（拌种时不要用铁器，防止钼肥发生沉淀），待溶液被种子全部吸附，阴干后播种。

（2）作种肥　每公顷用 300 克钼酸铵加水溶解，再与过磷酸钙、草炭等混合，做成颗粒肥料施用或拌在农家肥料中作种肥施用。由于钼酸铵价格昂贵，不提倡钼酸铵作种肥施用。

（3）根外追肥　用 0.2%钼酸铵溶液（每千克水中加钼酸铵 2 克），在大豆开花前每公顷喷洒 600～750 千克。

大豆施用钼酸铵方法简便，容易掌握，是一项经济有效的增产措施。大型农场还有用飞机大面积喷洒钼酸铵的经验，增产效果明显。

二、马铃薯

351. 马铃薯的需肥特点是什么？

马铃薯是一种喜肥作物，对钾肥的需求量较高，同时也需要适量的氮肥和磷肥。每生产 1000 千克马铃薯，需氮 4.4～5.5 千克、P_2O_5 1.8～2.2 千克、K_2O 7.9～10.2 千克。三者比例为 1∶0.4∶2。马铃薯是典型的喜钾作物。

马铃薯在不同的生长周期对肥料的需求量也有所不同。在生育期吸收钾肥最多，氮肥次之，磷肥最少。从萌芽后到花蕾生长期前后氮素含量最多。磷的含量随着植株生长期的延长而降低。钾的含量在萌芽时低，萌芽后迅速增加，在开花期后反而下降。镁和钙含量都有随生长期延长而增高的趋势。茎叶中的养分在块茎开始膨大时向其中运转。块茎中无机成分氮和钾占其全吸收量的70%、磷占90%、钙占10%、镁占50%左右。

352. 马铃薯如何施肥?

马铃薯是高产作物，合理施用有机肥料作基肥，增加土壤中的养分，增强土壤通透性，有利于马铃薯根系的发育和块根的膨大。

在施用有机肥料的基础上施用化肥，对马铃薯有明显的增产效果。

施用氮肥能促使植株生长迅速、叶片肥大，加速有机物的积累，提高光合生产率。磷肥可促进块茎中干物质和淀粉的积累。氮肥和磷肥配合施用还有互相促进肥效的作用。钾肥能加快植株的代谢过程，增强光合强度，延迟叶片的衰老速度，促进植株体内蛋白质及糖类的合成。

在一般土壤肥力条件下，以每公顷施纯氮60～75千克、P_2O_5 75千克左右为宜。化肥的施用时期和方法如下：马铃薯施肥应以种肥为主，因马铃薯是以块茎繁殖的作物，营养生长阶段很短，自出苗25天左右即进入结薯期，地下块茎开始膨大。根据马铃薯的这一特点，一般在播种时将氮肥和磷肥混合条施或掺入农家肥料中撒于播种沟内。

353. 马铃薯如何根据苗情进行追肥?

马铃薯的追肥，首先要以消灭三类苗为目的。三类苗的追肥，应在幼苗期及早进行。多采用碳酸氢铵或硫酸铵，施于弱苗的根部，每穴2～5克。追肥时不要使肥料与植株接触，防止烧苗。

为了促壮苗进行的追肥，可结合耥二遍地进行。追肥的种类应视基肥、种肥的施用情况和幼苗发育情况而定。如果苗色淡绿不新鲜、生长慢，应追氮肥；如果幼苗生长瘦弱，还应同时追施磷肥。发现幼苗茎细、节间伸长、有徒长现象时，应及时追施磷肥和钾肥。

现蕾期以后，除土壤特别瘦的地块外，一般不必追肥，特别是不宜过多地追施氮肥，以防止地上部徒长。

马铃薯最好不施氯化铵、氯化钾等含氯的化肥。

354. 马铃薯施肥应该注意什么?

（1）避免使用氯基肥　马铃薯是忌氯作物，避免使用氯化钾、氯化铵等含氯肥料，以免影响淀粉合成和运输，导致产量和品质下降。

（2）适当使用农家肥　农家肥具有改良土壤、增加土壤有机质含量的作用，但尽量避免使用养分过高的肥料，如鸡粪，以免其养分过高导致马铃薯植株氯中毒。

355. 马铃薯施用的肥料包括哪几种？

（1）复合肥料　马铃薯对氮磷钾的需求较高，因此在施肥时，应选择低磷高氮高钾的复合肥料，这样可以为植株提供开花结果所需的养分，提高马铃薯的产量。

（2）基肥的施加　在种植马铃薯前，应施入氮磷钾复合肥作为基肥，或使用尿素、硫酸钾、磷酸二铵等肥料。如果土壤中缺钙、镁，还需补充钙肥和镁肥，以避免马铃薯生长不良。在植株生长过程中，应追施腐熟的农家肥。在马铃薯块茎形成和膨大期，每隔5～7天喷施一次尿素或磷酸二氢钾，以促进块茎的增大。

（3）硫酸钾　硫酸钾是马铃薯生长过程中非常重要的肥料，尤其是在块茎膨大阶段，建议每亩追施20千克硫酸钾复合肥。

（4）尿素　尿素是马铃薯生长过程中重要的肥料之一。在开花初期，一般每亩施尿素10～15千克，并根据生长情况调整施肥量。

（5）草木灰　草木灰含有丰富的矿质元素，如碳酸钾、磷、铁、钙、镁和硫等，这些都是马铃薯生长不可或缺的元素。施用草木灰可以疏松土壤，提高土壤通透性和酸碱度，促进马铃薯的生长和薯块的膨大。

（6）磷酸二氢钾　磷酸二氢钾在马铃薯膨大期使用，可以确保马铃薯淀粉含量高，生长迅速。与芸苔素混合喷施可以显著提高马铃薯的产量和品质。

（7）粪肥　粪肥可以增加土壤的肥力，促进马铃薯的生长，还能疏松土壤，提高土壤的透气性。但需注意，未经充分腐熟的粪肥可能会招致地下害虫和病害。

三、油菜

356. 春油菜的需肥特点是什么？

目前北方种植的小油菜类型的春油菜，苗期一般为15～25天，现蕾至初花期一般为8～15天。其对营养的需要集中在出苗至初花期的营养生长阶段，由于春油菜生育期短，早期生长快，因此应以基肥为主、追肥为辅，坚持底肥重、追肥早的原则。底肥一般占总施氮量的70%～80%，追肥要在初花期以前完成。

357. 春油菜怎样施肥?

油菜是喜肥作物，施用化肥有明显的增产效果。油菜和小麦一样，生育期短，是“胎里富”庄稼，施肥强调早，肥效要求快，所以施种肥往往比施追肥效果更好。据黑龙江省农科院试验，每公顷施尿素67.5千克作种肥，油菜每公顷产量1905千克；开花期追肥的每公顷产量1080千克，不施肥的每公顷产量915千克。在目前情况下，氮肥以每公顷施尿素75千克，或硝酸铵112.5～150千克为宜。氮、磷化肥配合有机肥料作种肥施用效果最好。但在北方油菜播种后很长一段时间气温较低，油菜的生育期又短，当年施用有机肥料很难发挥肥效。有机肥料最好前一年秋天施，或者施给前茬作物。

追肥要在定苗后立即进行，每公顷施硫酸铵112.5～150千克，或者尿素75千克。开沟条施，随后覆土，有条件的结合灌水效果更好。花期追施氮肥不宜过多过晚，如果氮肥过多，形成的蛋白质相对多于脂肪，会影响菜籽中油分的积累，降低含油率。

358. 冬油菜的需肥特性是什么?

冬油菜不同生育阶段吸收的营养元素数量不同。苗期吸收氮素占全生育期吸收总量的43.9%，磷、钾各占20%左右。要使冬油菜幼苗在越冬前达到壮苗，必须满足这一时期对养分的需要。薹期是营养生长和生殖生长并进时期。吸收氮素占一生吸收总量的45.8%、钾占54.1%，氮、钾的日积累达到最高峰。这一阶段养分供给充足，对角果数有重要影响。花期到成熟期是生殖生长最旺盛的时期，对磷素的吸收是一生中最多的时期，占吸收总量的58.3%。

每生产100千克油菜籽（包括根、茎、叶、花、荚壳）需要吸收氮8.8～11.3千克、磷3.0～3.9千克、钾8.5～10.1千克。

359. 氮、磷、钾营养元素对冬油菜的生长发育有什么影响?

（1）氮　施氮量的高低对油菜植株干物质积累量、叶片数、叶面积系数以及根茎粗细均有明显影响。氮肥用量不同对苗期影响不大，但到花期，施氮水平高的花芽分化早，花数多，成熟早。因此，要重视油菜蕾期以前的氮素营养，以促进花芽分化，取得较多的有效花数，达到增产目的。

(2) 磷　施用磷肥可促进油菜生育，提高产量及含油量。苗期施磷可提早开花 2～4 天，薹花期提早 2～6 天，成熟期提早 1～2 天。油菜施磷一般可增产 10%～30%，提高含油量 0.5%～2.4%。特别是土壤速效磷（碳酸氢钠法）含量在 10 毫克/千克以下的地区，施用磷肥效果更为明显。

(3) 钾　施钾肥对油菜提早生育也有明显作用。据试验，苗期施钾的生育期提早 7 天左右，蕾薹期提早 20 天左右。在缺钾土壤上施钾肥可增产 10%～30%。

360. 冬油菜怎样施肥?

根据油菜的需肥特性，在施肥上应掌握“施足底肥，增施苗肥，早施薹肥，巧施花肥”的原则。

(1) 施足底肥　底肥能使油菜在越冬前有较大的营养体，已发的根系积累较多的干物质，为油菜丰产打下基础。底肥主要施用有机肥料和磷、钾化肥，及少量氮肥。底肥可以沟施或穴施，在移栽前一天将肥料施入沟内覆土，次日移栽。移栽后再用人粪尿或氮肥溶液浇定根肥，促进成活。

(2) 增施苗肥　施用苗肥有利于油菜在越冬前短暂的较高气温下形成壮苗。苗肥用量应占总施肥量的 20%～30%，可分两次追肥。

(3) 早施薹肥　随着春季气温上升，油菜进入生长旺盛期，营养生长与生殖生长同时进行，薹心和腋芽迅速伸长，叶片大量增加，花蕾不断分化，吸收养分较多，所以，在底肥和苗肥的基础上，早施薹肥非常重要。薹肥宜在现蕾至初薹期（薹高 10 厘米左右）施用，每公顷施硫酸铵 225 千克左右。

油菜是对微量元素十分敏感的作物，硼素不足时油菜花而不实。油菜缺硼的临界值是土壤中水溶性硼含量 0.3 毫克/千克，低于 0.2 毫克/千克为缺硼，达到 0.4 毫克/千克时，油菜生长正常。在缺硼土壤上种植油菜时，于花前进行根外追肥，有明显的增产效果。

(4) 巧施花肥　油菜开花结角期较长，边开花边结角。开花前肥料不足，容易发生花蕾脱落，出现早衰现象。当发现有脱肥征兆时，应及时补施少量氮、磷化肥。一般每公顷施硫酸铵和过磷酸钙各 15 千克，兑水 1500 千克，根外追肥。如薹肥充足，花期无明显脱肥现象，则不必追施花肥，特别是氮肥，以防贪青倒伏，导致减产。

361. 油菜施肥注意事项有哪些？

（1）因田施肥　根据土壤肥力、苗情和气候条件调整施肥量和时间。

（2）平衡施肥　避免偏施氮肥，注意补充磷钾肥和微量元素，如硼、锌等。

（3）施肥深度　基肥和追肥均应深施，避免肥料流失或造成油菜脱肥。

362. 油菜如何进行高效高产施肥？

① 缓控释肥料具有缓慢释放养分的特点，省时省工，又能减少肥料损失，提高利用率，非常适宜作为油菜基肥施用。

② 油菜的施肥，在增施有机肥料和深翻改土的基础上，应着重考虑氮、磷、钾三元素的施用，同时注重硼、锌、镁、锰等元素的施用。

③ 根据油菜对营养元素的需求特点，适宜的油菜专用控释肥配比（$N-P_2O_5-K_2O$）主要包括 20-20-6、18-18-6、22-12-6 等。

④ 生产中可根据实际情况，选择上述适宜配比的油菜专用控释肥。

四、 棉花

363. 棉花的需肥特点是什么？

棉花是生育期长、需肥较多的作物，生育过程可分为苗期、蕾期、花铃期、开絮期四个时期。据河北省资料，每公顷产量超过 1500 千克皮棉需吸收氮（N）180 千克、磷（P_2O_5）60 千克、钾（K_2O）180 千克。氮、磷、钾的比例大致是 3∶1∶3。吸收量为禾谷类作物的 5～6 倍，为油料作物的 2～3 倍。

棉花出苗至现蕾阶段所需养分约占全生育期吸收总量的 10%，现蕾至吐丝阶段占 60%，吐絮至成熟期约占 30%。不同生育阶段棉花吸收各种养分占全生育期中吸收总量的百分率：出苗至现蕾阶段氮为 8%～10%、磷为 2%～6%、钾为 2%～3%；现蕾至开花期，吸收氮为 53%～76%、磷为 25%～29%、钾为 17%～20%；开花至成熟期吸收氮为 16%～37%，磷、钾分别为 65%～73%、77%～81%。在棉花整个生育中，从现蕾到开花期吸收氮最多，开花以后则大量吸收磷和钾。

364. 怎样根据棉花的生育特点合理施肥?

棉花的生育特点之一，就是营养生长和生殖生长重叠时间长。从现蕾到吐絮阶段，营养生长和生殖生长并进，时间长达七八十天。因此，棉花施肥必须做到既满足根、茎、枝、叶对营养元素的需要，为棉花丰产建造足够的营养体，又要使棉株营养生长和生殖生长协调发展，方能保证优质高产。

首先，应用足够数量的有机肥料作基肥，配合施用磷肥作种肥，满足苗期营养临界期对养分的需要。苗期生长中心是长茎叶，根据苗情适当追施速效性氮肥作提苗肥，对培育壮苗十分有利。地势低洼、基肥较少和化肥用量不足的棉田，中后期容易出现脱肥早衰现象，应重视早追提苗肥，以利于早发壮棵。肥力较高基肥较足的高产棉田，苗期不主张追肥，仅采取中耕措施，促使棉苗生长健壮，根系发育良好。

现蕾以后，植株开始从营养生长期向生殖生长期过渡，仍以营养生长为主。这一时期的施肥要点是既要满足棉花营养生长和增枝（果）、增蕾对养分的需要，又不致使土壤中积累过多的速效性氮，导致雨季（开花期）棉株徒长。

从初花到盛花阶段，正是棉花营养生长和生殖生长的旺盛时期，所以是棉花吸收养分最多的时期。当棉田有少数棉株开始结铃时，应施用氮肥以利于棉铃的形成和发育。

为了保伏桃、争秋桃、增加铃重、提高产量，一般中等肥力棉田，可根据棉株长势适当补施秋桃肥，但追施的氮肥不能过多，时间不宜过晚。

365. 棉花施用种肥应注意什么?

过磷酸钙等磷素化肥作种肥施用，对棉花的生长发育有重要作用，一方面能早发苗、壮苗，另一方面促进棉根充分发育，增强棉花的抗旱能力，使棉苗长得健壮。施用磷肥作种肥，不仅在苗期表现良好的效果，而且肥效延续到以后各个生育期。

在土壤中有效磷含量低，又不施用磷肥时，棉花幼苗生长缓慢，干物质积累少，缺磷棉株的干物质重量仅为正常植株的40%～50%。

棉苗出土后10～20天，也就是棉苗出现第一二片真叶的时期，是棉花营养的临界期，尤其对磷最为敏感，施用磷肥作种肥及时地满足棉苗对磷素营养需要，不但幼苗长得好，而且有加速棉铃成熟和提高种子含油量的作用。

366. 棉花苗期追肥应注意什么？

棉花苗期追肥应注意以下几点：

（1）施肥用量　棉花苗期的需肥量只占一生吸收总量的5%左右，对于施足底肥的棉田一般可不考虑施用苗肥。但对于底肥数量不足或肥力较低的棉田，可考虑及早轻施提苗肥，一般每亩施标准氮素化肥5千克左右。

（2）施肥种类　苗期追肥以速效氮肥为主，可以与有机肥混合深施，效果更好。例如，可以将化肥与饼肥、粪干等有机肥混合深施。

（3）施肥方法　苗期追肥可采用沟施或穴施，确保肥料与土壤充分混合。对于地膜覆盖棉田，在施足基肥的基础上，苗期不进行追肥和浇水。

（4）水分管理　棉花苗期需水不多，为了防止地温降低，对播前造墒的棉田，一般不宜浇水。对于个别底墒很差的棉田，苗期持续干旱时，应及时开短沟浇小水，并注意浇后及时中耕，破除板结。

367. 棉花施用花铃肥有什么作用？

棉花施用花铃肥的作用主要包括以下三方面：

（1）促进棉花生长发育　棉花花铃期是其生长发育最为旺盛的时期，对养分的需求极为迫切。科学施用花铃肥能够确保棉花高产优质。花铃肥的施用时间一般在棉花植株下部坐住1～2个大铃时，过早或过晚施肥都会影响棉花的生长和产量。

（2）提高产量　花铃期是棉花生长发育的关键阶段，此时棉花植株既要进行大量的营养生长，又要进行生殖生长。合理施用花铃肥可以显著提高棉花的产量。研究表明，花铃期棉花的氮、磷、钾吸收量占全生育期的70%以上，因此必须重施花铃肥。若此时肥水不足，棉花将出现脱力早衰现象，导致蕾铃脱落增多，最终产量下降。

（3）改善品质　花铃肥的施用不仅能提高产量，还能改善棉花的品质。氮肥能够促进棉花植株的生长和棉铃的发育，磷肥有助于棉花根系的发育和花芽的分化，钾肥可以提高棉花的纤维品质和抗倒伏能力。此外，叶面喷施磷酸二氢钾、硼砂等叶面肥也能显著提高棉花的结铃率和纤维品质。

368. 钾素对棉花的作用是什么？

棉田缺钾最易引起早衰。严重缺钾的棉株，甚至提前 50～60 天凋萎，导致单位面积铃数减少，铃重降低而减产。

钾又能促进根系生育、苗壮早发。据三叶期测定，施钾的单株根数比对照区多 4.7，地上部百株苗干重比对照区高 6.5 克，提前一天现蕾，现蕾数比对照区多 0.6 个。

钾还能促进光合作用，增加蕾期干重，提高含糖量。据调查测定，棉花蕾期施钾肥，干重比对照区高 0.11 克，含糖量比对照区高 0.5%。

钾肥能增强植株活力，增强抗病能力和铃重。施钾的棉株未发现病铃，种子空秕率比对照区减少 11%，而施氮或施磷肥的，空秕率仅比对照区低 7%和 5%。

369. 棉花缺硼表现哪些症状？

（1）株型

① 矮化型。在土壤严重缺硼的条件下（土壤速效硼含量<0.1 毫克/千克），棉苗植株矮小，称为矮化型。矮化型棉苗依土壤速效硼含量状况有两种情况。

a. 早期多头型。极严重缺硼时，棉苗子叶小，色深，肥厚，在子叶期生长点受阻，当真叶出现后，迅即可见顶芽死亡、侧芽发出，早期即形成多头棉，真叶很小，侧枝多，所以总叶片数多于硼营养正常的棉株。

b. 中后期多头型。严重缺硼时，一般能正常出现真叶，开始真叶大、肥厚、暗绿色、很脆，盛蕾期后，上部叶片变小、萎缩，侧芽发生，形成多头棉。

② 高主茎型。在土壤速效硼含量为 0.1～0.5 毫克/千克的条件下，棉苗植株变高，超过正常硼营养的棉苗，称为高主茎型。高主茎型的棉苗在外表上一般正常，有的果枝节位增高，有时在出现果枝后又出现叶枝，形成果枝和叶枝交互错乱出现现象。有时也由于腋芽丛生而形成多头棉。

（2）叶柄　缺硼叶柄比正常的短而粗，表面粗糙多毛，有浸润状环带，环带外观绿色，环带处的组织肿胀，凸起叶柄呈结节状，与环带相应的髓部变白，严重时变褐坏死，个别叶柄的外部裂。

（3）蕾　大田栽培和土培棉花能现蕾，蕾易脱落，脱落前往往苞叶开张，似被虫蛀状。如果将棉花进行水培，从一开始缺硼，棉苗不现蕾，在正常营养液培养 40 天后缺硼，棉苗能现蕾，蕾易脱落。

（4）花　在严重缺硼时，由于严重落蕾，开花较少。偶有开花，花很小，花口不张开，整个花冠被苞叶包着，由白变红。花粉生活力差，严重时，花粉粒完全没有生活力。

（5）幼铃及成桃　幼铃较少，也易脱落，成桃很少，幼铃和成桃往往较尖，呈挂钩状。

（6）果枝及果节　果枝数一般不少，果枝不易伸长，易现蕾、易脱落，每株果节数多，果节短。

370. 棉花在哪些土壤上容易缺硼？

棉花在以下几种土壤上容易缺硼，分别是：

（1）酸性土壤　硼在酸性土壤中容易被固定，导致有效性降低。因此，酸性土壤中的棉花容易缺硼。

（2）砂质土壤　砂质土壤保水保肥能力差，硼元素容易随水流失，导致土壤中硼的含量降低，从而影响棉花的硼营养供应。

（3）盐碱地　盐碱地中的高盐分会影响硼的有效性，导致棉花对硼的吸收利用受限制。

371. 棉田怎样合理施用硼肥？

（1）施肥方法　硼肥可以在播种时沟施，每公顷约施 6 千克硼砂，事先与 225～375 千克细土或过磷酸钙等化肥充分混合均匀，然后施在播种沟内，注意避免接触种子或在种子的正下方，以利于发芽和幼苗生长。硼肥也可以作根外追肥，每公顷需施 2.25～3.75 千克硼砂。在棉花苗期往土壤中追施硼肥，效果很好，将硼砂先用少量水仔细溶解后再加水，在距棉苗 10 厘米左右开沟施下。

（2）施肥时间和次数　棉花的硼营养临界期在蕾期前后，所以追硼一定要在这一时期之前开始，进行一次或两次追肥。生产实践证明，在严重发生棉花蕾而不花的田块，从棉花蕾期开始第一次喷硼肥，以后每隔 20 天左右再喷一次，连续 3～5 次，可以获得棉花“三桃”（伏前桃、伏桃和秋桃），夺取棉花高产；湖北省天门市试验认为，对潜在缺硼棉田，如喷两次硼肥，以蕾期第一次、花铃期喷第二次效果较好。

（3）根外追肥　硼砂含硼 11.3%，喷施不同浓度硼砂水溶液的田间试验结果表明，以喷施 0.2%浓度的硼砂水溶液效果最好。硼酸含硼量17.5%，喷0.1%浓度的硼酸水溶液效果很好。

施用硼肥，可以选择快速喷雾法。在6月底以前，棉苗小，每公顷喷225～375千克水溶液；7月份，每公顷用525～600千克水溶液；8月份，每公顷用750～900千克水溶液。

372. 棉花“蕾而不花”的原因是什么?

棉花“蕾而不花”的主要原因是缺硼导致糖向花器的运输受阻，导致花器发育障碍。

棉花对硼元素较为敏感，缺硼会导致一系列生理病害，如现蕾不见花、有花难成铃等。此外，缺硼还会影响花粉管的萌发和伸长，妨碍受精作用，进一步导致花粉粒发育不良，造成“花而不实”“落花落蕾”等现象。

为了预防和治疗棉花缺硼引起的“蕾而不花”，可以在棉花现蕾期至花期补充硼肥。及时补充硼肥可以避免经济损失，并提高补肥效果。

五、甜菜

373. 甜菜的需肥特点是什么?

甜菜是需肥多、吸肥时间长、需要营养全面的作物。据试验，甜菜吸收氮、磷、钾的数量，比禾谷类作物分别多2倍、1.25倍和3倍。生产500千克块根需2.5千克氮、0.9千克磷和7.5千克钾。

甜菜在苗期由于植株矮小，根系不发达，吸肥能力弱，吸收营养物质仅占吸收总量的15%。甜菜叶丛繁茂期和块根糖分增长期是形成地上部营养器官和地下部贮藏器官的关键时期，需要大量的养分，吸收氮、磷、钾分别占全生育期吸收总量的65%、40%和47.5%。因此，在叶丛繁茂期需追施速效性肥料，尤其是氮肥。糖分积累期，地上部和块根的增长都比较缓慢，对氮的需要量相应减少，而由于糖分形成和向块根输送需要大量的磷、钾，这个时期吸收的磷占一生吸收总量的45%，钾占37.5%。在糖分积累期根外追施磷、钾肥，对提高含糖率有良好的作用。

甜菜还应适当补充施用含钙、硼、锰等元素的肥料。

374. 氮、磷、钾对甜菜的生育和产量有哪些作用?

施用氮肥能促进甜菜叶丛生长，加速叶绿素形成，提高叶片的生活能力，预防过早衰老，提高光合作用强度，从而提高产量。据试验，每千克氮素可增产甜菜块根 100 千克左右。甜菜缺氮时生长受到抑制，植株矮小，叶呈淡绿色，继而老叶发黄而枯死。但是，氮肥的用量也不能过多，氮肥过多时引起碳氮比例失调，叶丛徒长，块根产量降低，含糖量也降低，而且还会减弱甜菜的抗病能力。

磷素与细胞的伸长、增殖和遗传有密切关系。磷还参与光合作用过程中蔗糖的形成和运转。磷又能提高甜菜抗旱、抗寒和抗病能力。甜菜缺磷时叶丛生长缓慢，植株矮小，叶片瘦小。严重缺磷时叶缘产生紫红色斑点，逐渐扩大、干枯而死亡。在缺磷土壤上增施磷肥，甜菜的产量和含糖量均有明显增加。

钾是甜菜生长发育不可缺少的元素，也是甜菜吸收最多的元素。钾直接参与甜菜体内的代谢过程，提高代谢机能。酶又能促进光合作用产物的转化和运输，从而提高块根的产量和含糖量。钾能加速蛋白质的合成作用，从而提高甜菜的工艺品质。施用钾肥能促进甜菜输导组织的正常发育，加强作物吸水力和保水力，增强抗旱、抗寒能力。甜菜缺钾时老叶先变长而宽，叶缘卷曲下垂，然后心叶逐渐变黄凋萎，根发育不良，容易腐烂。钾肥如过多，块根易木质化，致使加工困难。

375. 甜菜怎样施肥？

甜菜施肥应掌握基肥深施、种肥条施或埯施、追肥巧施的原则。

基肥是甜菜施肥的主要部分，基肥施得好，可以保证整个生育期对养分的需要。基肥多以优质有机肥料为主，有机肥料除满足甜菜对各种养分的需要外，还能改善土壤的物理性质，疏松土壤，促进甜菜块根的发育。基肥的施肥量大时可于翻地前施肥，优质有机肥料也可以于起垄前条施。

甜菜苗期根系不发达，吸肥能力弱，播种时施入适量的化肥，可以满足甜菜苗期对速效养分的需要，促进幼苗健壮生长。种肥应以速效磷肥为主，磷能促进根系发育和幼苗生长，同时可增强抗病、抗寒力。盐碱土地区种植甜菜，用磷肥作种肥还可提高保苗率。种肥一般每公顷施过磷酸钙 150～300 千克。基肥不足的地块还可以适当配合少量氮肥。为了避免化肥伤害种子，提倡有机肥和化肥配合施用，将化肥和有机肥一起制成有机、无机混合粒肥作种肥施用，可减少化肥与种子的接触，又便于机械化施肥。

追肥主要是补充甜菜叶繁茂期地上部和地下部同时迅速生长对养分的消耗。追肥以氮肥为主，适当配合磷肥。追肥的次数根据地力、基肥和种肥的施用情况，以及植株的生长状况确定。一般以两次追肥为好，第一次在定苗后，每公顷施硝铵 112.5～150 千克，但要注意追肥时期不要过晚。施肥部位以距植株 3～5 厘米为宜，要刨埯或开沟深施覆土，用机械追肥和中耕一次作业更好。有灌溉条件的，追肥后立即灌水可充分发挥肥效。

甜菜生育中后期，还可采用根外追肥方法补充后期营养。

376. 甜菜怎样根外追肥?

甜菜和其他作物一样，不仅能用根吸收养分，还能借助叶子上的气孔和细胞，将营养液扩散到体内。根外追肥能显著提高甜菜的光合作用强度，促进甜菜的生长和糖分的积累。

根外追肥的时间，多在甜菜块根糖分增长期和糖分积累期（封垄至收获前一个月）进行。在某个生长期呈现缺乏某种元素的症状时，也可采用根外追肥的方法，补施缺少的营养元素，消除饥饿症状。

根外追肥喷施的肥料溶液浓度：硫酸钾用 0.6%～1.0%的溶液，过磷酸钙用 2%～3%浸出液，微量元素用 0.1%的硫酸铜、硫酸锰、硫酸锌、钼酸铵、硼砂溶液。

根外追肥喷洒肥料溶液的数量，因甜菜叶丛繁茂程度而异。要以溶液能充分地附着在甜菜叶片上，而又不滴落到地面为原则，一般每公顷喷肥液 750～900 千克。

收获前喷施磷、钾化肥溶液既能补充营养，加强叶合成蔗糖的能力，又可以加快叶中糖分向块根输送和贮积，提高产量和含糖量。

377. 甜菜如何施用有机肥?

甜菜施用有机肥主要作为基肥，通常在播种前或定植前施入。每亩地可以施用 3～4 吨充分腐熟的农家肥、厩肥或土杂肥，或者每亩施用 1.5～2 吨商品有机肥。如果有机肥匮乏，可以通过种植绿肥和秸秆还田增加土壤有机质含量。

具体施用方法是：有机肥应结合整地或犁地均匀施入土壤深层，这样可以提供持久的养分支持。具体操作是将肥料均匀撒施在土壤表层，然后进行翻耕，确保肥料与土壤充分混合；同时，可以与其他肥料配合使用，即有机肥可以作为基肥，配合施入适量的尿素和过磷酸钙。种肥以磷肥为主，追肥则以氮肥为主，并配合施入磷钾肥。施肥量应根据甜菜的长势决定，追肥后要合理浇水。

378. 甜菜需要哪些微量元素?

甜菜的生育中，除需要氮、磷、钾等大量元素外，还需要硼、铜、锰、锌等微量元素。

甜菜植株中含钙较多，占叶子鲜重的 0.17%，占根鲜重的 0.06%，是甜菜重要的营养元素之一。我国甜菜的主要产区，北方地区土壤含钙比较丰富，基本上可以满足甜菜对钙的需要。随着甜菜产区不断扩大和南移，某些南方土壤，特别是酸性土壤种植甜菜，有时含钙素不足，应注意施用石灰等钙肥。

硼虽然不是甜菜的主要成分，但在甜菜生育中起重要作用。硼能改善甜菜的新陈代谢，能促进糖分积累。甜菜缺硼会发生腐心病。在酸性土壤上甜菜特别容易缺硼，施用硼肥增产效果显著。

锰的作用主要是刺激生长点形成新组织，并促进光合作用，加速植株生长。缺锰时，甜菜叶中叶绿素的含量显著降低，致使产量降低，品质变劣。在盐碱土上锰的有效性很低，种植甜菜施用锰肥有良好的增产效果。

微量元素肥料作基肥、浸种用、喷肥（即根外追肥）都可。作基肥时将微肥与磷肥混合，于移栽或播种时施用。

379. 甜菜是忌氯作物吗?

氯作为一种植物所必需的营养元素早已被确认，试验表明，不同的氯离子浓度对甜菜出苗没有产生明显影响，高浓度的氯在甜菜生长前期有抑制作用，后期对这种抑制作用消除，而且对甜菜的生长有促进作用，甜菜苗期耐氯能力弱，后期耐氯能力强。

氯对甜菜具有明显的增产作用。1200～1600 毫克/千克处理的比对照增加 12.1%～45.2%，以 600 毫克/千克最好，其次是 800 毫克/千克，从各处理甜菜含糖量看，施氯不但没有降低含糖量，而且 200～400 毫克/千克的还有增加的趋势。

380. 甜菜施肥注意事项有哪些?

通过合理配置施肥种类、时期和比例，以及科学施肥方法，可以有效提高甜菜的产量和含糖量。甜菜施肥的注意事项主要包括以下几个方面：

（1）施肥种类和比例　甜菜对氮磷钾三种营养元素的需求较大，合理配置氮磷钾施用时期和比例是保障甜菜高产高糖的关键。一般以有机肥为主，配施化肥。有机肥的施用量和甜菜块根产量比例为1∶1时效果最佳，但实际生产中每亩施用3～4吨充分腐熟的农家肥或1.5～2吨商品有机肥即可。氮磷钾的比例应当协调，单一过量施用氮肥会导致产量和糖分含量下降，应适度提高磷钾肥用量。

（2）施肥时期和方法

① 基肥：以有机肥为主，配合使用一定量的化肥。基肥应结合翻耕整地施入，在翻地前将有机肥与化肥混合均匀地撒于地面，之后机械翻耕；垄作地区，结合起垄把基肥施于垄内。

② 种肥：甜菜出苗30～40天处于幼苗期，对磷肥比较敏感。应在表层土壤施用磷肥，每亩施用5～8千克过磷酸钙，施肥时开沟深度5～10厘米，施肥后覆土。

③ 追肥：追肥以氮肥为主，配施磷肥和钾肥。一般在甜菜定苗后浇头水前结合中耕开沟追肥，每亩追施尿素15～20千克、过磷酸钙5～7千克。第二次追肥根据苗情，结合第二次灌水，撒施3～5千克尿素。

（3）微量元素肥的施用　在苗期、叶丛繁茂期、块根膨大期喷施微量元素肥能够明显提高甜菜块根产量和含糖量。应重视微量元素肥的施用，如硼和锌。缺硼地区，封垄后每隔2周喷洒0.1%的硼酸溶液；缺锌地区，可用0.1%的硫酸锌溶液浸种或叶面喷洒。

（4）施肥量和频率　基肥亩施有机肥1500～2000千克；长势较好的地块，于叶丛繁茂期亩追施尿素10～20千克即可。基肥不足或长势不好的地块可追施2次，第1次在定苗后亩追施尿素5～10千克，第2次在封垄前结合中耕培土再施尿素5～10千克。

六、花生

381. 花生的需肥特点是什么？

花生是含油分和蛋白质较多的作物。增施肥料不仅能提高花生的产量，而且能改善花生的品质。花生是豆科作物，根部生有根瘤，能固定空气中的氮。花生一生中需要的氮，三分之二是由根瘤菌固定的。花生需要的养分主要有氮、磷、钾、钙四种元素。氮肥能促进花生枝多叶茂，多开花，多结果。磷肥能促进花生生根、开花、荚果成熟、籽粒饱满，并能增强抗寒和耐涝能力。钾肥能促进花生发棵壮秧。钙能促进根系发育，利于荚果形成，减少空壳，提高饱果率。

花生的吸肥能力很强，除根系外，果针、幼果和叶子也都能直接吸收养分。花生苗期需要的养分数量较少，氮、磷、钾的吸收量仅占一生吸收总量的5%左右。开花期吸收养分数量急剧增加，吸收的氮占一生吸收总量的17%，磷占22.6%，钾占22.3%。结荚期是花生营养生长和生殖生长最旺盛的时期，茎叶生长加快，并有大批荚果形成，是吸收养分最多的时期，氮的吸收量占吸收总量的40%左右，磷约占45%，钾约占65%。饱果成熟期植株生长逐渐缓慢，吸收养分的能力渐渐减弱，这一阶段吸收的氮、磷、钾分别占吸收总量的30%、20%以及5%左右。

382. 花生的施肥原则是什么？

花生的施肥原则主要包括以下几方面：

（1）施足基肥　花生生长前期根瘤数量少，固氮能力弱，因此施足基肥非常重要。一般在播种前结合耕翻整地，一次性施足基肥，以满足全生育期对肥料的需求。基肥应以有机肥为主，配合适量的复合肥和微量元素肥料。

（2）合理追肥　对于露地花生或地力差、基肥不足的地块，可在苗期或花针期适当追肥。一般亩追施复合肥 10～15 千克，结合中耕培土施入。在结荚期，叶面喷施 0.2%磷酸二氢钾和 1%尿素溶液，以防止早衰，促进荚果饱满。

（3）叶面施肥　在花生生长中后期，如果植株有脱肥现象，可用1%尿素溶液或 2%～3%过磷酸钙浸出液进行叶面喷施。叶面施肥可以快速补充营养，提高光合产物的运转速度，从而增加产量和改善品质。

383. 花生的施肥量和时间如何控制？

（1）施肥量　基肥的施用量根据产量水平不同而有所差异。当产量水平在 150～200 千克/亩时，配方肥的推荐用量为 30～35 千克/亩；产量水平在 200～300 千克/亩时，推荐用量为 35～40 千克/亩；产量水平达到 300～400 千克/亩时，推荐用量则为 40～45 千克/亩。此外，每亩增施 2～3 立方米农家肥可以进一步提升施肥效果。

（2）施肥时间　基肥应在播种前结合耕翻整地一次性施入，追肥主要在苗期或花针期进行。叶面施肥可以在花生生长中后期进行，每隔 7～10 天喷施一次，连续喷施 2～3 次。

384. 花生施肥效果和注意事项是什么？

施肥效果：施用基肥和合理追肥可以提高花生的产量和品质。花生植株叶色浓绿，荚果数量多、籽粒饱满，根系发达，单株果数和饱仁重明显提高，增产率可达 15.0%以上。

注意事项：施肥时要避免烧种烧苗，特别是硼肥作基肥时，严禁施入播种沟内。叶面施肥时要注意喷施时间和浓度，喷后 8 小时内遇雨需重喷。

七、甘蔗

385. 甘蔗的需肥特点是什么？

甘蔗对氮、磷、钾的吸收量都很大，而且对钾的需要量大于氮、磷。每生产 5000 千克吸收氮（N）11.5 千克、磷（P_2O_5）7.2 千克、钾（K_2O）13.3 千克。

甘蔗一生可分为苗期、分蘖期、伸长期和成熟期四个阶段。在不同生长阶段吸收氮、磷、钾的状况不同，各个阶段的营养条件都会影响蔗茎产量、含糖率和蔗汁品质。

（1）发芽出苗阶段　苗根和真叶虽然不断增生，但吸肥量很少，氮、磷、钾的吸收量都不到一生总吸收量的 1%，主要是靠种苗贮存的营养物质。该时期需氮量比磷、钾约多一倍。

（2）分蘖阶段　甘蔗主苗长出 7～8 片真叶，初生分蘖萌动出土直至主苗开始拔节，蔗田基本封行荫蔽，分蘖才告结束。此期吸肥量仍不到一生总吸收量的 1%，可是吸收强度大，效率高。适量地增施氮肥可提高分蘖率，提高抗旱能力。

（3）伸长阶段　甘蔗伸长阶段需肥量大大增加，吸收氮量为一生总吸收量的 50%以上，吸收磷、钾多达 70%以上。伸长阶段的始期是重点施肥期，而磷、钾宜适当提前施。

（4）成熟阶段　甘蔗与其他作物不同，成熟初期仍须增施肥料，以满足后期成熟阶段植株各营养器官代谢的需要，该阶段氮的吸收量高达 40%。

386. 氮、磷、钾营养元素对甘蔗生长发育的作用是什么？

（1）氮　氮能促进甘蔗茎叶生长，增加分蘖，提高抗旱能力。但如氮素过多，茎叶徒长，影响有效分蘖，蔗汁水分含量增加，产糖率低，纤维含量低，易倒伏，甘蔗施氮多还易遭受病虫害而减产。

甘蔗所吸收的氮素，多集中在幼嫩器官中，尤其以分生组织的梢头部、新叶叶片等含量最多。所以，在田间剥叶时，要将青叶留下，以便养分再利用。

（2）磷　磷有促进分蘖、节间伸长、扩大茎径、增加叶面积等作用，磷素还能促进甘蔗成熟，提高含糖量。施用磷肥能提高植株抗旱能力，加速对氮、钾、钙的吸收。但是施磷过多会造成氮、磷失调，也会引起根系发达，而地上部蔗茎不能相应增加的现象。

（3）钾　钾是甘蔗体内转化酶的活化剂，能促进单糖转变为蔗糖。增施钾肥使蔗茎坚硬，增强抗病、抗虫、抗害、抗旱及抗倒伏能力。

387. 化肥在甘蔗上的应用效果如何？

化肥在甘蔗上的应用效果显著，能够显著提高甘蔗的产量和品质。合理使用化肥可以满足甘蔗不同生长阶段的需求，促进其快速生长和高产。其中：

（1）氮肥　常用的氮肥有尿素等，每亩施用 10～15 千克可以促进甘蔗的茎叶生长。在分蘖期和伸长期增加氮肥的施用量，可以促进甘蔗的分蘖和茎秆伸长。

（2）磷肥　常用的磷肥有过磷酸钙、钙镁磷肥等，每亩施用 30～50 千克可以满足甘蔗对磷的需求。磷肥的早期施用有助于根系发育和糖分积累。

（3）钾肥　常用的钾肥有硫酸钾、氯化钾等，每亩施用 15～20 千克可以促进甘蔗的糖分积累和提高抗病能力。在伸长中后期增加钾肥的施用量，可以提高甘蔗的品质和产量。

388. 甘蔗生长过程中基肥的作用是什么？

基肥是甘蔗健康生长的基础，通常在种植前施用。基肥以有机肥为主，配合无机肥，如腐熟农家肥、畜禽粪便等，并加入适量磷肥和钾肥。基肥能促进甘蔗迅速发芽、根系伸展和分蘖提前，为后续生长创造良好条件。

389. 甘蔗如何进行追肥？

追肥根据甘蔗不同生长阶段的需求进行，主要包括以下几个时期：

（1）提苗肥　在幼苗3～4叶时施用，以速效氮肥为主，促进幼苗和根系生长。建议使用高氮复合肥，结合中耕培土穴施或兑水穴施。

（2）分蘖肥　根据底肥和提苗肥的施用情况灵活调整。若前期施肥充足，可在分蘖盛期一次性施完；若不足，则分两次施用，分别在分蘖初期和盛期，以促进分蘖和壮蘖。

（3）拔节肥（伸长期肥）　伸长期是甘蔗需肥量最大的阶段，占整个生育期的50%以上。此期以追施氮肥为主，分两次施用，分别在伸长初期和盛期，并结合中耕培土，促进蔗根生长和提高抗倒伏能力。

（4）壮尾肥　在成熟前2个月施用，以钾肥为主，促进甘蔗后期生长和糖分积累。施肥量不宜过多，以免延迟成熟。

八、向日葵

390. 向日葵的需肥特点有哪些？

向日葵的吸肥能力很强，对养分的消耗量远远大于粮食作物。食用型向日葵每形成100千克籽实要消耗纯氮6.22千克、P_2O_5 1.33千克、K_2O 14.60千克。油用型向日葵每形成100千克籽实要消耗纯氮7.44千克、P_2O_5 1.86千克、K_2O 16.6千克。可是生产上往往把向日葵种植在瘠薄地块上，或田边地角，多不注意施肥，向日葵长不起来，产量低。

向日葵消耗养分最多的时期为繁殖器官形成期和开花期，这两个时期是向日葵需肥的关键时期。氮在向日葵生育前期有重要作用，但氮素过剩或磷、钾不足，会导致茎叶繁茂、结实率低。氮肥过多还会降低籽实含油率。从蕾期到花期，吸氮量约占整个生育期总量的三分之一；如以花期为界，在此前吸氮量已占整个生育期吸收总量的70%，其余的30%是在开花以后缓慢吸收，可见从现蕾至开花是向日葵旺盛生长发育时期，也是集中需氮时期。磷能促进向日葵根系发育，促进早熟并改善品质；对磷的吸收，不像氮那样有高峰期，而是持续增长。向日葵是需钾较多的作物，吸收钾的速率比较均衡，从苗期、植株旺盛生长蕾期到花期、花期到成熟期均为25%左右，钾素无论对向日葵营养体的生长，还是生殖器官的发育都有重要作用。

391. 向日葵应该怎样施肥？

根据向日葵吸肥能力强、需肥数量多的特点，要施足种肥配合追肥。

基肥的施用量一般为每亩1500～2000千克有机肥，切忌使用生粪，以免烧苗或造成后期贪青徒长，降低产量和质量。施用有条施、撒施、穴施三种方法，其中基肥集中条施，肥料靠近向日葵根系。条施方法是施肥前把肥料弄细，随耕地把肥料施入犁沟内。撒施的方法是在耕地前，把肥料均匀撒在地面，然后耕翻土内。穴施一般是在肥料较少的情况下，集中施肥。

种肥的用量应根据各地经验，衡量土壤肥力水平、基肥用量多少、栽培方式不同而定。肥沃土壤，基肥用量又多，可少施种肥；地力瘠薄，基肥用量又少，应增加种肥数量。用氮素化学肥料，一般每亩施纯氮1.5千克左右；用磷素化学肥料，每亩施纯磷2千克左右；用钾素化学肥料，每亩施3～5千克。

追肥的肥料包括尿素、硝酸铵、碳酸氢铵、氯化钾以及腐熟的人粪尿、草木灰等。追肥时间一般根据土壤供肥能力、气候条件，施用基肥、种肥数量而定，但主要是根据向日葵不同生育时期和需肥情况来确定。一般在7～8对真叶和花盘3厘米左右时各追施一次氮、钾肥。追肥方法可分条施和穴施两种，但主要是穴施。在距向日葵基部6～10厘米处开穴，然后施入肥料，随即覆土。一般数量为每亩尿素10～15千克、硝酸铵13～18千克、过磷酸钙20千克、氯化钾25千克。

392. 向日葵施肥时期有哪些？

（1）生长期　向日葵在生长期一般每20天左右施肥一次。

（2）开花前　开花前需追加2～3次稀薄的磷钾肥，以促进花蕾发育。

（3）现蕾期至开花结束　这是向日葵生长的黄金期，需水量（占总需水量的60%以上）和养分需求量最大。

393. 向日葵施肥方法和注意事项是什么？

施肥方法主要包括以下三种方式，分别是：

（1）测土配方施肥　根据土壤养分测试结果和向日葵需肥规律，科学配比氮、磷、钾和微量元素肥料。

（2）分层施肥　结合深耕，将缓效肥施入下层，速效肥施入上层，满足各层根系需求。

（3）有机无机肥配合　有机肥改善土壤结构，无机肥提供速效养分，两者配合可提高肥料利用率。

施肥过程中的注意事项是：

（1）避免过量施肥　太浓的肥料会损害向日葵生长，需按照说明书指示使用。

（2）保持土壤湿润　施肥后需保持土壤湿润，以促进养分吸收。

（3）均衡施肥　前期以磷为主，中后期以氮、钾为主，确保养分均衡。

394. 硼肥对向日葵生长的作用有哪些?

向日葵对硼需求较高，缺硼会导致畸形花序，需及时补充。

① 向日葵对于硼肥的需求度较高，缺硼肥时，葵花的幼叶以及生长点会出现缺绿的症状，老叶片仍然为深绿色。后续叶片基部的生长点停止生长，出现灰色的坏死区域。叶片中央为灰黄色，叶片尖端为绿色。幼嫩的叶片脆性大，容易碎裂。

② 如果严重缺硼，葵花幼苗会停止生长，年幼以及较老的叶片都会出现块状的缺绿现象，形成水渍状区域，产生坏死，并且植株整体发育不良，茎短粗，叶片较小，植株茎部以及植株顶部的叶柄处会出现灰色的坏死区域，严重时，会导致植株死亡。

③ 向日葵缺硼时，籽实不可正常发育，甚至完全不能形成，严重影响作物的产量和品质。

395. 向日葵如何施用硼肥?

向日葵施用硼肥主要包括作基肥、浸种用和作追肥，分别是：

（1）作基肥　种植前，亩用硼肥 0.5～0.67 千克拌适量的细土，混匀后再施入。

（2）浸种用　播种前，将葵花种子放在 0.02%～0.05%硼肥溶液中浸泡 4～6 小时。

（3）作追肥　苗期、现蕾期，对葵花喷施 0.1%～0.2%硼肥溶液，连喷 2～3 次。

九、烟草

396. 烟草的需肥特点是什么?

据测定，生产 100 千克烟叶需要 N 3 千克、P_2O_5 1.5～2.0 千克、K_2O 5～6 千克。烟草有春烟（烤烟）和夏烟之分，其整个生育期在栽培上分苗床期和大田期两个阶段。

烤烟的苗床阶段在“十”字期以前，该期需肥较少；“十”字期以后需肥量逐渐增加，以移栽前15天内需肥量最多。这一时期吸收的氮量约占当时植株吸收氮总量的68.4%，吸收磷量约为吸磷总量的72.7%，吸收钾量约占吸钾总量的76.7%。

大田阶段，在移栽后30天内吸收养分较少，此时吸收氮、磷、钾量仅占一生吸收总量的6.6%、5.0%和5.6%。大量吸肥的时期是在移栽后的45天到75天，这一时期吸收氮为吸收总氮量的44.1%，吸收磷量为吸磷总量的50.7%，吸钾量为吸钾总量的59.2%。此后各种养分的吸收量都逐渐下降，但植株对磷的吸收在最后一次采收前半个月内又稍有上升，为吸收总量的14.5%。大田阶段需肥状况的总趋势是前期少、中期多、后期又少。

烟草对氮、磷、钾的吸收比例在大田前期为5∶1∶(6～8)，现蕾期为(2～3)∶1∶(5～6)，成熟期为(2～3)∶1∶5。也就是说烟草对氮和钾的吸收量较大，而磷稍低。

夏烟的需肥规律与春烟基本相同。对养分的最大吸收期也在现蕾前后，在移栽后的26～70天间，以后逐渐下降，采收前15天对磷的吸收量又趋上升。

397. 氮、磷、钾肥对烟草有哪些生理作用?

氮肥能促进烟株生长、扩大叶面积、提高光合强度、增加干物质积累，氮素是决定烟草产量和品质的重要因素。氮肥施用适当，可使叶片厚度适中，品质提高；氮不足，植株矮小，生长迟缓，茎细长而叶片瘦小，色泽淡，产量低，品质差；氮过多，成熟迟，植株高大，叶片肥厚，筋脉粗，烘烤后叶片有青或红褐杂色，烟味辛辣，品质降低。氮的形态对烟叶的品质也有影响。硝态氮能提高烟叶含糖量，降低氮化物和烟碱含量，抽吸时，香味浓，气味平和，杂色少，刺激性小，劲头适中。施用铵态氮的烟草含糖量少，氮化物多，抽吸时香气少，杂气重，刺激性和劲头较大。

磷肥可以促进根系的发育，使植株生长快，提早成熟。磷肥施用适当，可使植株迅速生长，提早收获，烟草烤后色泽好，油分足，组织紧密；缺磷，生长缓慢，叶形狭长，色泽暗淡，烤后色暗无光泽；磷过多，氮不足，则叶脉突出，质地粗糙，油分少，易破碎。

钾与烟草品质关系很大。钾素能使烟株茎秆坚韧不易倒伏，并可增强抗逆性。钾肥施用适当，叶片生长旺盛，抗病力增强，碳水化合物积累多，烤后烟叶色泽鲜亮，燃烧性强，烟灰呈白色。缺钾，叶尖和叶缘首先产生暗铜色斑点，以后成为褐色死斑，叶尖和边缘向叶背方向卷曲而破碎。但钾肥施得过多时，调制后增加烟叶吸水量，也会降低烟草品质。

氯对烟草生长不是必需的，但是烟草能从土壤中吸收大量的氯。当烟草中含氯量在1%以下时，能增加烟叶的水分，叶薄而大，抗旱力增强，当烟叶中含氯量超过1.5%时，则燃烧力降低；超过2%时，则发生严重的黑色熄火现象，同时吸湿性加强，贮藏过程中容易霉变。因此，含氯肥料如氯化铵、氯化钾等不能施用于烟草，甚至在种烟地区也不要施用含氯化肥。

398. 烟草怎样施肥?

烟草的施肥方法主要包括基肥和追肥，具体施用方法如下：

（1）基肥施用

① 有机肥：每亩地可以施用1000千克腐熟的有机肥，或者50千克左右的有机肥。基肥可以在栽前7～30天施用，结合整地起垄埋入垄内；也可以在移栽时或移栽后立即施用。

② 化肥：每亩地可以施用30～40千克的51%纯硫基复合肥。基肥可以分两次施用，第一次在起垄、整畦前一周施用50%～60%，其余在定植穴内与土壤充分拌匀后再栽烟。

（2）追肥施用

① 第一次追肥：在移栽后10～15天，结合中耕除草施用，主要施用高氮高钾复合肥15～20千克/亩。

② 第二次追肥：在栽后25～30天内，将剩余的肥料施完，并进行中耕除草和提深沟、高培土。

（3）叶面追肥　当植株表现缺氮、磷、钾时，可以喷洒0.5%～1%的尿素和磷酸二氢钾水溶液。通常在打顶后喷一次，10～15天后再喷一次。

399. 烟草施肥注意事项是什么?

严格按照要求施肥，确保养分平衡，各营养元素之间的平衡及供应量与烟株需求量平衡。根据土壤情况施肥，如土壤的养分、质地及酸碱度等情况进行施肥。注意事项分别是：

（1）氮肥类型　烟草对不同氮源的氮肥利用价值不同。硝态氮能促进烟草对钾离子的吸收，抑制对氯离子的吸收，因此氮肥施用以硝态氮为主。

（2）忌氯作物　烟草是忌氯作物，不宜施用含氯肥料。

（3）施肥深度　施肥深度应根据烟草类型、气候条件和土壤类型确定。一般建议在 10～20 厘米之间。

十、麻类

400. 亚麻吸肥的特点是什么？

每公顷产亚麻原茎 3000 千克，大约从土壤中吸收氮（N）28.5 千克、磷（P_2O_5）15 千克、钾（K_2O）40.5 千克，氮、磷、钾比例约为 1∶0.5∶1.4。

亚麻吸收肥料的特点，以氮肥肥效最高，但如果过量施用就易发生倒伏、木质部增大及二次生长等，致使纤维率及品质下降。亚麻吸收氮随生育进程而增加，至开花期为总吸收量的 70％～80％。开花后即使不供给氮对产量影响也不大。因此，亚麻应施用速效氮素肥料。生育初期缺磷，幼苗生育停滞，此后即使供给丰富养分也不能避免减产。因此，磷肥一定要早期施用。吸收钾量在三要素中最多，钾能助长茎的伸长，有利于形成良好的纤维。

401. 亚麻怎样合理施肥？

亚麻每公顷产原茎 3000 千克、籽实 390 千克，肥力高的黑土地区每公顷施尿素 52.5 千克或硝酸铵 75 千克、重过磷酸钙 52.5 千克或过磷酸钙 172.5 千克。有效磷含量少、肥力低的土壤，每公顷施尿素 120 千克或硝酸铵 162 千克、重过磷酸钙 225 千克或过磷酸钙 735 千克。有机肥的施用应视茬口残肥而定，前茬残肥量大，可不施有机肥，前茬施肥少、地力差的地块，每公顷施有机肥 22500～30000 千克。

亚麻是生育期短、根系发育弱、吸肥能力差、吸肥早而又集中的作物。因此，亚麻施肥一要早、二要好，即早施肥、施好肥。为此，要把有机肥施在亚麻的前茬地里，以便亚麻能利用大量的残肥，满足早期生长的需要。对前茬施肥少、肥力差的地块，有机肥可在秋翻前施入，翻平耙好耢细，达到播种状态。若秋翻来不及施肥，可在春播前施肥，结合整地耙入土中。耙深不得超过 10 厘米，以防春旱跑墒。

化肥作种肥施用，氮、磷最好选用颗粒肥料，与种子拌在一起播入土中。肥、种分播效果更好。亚麻施锌肥，应以拌种肥为主，每1千克种子拌硫酸锌40克。

402. 亚麻施肥有什么注意事项?

亚麻施肥的注意事项主要包括以下几点：

（1）施肥量和施肥时间　亚麻在生长初期对氮元素需求较大，可以加速苗期的健壮生长。在快速生长期和开花阶段，钾肥的需求量较大，磷肥的需求量相对较小。施肥时应根据亚麻的生长阶段调整肥料种类和数量，避免过量使用氮肥导致秧苗倒伏，磷肥过量则会使植物矮小、早衰。

（2）施肥方法　亚麻的根系较弱，施肥时应以基肥为主、追肥为辅。基肥可以选择腐熟的有机肥或复合肥，每亩地可施用500～1000千克有机肥和30～40千克复合肥。追肥时，可以适量添加微量元素矿物肥，如缺锌时增加硫酸锌。

（3）土壤条件　亚麻适宜在土层深厚、土壤肥沃疏松、地势平坦的地块种植。土壤pH值以中性至微碱性（6.5～7.5）为宜。如果土壤贫瘠，可以添加腐叶土或堆肥提升肥力。

（4）轮作和土壤处理　亚麻对重茬轮作要求较高，最好选择三年以上未种过亚麻的地块种植。前茬作物可以选择玉米、大豆等。种植前应进行秋翻和冬灌，减少病虫害和杂草的发生。

（5）施肥策略　播种前应施足基肥，生长期每月追施一次均衡型复合肥。花期前减少氮肥使用，以防徒长。施肥时要避免过量，特别是氮肥和磷肥，过量使用会导致植株倒伏或早衰。

403. 亚麻耐氯临界值是多少?

氯作为一种植物必需的营养元素早已被肯定，但是过量施用含氯化肥对植物能否产生毒害，使用多大浓度会产生毒害，就是需要解决的问题。

氯离子浓度达到3200毫克/千克时，对出苗有严重的抑制作用，1000～1600毫克/千克的影响不大。但到快速生长期时，大于800毫克/千克对生长有抑制，从不同浓度的氯离子对亚麻产量的影响看，0、100毫克/千克、200毫克/千克、400毫克/千克处理的原茎产量差异不大，但达到500毫克/千克时对产量的影响较显著。

亚麻是一种纤维作物，其经济价值主要体现在纤维上，因此，原茎的高度、工艺长度、出麻率应为其主要品质指标。在适宜的浓度范围内，氯离子不影响亚麻的产量和质量，过量的氯离子在苗期就对亚麻的生长发育有严重的抑制。500 毫克/千克氯离子浓度为亚麻的耐氯临界值，0～500 毫克/千克为安全浓度，超过 500 毫克/千克为毒害浓度，3200 毫克/千克为致死浓度。氯离子在亚麻体内的积累随施氯量的增加而增加，主要集中在原茎中，种子中积累的氯很少，且不受施氯浓度的影响。

404. 苎麻的需肥特点是什么？

苎麻是我国南方重要的经济作物，100 千克苎麻需施纯氮（N）30～35 千克、磷（P_2O_5）10～15 千克、钾（K_2O）20 千克。给苎麻施用氮、磷、钾肥，以氮肥和钾肥增产率大，磷肥次之。苎麻是多年生宿根性作物，一般每年收获 3 次，加上其根系发达、吸肥能力强、茎叶生长量大，因此，需要吸收较多的肥料，才能获得高产。

缺氮时，麻蔸发育不良，叶片变黄，植株矮小，分株数和有效分株数少，茎细叶稀，根系生长缓慢，出苗少而迟，纤维层薄。缺磷时，叶片呈暗绿或灰绿色且缺乏光泽，严重时叶尖、叶缘发生灰色干枯，茎细而脆，麻株成熟缓慢，根系发育不良，纤维品质差。缺钾时，叶片由黄白色斑点扩大成褐斑，叶片枯死，提早脱落，麻株的同化作用减弱，干物质积累少，氮素利用率低，纤维形成会受到影响，致使麻皮变薄，易遭风害而倒伏。缺锌时，麻株生长发育不良。

405. 苎麻怎样施肥？

根据高产优质苎麻的营养水平，还要考虑三季麻三要素肥料的不同分配比例状况，在施肥技术上应掌握重施冬肥、巧施追肥、有机肥与化肥相结合的原则，施足施好，提高肥效。高产优质苎麻每公顷冬施有机肥 22500 千克，或菜饼 750 千克基础上，再施用氮（N）225～300 千克、磷（P_2O_5）45～90 千克、钾（K_2O）300～375 千克。试验结果看出，提高施氮水平，产量一般都有明显增加，施用磷、钾肥必须在土壤 P_2O_5 含量＜20 毫克/千克、K_2O 含量＜112.4 毫克/千克或供氮水平高于配施氮时，才有比较明显增产效果。一般钾肥增产效果大于磷肥增产效果；在施氮肥基础上，配施钾肥，一般都能提高纤维细度。

可增施叶面肥，即在苎麻生长中后期，每亩用磷酸二氢钾 0.25～0.3

千克加尿素 0.5 千克，或用硝酸钾 0.5 千克加尿素 1 千克，兑水 50 千克进行叶面喷雾 1～2 次，对增厚麻皮、提高产量效果显著。

406. 油用胡麻的需肥特点是什么?

油用胡麻为油用亚麻和油纤兼用亚麻的俗称，是我国华北和西北地区的重要油料作物。胡麻是需肥较多的作物，特别是需氮较多。氮素吸收在苗期速度较慢，进入枞形期以后明显增快，总体呈现出双驼峰形。其吸收峰值分别出现在出苗后 35～45 天（快速生长期）和出苗后 52～62 天（开花初期），胡麻生长进入现蕾期时氮素的吸收量已占总吸收量的 56.3%，至开花期已占总吸收量的 83.4%。

油用胡麻对磷素养分的吸收前期比较缓慢。到枞形期磷素的吸收量仅占全生育吸收量的 8.3%。进入开花期磷素吸收速度加快，吸收量占全生育的 64.6%。胡麻吸收磷素的高峰也是在开花期的七天中。

胡麻对钾素营养的吸收与茎秆的增殖有明显的关系。快速生长期是钾素营养吸收速度最快的时期，枞形期占全生育期 11.9%，快速生长期为 57.6%，以后日趋平稳。生育期中胡麻对大量元素的吸收比例见表 3-2。

表 3-2　胡麻不同生长时期氮、磷、钾需肥比例

肥料	苗期	苗期→枞形期	枞形期→快速生长期	快速生长期→现蕾期	现蕾期→开花期	开花期→成熟期
氮(N)	1.00	1.00	1.00	1.00	1.00	1.00
磷(P_2O_5)	0.07	0.43	0.24	0.29	0.63	0.86
钾(K_2O)	0.59	0.77	1.53	0.45	0.28	1.22

407. 油用胡麻怎样施肥?

油用胡麻的施肥主要包括基肥和追肥两个部分。基肥应以有机肥为主，结合化学肥料施用。具体施肥量和比例应根据土壤肥力和目标产量进行调整。

(1) 基肥　每亩施有机肥 1000 千克以上，氮素 5.3～6.5 千克/亩，磷素 3.7～4.5 千克/亩。对于低肥力地块，氮素用量可减少至 3.3～4.5 千克/亩，磷素用量可减少至 2.1～2.9 千克/亩。

(2) 追肥　在现蕾到盛花期进行追肥，主要以氮肥为主。第一次追肥在枞形期，施尿素 6～10 千克/亩；第二次追肥在现蕾期前，施尿素 10～15 千克/亩。

408. 油用胡麻施肥技巧和注意事项有哪些？

通过合理施用基肥和追肥，可以满足油用胡麻在不同生长阶段对养分的需求，从而提高产量和品质。施肥技巧和注意事项包括以下几个方面：

(1) 基肥施用　有机肥应在秋翻前施用，然后进行耕翻。化肥中的氮、磷、钾肥应配合施用。

(2) 追肥时机　第一次追肥在枞形期进行，第二次追肥在现蕾期前进行。追肥过晚容易导致贪青晚熟，影响产量。

(3) 肥料选择　应选择适合的有机肥和化学肥料，确保肥料中含有足够的氮、磷、钾等营养元素。

第三节　果树

409. 苹果的需肥特点是什么？怎样施肥？

苹果的需肥规律是：前期以氮为主，后期以钾为主，对磷的吸收全年比较平稳。生产 1000 千克果实，需纯氮（N）4～7 千克、磷（P_2O_5）2～3.5 千克、钾（K_2O）4～7 千克，氮磷钾比例约为 1∶0.5∶1。

苹果秋季施肥是最重要的。以有机肥为主，结合深松深翻，引导根系向深度发展。土壤培肥是苹果高产、优质的基础，严格的施肥管理才能获得高产、稳产、优质。施肥不当，尤其是氮肥使用过多会使栽培失败。

施肥原则是成龄树高于幼龄树，盛果期树高于初结果或未结果的树，肥力差果园高于肥沃果园。盛果树秋施基肥，有机肥施用量与果树产量相等，商品有机肥，则按普通有机肥的 0.1～0.2 倍量施用。具体肥料施用量如下：

(1) 基肥　秋季施肥一般占全年总施肥量的 1/2 以上，以有机肥为主，混入磷肥和钾肥。施肥方法常采用沟施，一般幼树或初结果树常采用环状或条状沟，沟深 40～50 厘米、沟宽 30～40 厘米，成龄果树常采用放射状沟施，每株树在树干四周的树冠下开深 30 厘米、宽 30～40 厘米、长 100～120 厘米的放射沟 4～8 条，将混有磷钾肥的有机肥填入，封土并结合秋灌。

（2）追肥　第1次追肥是在萌芽前，开放射状沟，深5～10厘米，以氮肥为主，株施氮钾肥0.5～1千克。第2次追肥是在花前，以磷、钾肥为主，氮肥适量，以促进开花、坐果及花芽形成和果实膨大，株施硫酸钾0.5～1千克，也可喷质量分数0.2%～0.3%的磷酸二氢钾，同时加入0.1%～0.2%的硼肥，每隔15～20天喷1次，连续喷三四次，摘果前20天停止。第3次在果实膨大期追施壮果肥，以钾肥为主，氮磷肥适量，株施硫酸钾0.5～1千克。第4次追着色肥，以钾肥为主，叶面喷施磷酸二氢钾或硫酸钾。3月中下旬土壤化冻后至苹果发芽前，可每亩施长效缓释肥50～60千克。

南方苹果生长旺，容易抽晚秋梢，因此，在秋季应控制速效氮肥。矮化砧果园，根系浅，栽植密度大，产量高，对肥水要求也高，也需要喷施0.2%尿素和0.2%磷酸二氢钾，保证结果和树体生长的需要。

410. 柑橘的需肥特点是什么?

柑橘为常绿果树，生理活动周年不息，抽梢次数多，果实生长期长，冬季也进行同化作用和花芽分化。柑橘的须根特别发达，主要靠菌根吸收水分和养料。施肥与土壤管理是柑橘丰产的基础。

每生产1000千克柑橘果实，需氮6千克、磷1.1千克、钾4千克、钙0.8千克、镁0.27千克。氮磷钾比例为1∶0.2∶0.7，需氮钾多。柑橘对所需养分的吸收，随物候期的变化而不同。新梢对营养的吸收，由春季开始迅速增长，夏季达到高峰，入秋后开始下降，入冬后基本停止；果实对磷的吸收，从仲夏逐渐增加，至夏末秋初达到高峰，以后趋于平衡。氮钾的吸收从仲夏开始增加。8～9月出现最高峰。春季的4月到秋季的10月，是柑橘一年中吸肥最多的时期，施肥时应考虑这些特点，若施肥不当，将带来危害，春梢萌发时氮过剩，往往春梢徒长，降低坐果率。后期氮过剩，晚秋梢不断发生，会影响柑橘越冬。如果果实膨大期缺氮，生理落果严重，果实小，产量低；过多施钾还会增加果皮厚度，影响品质。

柑橘幼树施肥的目的，主要是促进春、夏、秋三次新梢的生长，便于迅速形成树冠，早日长成结果树，同时要控制晚秋梢的抽生，防止发生冻害。因此，应掌握薄肥勤施的原则。最好在3～7月每月施速效肥1次，11月再施1次。

柑橘的施肥量与树势强弱、品种特性、土壤肥瘠、树龄大小、产量情况均有密切关系。不结果枝（营养枝）4～7 月龄叶片的营养分析可以作为判断营养状况的参考（见表 3-3）。

表 3-3　甜橙营养状态分级标准　单位：%（干物质）

元素	缺乏	低	适	高	过剩
氮	2.2	2.2～2.4	2.5～2.7	2.8～3.0	＞3.0
磷	＜0.09	0.09～0.11	0.12～0.16	0.17～0.29	＞0.3
钾	＜0.7	0.7～1.1	1.1～1.7	1.8～2.3	＞0.4

411. 柑橘缺素症有哪些表现？

柑橘是对微量元素比较敏感的果树，为了判断柑橘的缺素情况，可利用下列检索表。

（1）症状最初出现于新梢

① 叶色全部一律，生长衰弱，常呈丛生状

a. 新叶淡绿乃至黄色，停止生长早（缺氮）。

b. 新叶黄绿色乃至黄色，比缺氮时显得更黄（缺硫）。

c. 新叶出现水渍状半透明斑点，果实皮上有坚硬树胶块（缺硼）。

d. 叶片绿色，沿中肋有皱褶（缺钾）。

② 叶色在叶脉和中肋部较浓

a. 叶小而尖，中肋部及主要支脉部呈绿色，脉间呈淡绿色乃至黄色，果实小（缺锌）。

b. 叶的大小形状近乎正常。中肋及主要支脉暗绿色，叶脉淡绿乃至黄色，轮廓不明显，叶色较暗（缺锰）；叶淡绿色乃至黄白色，仅叶脉为极细的绿色网纹，生长显著衰弱，枝梢通常枯死（缺铁）；叶淡绿色，仅叶脉绿色，有极细网纹，叶大型。叶常大于正常叶片，果实的表面和囊瓣的轴上有树胶物质（缺铜）。

（2）症状最初出现于老龄叶片，常影响果实产量

① 叶从局部开始褪绿，渐渐扩及全部

a. 叶的褪绿从平行于中肋叶部开始，渐渐扩向全面，仅叶的基部残存绿色（缺镁）。

b. 叶的褪绿开始于叶缘，渐及于叶脉间（缺钙）。

② 叶的褪绿不是从局部开始

a. 褪绿全面发生，从黄绿色和黄色的斑点开始，最后全面变为黄

色（缺氮）。

b. 叶暗绿色，最后变为黄橙色，严重时发生灼烧（缺磷）。

412. 柑橘怎样施肥？营养失调怎样矫正？

施肥量应根据果园的产量水平来制定，具体方法如下：

(1) 亩产 3000 千克以上的果园　有机肥 2～4 米^3/亩，氮肥（N）25～35 千克/亩，磷肥（P_2O_5）8～12 千克/亩，钾肥（K_2O）20～30 千克/亩。

(2) 亩产 1500～3000 千克的果园　有机肥 2～4 米^3/亩，氮肥（N）20～30 千克/亩，磷肥（P_2O_5）8～10 千克/亩，钾肥（K_2O）15～25 千克/亩。

(3) 亩产 1500 千克以下的果园　有机肥 2～3 米^3/亩，氮肥（N）15～25 千克/亩，磷肥（P_2O_5）6～8 千克/亩，钾肥（K_2O）10～20 千克/亩。

基肥（秋施肥）：一般占全年总施肥量的一半以上，以有机肥为主，混入磷、钾肥，采用沟施。幼树或初结果树常采用环状或条状沟，沟深 40～50 厘米、沟宽 30～40 厘米。成龄果树常采用放射状沟施，每株果树在树干四周的树冠下开沟 30 厘米的放射状沟 4～8 条，将混有磷钾肥的有机肥填入，封土结合秋灌。

追肥：一般每年 2～3 次，第 1 次在萌动前开放射状沟，深 5～10 厘米，施速效氮肥结合灌水。第 2 次追施在落花后，施用速效氮肥，每株并追施硼砂 100～150 克和硫酸锌 200～250 克，结合灌水。第 3 次追肥在 5 月下旬至 6 月上旬（花芽分化期）追施速效氮肥和磷、钾肥。

营养失调矫正的方法：缺锌、锰、镁结合冬肥每株需要施硫酸锌 0.5 千克、硫酸锰 0.5 千克、硫酸镁 0.3～0.5 千克。也可以喷施这些微量元素肥料的 0.2%浓度溶液。缺硼每株施硼砂 0.2～0.25 千克，或喷 0.1%浓度硼砂溶液。缺铜基施硫酸铜每株 0.1～0.2 千克。缺铁喷施 0.1%柠檬酸配制的 0.2%浓度硫酸亚铁溶液，对提高柑橘产量均有一定的效果。

413. 菠萝的需肥特点是什么？怎样施肥？

菠萝对三要素的要求，在营养生长期氮、磷、钾比例为 17∶10∶16，进入开花期氮、磷、钾比例则为 7∶10∶23。因此，菠萝施肥应注意氮钾的补给。定植时施足底肥，给丰产打下基础。

基肥必须一次施足。根据广西地区的菠萝施肥经验，基肥每公顷施牛栏肥和草木灰的混合肥 30000～45000 千克、花生饼 750～1500 千克、骨粉 750～1500 千克、硫酸钾 150～225 千克。

追肥。第 1 次追肥在 12 月到次年 1 月，每株施土杂肥 10～15 千克与 0.5 千克过磷酸钙，施在茎基周围，然后培上。第 2 次追肥在 4～5 月，每株施硫酸铵 50 克。第 3 次追肥在 7～8 月，每株施硫酸铵 80 克，施肥后及时灌水。

只收单造果，可于采果后，在大行行间用犁开沟或开穴，每公顷施有机肥 15000～22500 千克，混入过磷酸钙 150 千克和硫酸钾 225 千克。也可在生长季节用等量 1.0％尿素和 0.4％磷酸二氢钾混合液进行叶面喷肥。

414. 香蕉怎样施肥？

香蕉是典型的需钾作物。从香蕉全株的养分分析看出，氮、磷、钾三要素含量的比例大体为 3.5∶1∶12.5。可见，香蕉对钾的需要量特别大。香蕉第 3 叶钾素诊断指标：缺乏值 K_2O＜4.0％，K_2O/N＜1.1，施钾肥增产效果显著；适量值 K_2O 5.0％～5.8％，K_2O/N 1.4～1.7。

根据土壤酸度，定植前每亩施用石灰 40～80 千克、硫酸镁 25～30 千克，与有机肥混匀后施用；缺硼、锌的果园，每亩施用硼砂 0.3～0.5 千克、七水硫酸锌 0.8～1.0 千克。

香蕉苗定植成活后至花芽分化前，施入约占总肥料量 20％的氮肥、50％的磷肥和 20％的钾肥；在花芽分化期前至抽蕾前施入约占总施肥量 45％的氮肥、30％的磷肥和 50％的钾肥；在抽蕾后施入 35％的氮肥、20％的磷肥和 30％钾肥。前期可施水肥或撒施，花芽分化期开始宜沟施或穴施，共施肥 7～10 次。

415. 荔枝怎样施肥？

荔枝除需要氮肥和适量磷肥外，需要特别高量的钾肥。从荔枝的果实分析可以看出，氮（N）占果实干重 0.96％、磷（P_2O_5）占 11.6％、钾（K_2O）为 3.11％。

根据需肥特点进行合理施肥。在各期施肥中，采收前后的采果肥最为重要。采果肥在树冠下开条状沟或环形沟，每株施用优质有机肥 150～250 千克、硫酸铵 2～3 千克、过磷酸钙 3～5 千克、硫酸钾 0.25～0.5 千克。对于产量高的荔枝树、老弱树和迟熟品种，采果肥应在采收前半个月进行。

第2次施肥在开花前20天（早熟品种1月份、迟熟品种2月份）进行，以速效氮肥为主，每株施用人粪尿50～100千克或尿素1～1.5千克、硫酸钾0.3～0.5千克、过磷酸钙0.5千克，撒施后耕翻或开放射状浅沟施，施肥后进行灌水。

幼树施肥应掌握勤施少施、肥水兼顾的原则，幼年一年抽梢4～5次。在树冠外围距须根15厘米以外，开20～25厘米深的弧形沟，每次每株施有机肥15～20千克、尿素50～100克或硫酸铵100～200克、过磷酸钙200～300克、硫酸钾50～100克。

416. 葡萄怎样施肥?

葡萄树是一种典型的喜钾果树，素有“钾质植物”之称，钾能提高葡萄纤维素含量，增强抗寒能力，同时可促进浆果成熟，有利于养分向浆果转移，使糖分含量增加。葡萄的养分需求量：每生产1000千克葡萄，需要氮3.7千克、磷0.8千克、钾6.6千克、镁0.7千克、钙4.4千克。

（1）基肥施用　每年葡萄采收后秋季施入最适宜，及早施肥对于恢复树势、增加储备营养十分重要。基肥以有机肥为主，并与磷、钾肥混合施用。通常采用沟施，沟的深度以葡萄根系的分布情况而定。北方大部分葡萄园植株根系在20～60厘米深处，南方地下水位高的葡萄园，根系多在10～30厘米深处，有机肥应施在根系分布层稍深稍远处。

（2）追肥分为土施和叶面喷施两种　在生长季节每年最少3次，多者可达5次，最主要分为催芽肥、催条肥、坐果肥、着色肥。根据需要可在硬核期加1次。

① 土施追肥。当年栽植的苗木，待新梢长到20厘米以上时，新根开始大量发生，应第一次追肥。北方在7月前，连续追施两次以氮肥为主的化肥，促进生长。7月以后开始控氮，追施1～2次磷钾肥，促进枝条成熟。

葡萄进入结果期后，通常根据树体长相（简称树相）确定催芽肥。秋施基肥数量较大，树势又偏旺，尤其实行短梢修剪的植株，可不施催芽肥；山地、丘陵地等低肥力地区，树势较弱，可适量追施氮肥。

坐果以后，每亩可追施5千克高氮水溶性肥料，砂土漏水漏肥地可铺施一些腐熟的有机肥。果实上色始期，浆果进入第二次生长高峰期，追施高钾水溶性肥料能够促进上色增糖，在这期间不可施用氮素化肥，防止新梢二次生长，影响果实成熟上色，枝条成熟。

② 根外追肥。通常结合防病打药，根据土壤状况和植株表现追施各种叶面肥料。主要在花期、幼果期到膨果期以及成熟期喷施。

417. 龙眼怎样施肥?

龙眼（又称桂圆）是多年生常绿果树，定植后，根系不断地从土壤中长期地有选择性地吸收某些营养元素，容易造成某些营养元素亏缺，这在生产上就需要不断补充。据分析，亩产1000千克龙眼鲜果的果园，每年要从土壤中吸收氮4.01～4.8千克、磷1.46～1.58千克、钾7.54～8.96千克。

龙眼每年施肥3～5次，采果后的施肥非常重要。此次施肥一定要结合深翻改土，每株施用土杂肥150～200千克、人粪尿50～100千克、硫酸铵1～2千克、过磷酸钙5～10千克、硫酸钾0.5千克。第2次施肥在花芽分化期（2月上旬），主要是促进花穗发育。每株施用稀粪水10～15千克。第3次施肥在3月中、下旬，主要是增大花穗，促进夏梢抽生，每株可施硫铵1～1.5千克。第4次施肥在幼果形成期，每株施用尿素1～1.5千克、硫酸钾0.3～0.5千克。第5次施肥在果实迅速膨大期，以速效氮肥和钾肥为主，每株施用人粪尿50～100千克和硫酸钾0.3～0.5千克。

龙眼的幼树施肥每次新梢停止生长即应施肥。此外，龙眼幼树由于主干木栓层尚未形成易受冻害，秋施肥以施有机肥和钾肥为主，不施氮素化肥，以增强幼树抗寒性。

418. 枇杷、杨梅怎样施肥?

枇杷为常绿小乔木，需肥量较大，一般每株成年树每年应施农家肥100～200千克。枇杷果实含钾最多，氮磷次之。氮肥施用过多，果实虽大，但颜色、味道却变淡了。但若钾肥过多，果实含糖量提高了，肉质却变粗硬了。因此施肥时三要素比例应适当，一般氮磷钾的比例以4∶2.5∶3为合理。成年枇杷树全年施肥量山地每亩为氮12.5～15千克、磷10～12.5千克、钾12.5～15千克。土层较厚的平地可适当减少。酸性红黄壤土还应增施石灰。增加土壤有机质是提高枇杷产量、质量的根本措施。

枇杷一年中施肥3～4次。第1次在春梢抽生前，占全年施肥量的

20%～30%。第2次施肥在3月下旬至4月上旬，以速效氮肥为主。第3次施肥在5月下旬至6月上旬，占全年施肥量的1/2以上。在枇杷施肥中，有机肥与氮磷钾化肥相结合，氮肥过多，果实大，味色俱淡。钾肥过多，糖分增加，但肉质粗硬。采用弧形沟施或放射沟施。

杨梅种植4～5年是树冠形成期，4～5年后进入结果期，这两个时期所要求氮、磷、钾的比例是不同的。在种植以后4～5年内着重营养生长，要求较多的氮肥和磷肥，促进根系扩大，迅速形成树冠。每亩幼树施纯氮（N）为3.5千克、五氧化二磷（P_2O_5）为0.9千克、氧化钾（K_2O）为3.0千克，其比例为100∶48∶86。进入结果期以后，要求结果与生长平衡发展，对氮、磷、钾的要求与幼树有很大区别，一般亩产在1000千克的大树所需氮为9.2～10.6千克、磷为2.3千克、钾为12.3千克，其比例约为100∶21∶140。同时许多果园常缺锌、钙、硼等微量元素，应增加有机肥料的用量，改善土壤结构，减少水土流失，酌情使用微量元素，进入结果期后要加大肥料施用量，否则会导致开花结果太多、果形变小、畸形以及僵果等，丧失商品价值。

419. 桃怎样施肥?

桃树的施肥方法主要包括基肥、促花肥、坐果肥和果实膨大肥的施用。

（1）基肥施用　基肥是桃树全年施肥的基础，最好在果实采摘后立即施入，若无法及时施肥，也可在桃树落叶前的一个月左右进行。基肥应以有机肥为主，如果有机肥用量较少，氮肥的用量需根据树龄、长势及土壤肥沃度灵活调整。通常，基肥中的氮肥施用量占年总施肥量的40%～60%，每株成年桃树的施肥量为纯氮0.3～0.6千克。磷肥和钾肥的施用量也应根据具体情况调整，磷肥施用量为每株0.3～0.5千克纯P_2O_5，钾肥施用量为每株0.25～0.5千克纯K_2O。

（2）促花肥施用　促花肥主要在早春后、开花前施用，以氮肥为主，用量约占年施肥量的10%。通常每亩施用25千克纯氮（相当于尿素4.3～10.9千克或碳酸氢铵11～28.6千克）。

（3）坐果肥施用　坐果肥在开花后至果实核硬化前施用，以氮肥为主，并配合少量的磷钾肥。每亩的氮肥用量为2～5千克纯氮。

（4）果实膨大肥施用　果实膨大期需要大量的养分，主要以氮磷钾复合肥为主，具体用量和种类可根据实际情况调整。

施肥的具体方法和注意事项：

(1) 施肥方法　基肥可采用环状沟施、条状沟施和放射状沟施等方法。施肥时应避免肥料直接靠近树体，并与土壤充分混合，以防烧根。

(2) 施肥时间　基肥最好在果实采摘后立即施入，若无法及时施肥，也可在桃树落叶前的一个月左右进行。促花肥在早春后、开花前施用，坐果肥在开花后至果实核硬化前施用，果实膨大肥在果实再次进入快速生长期施用。

(3) 肥料选择　基肥首选有机肥，如腐熟的农家肥或商品有机肥，辅以硫酸钾复合肥和适量的速效性化肥及微量元素。若有机肥用量有限，氮磷钾的用量需根据具体情况灵活调整。

第四节　蔬菜

420. 蔬菜怎样进行叶面喷施磷肥？

叶面施磷是在土壤中有效磷含量不足，或者地温较低，根部吸收能力较弱，以及作物需磷较多的情况下，作为根部追肥的补充进行的，具有一定增产效果。试验证明，将磷肥的水溶液喷洒到叶片上，很快就能进入生长点和根部。当番茄现蕾时，或者叶片嫩绿有徒长趋势时，喷磷可以改善植株的磷素营养，促使叶色变为深绿，叶片增厚，对营养生长表现出一定程度的抑制，而对生殖生长则有一定的促进作用。

叶面施磷多用3%浓度的过磷酸钙浸出液。即用1.5千克过磷酸钙，加5千克热水浸泡，并不时搅动，静置一昼夜后，取上层清液加水至50千克，可用喷雾器喷洒。

叶面喷磷应注意：

① 要分布均匀，力求每片叶的正反两面都要喷到，特别是气孔较多的叶片背面，更要注意喷到。

② 最好在傍晚进行，因为这时温度较低，湿度大，喷在叶子上的磷肥浸出液不易干燥，有利于叶片吸收，阴天可以全天喷洒，但雨前、雨天不宜进行，以免被雨水淋失。

421. 蔬菜无土栽培的营养液如何配制？

蔬菜无土栽培可分为：沙培、水培（常用聚氯乙烯有孔塑料或泡沫塑料等以固定植株）。按照营养液供给、循环等方式的不同，蔬菜无土栽培的形式是多种多样的。

无土栽培所用的营养液一般盛于营养液槽中，槽的宽度多数为 100 厘米左右，深约 25 厘米，槽的大小可灵活掌握。并用进液管、排液管和蓄营养液池连贯起来，成为营养液的循环系统。通过水泵的运转，使营养液按一定的次序和相隔的时间不断地循环，以供给植物的需要。

无土栽培所用营养液的化学成分，包括氮、磷、钾等主要元素和硼、锰、铜等一些微量元素，蔬菜栽培所采用的营养液配方介绍见表 3-4。营养液的酸碱度（pH 值）一般应调整到 5.5～6.5。通常使用 1～2 个月以后，对营养液的成分要进行调整或加以更换。

表 3-4　每 1000 千克水中各种养分用量

肥料	用量/克	肥料	用量/克
硝酸钾	810	硫酸锰	2
硝酸钙	950	硫酸铜	0.05
硫酸镁	500	硼酸	3
磷酸二氢钾	350	硫酸锌	0.22
三氯化铁	20	钼酸钠	0.22

422. 塑料大棚中栽培的果菜类怎样施肥？

对塑料大棚栽培的所有蔬菜施肥时，要特别注意预防有害气体的危害，大棚栽培的果菜类，由于需要精耕细作，种植密度较大，生长期较长，应该施入足够数量的肥料。

根据我国大棚春番茄、春黄瓜早熟丰产的经验，在施肥技术方面，首先应重视基肥的施用。一般每公顷施有机肥 75000 千克左右，并将其翻入土中。

在追肥技术方面应注意以下几点。

① 追肥一般用尿素或硫酸铵，每次每公顷用量为 150～300 千克，最好是制成 0.2%～0.4%溶液进行液体追肥，不宜干施，在我国南方采用“淡肥勤施”。

② 追肥时间及次数因蔬菜种类而异，番茄追肥 3～4 次、黄瓜5～10 次。在幼苗期可适当追肥，果实开始膨大后抓紧追肥，以促进早熟丰产，在中、后期应适当追肥，以增加总产量。

③ 追肥要和灌水结合，追肥后应当进行通风。

④ 在大棚中追肥也可采用叶面喷施法，一般喷施尿素的浓度，番茄为0.5%、黄瓜为0.5%～1%。

塑料大棚栽培在覆盖保护下，肥料不会随雨水流失，因而肥料的利用率高，但是土壤溶液中盐类易积累，可能造成土壤溶液浓度过高，甚至会引起蔬菜死亡。所以在夏秋季要揭开大棚上覆盖的薄膜，使雨水淋入，以减轻危害。

423. 白菜的营养特点是什么？怎样施肥？

白菜和其他作物一样，在生长期间需要氮、磷、钾三要素。氮素促进白菜叶生长，磷促进叶的分化和形成叶球，钾促进叶子里的养分向叶球输送而使叶球充实。据试验，每公顷产75000千克白菜，大约吸收纯氮112.5千克、磷52.5千克、钾150千克。氮素不足时，叶小，叶色发黄。磷不足时，植株小，结球延迟。钾不足时，外叶边沿枯黄，叶球不充实。

白菜的生长量大而且生长期长，需要施用大量有机肥作为基肥，一般亩施不少于3000千克的腐熟有机肥。生物有机肥宜在施有机肥时一并条施，亩用量80～100千克。播种施好提苗肥。亩用微生物菌剂2千克、硫酸铵5千克，于直播前施于播种穴、沟内与土壤充分拌匀，然后浇水播种。白菜幼苗期，根系不发达，吸收养分和水分的能力很弱，应追施少量氮肥。

白菜进入莲座期后，生长量很大，这一时期吸收的养分和水分很多。结球期制造养分的叶子在莲座期基本长成，莲座的旺盛生长对叶球生长有决定性的意义。追施氮素化肥，充分供给莲座叶生长所需的养分是决定产量的关键措施。团棵初期补施发棵肥。在田间有少数植株开始团棵时，亩施粪尿800～1500千克、生物肥10～15千克，在植株边沿开8～10厘米的小沟施入肥料并盖严土。

白菜自包心开始，莲座叶大量制造养分输入球叶，形成发达的叶球，直到叶球成熟至结球期。白菜在结球期需要的养分和水分最多，包心前追施结球肥。一般亩深沟条施尿素15千克，过磷酸钙及硫酸钾各10千克。

424. 甘蓝的营养特点是什么？怎样施肥？

甘蓝即结球甘蓝，又叫“卷心菜”“大头菜”。春、夏、秋季均能栽培，在城市的蔬菜周年供应中占有重要地位。甘蓝对营养元素的吸收比一般蔬菜作物要多；种植时除施足基肥外，还应在生长期间合理追肥。甘蓝在各个生育阶段，对各种营养元素的要求不同，在生长早期即幼苗期和莲座期，需要较多的氮，莲座期对氮的吸收达到高峰。甘蓝以叶球为产品，对氮的要求最为敏感；氮素供应充足则外叶中叶绿素含量增加，制造碳水化合物随之增多，可促进叶球的生长而提高产量。磷能促使叶原基的分化，使外叶生长快，球叶的分化增加。钾能促进碳水化合物由外叶向球叶运输，使叶球充实，产量增加，品质提高。

甘蓝根系浅，叶面积大，生长期间需要充足的水分和养分，特别是包心期，水肥充足能提早包心，提高产量。生产37500千克左右，需要吸收纯氮166.5千克、磷46.95千克、钾201千克。

露地甘蓝的生产应遵循以下施肥原则：①有机肥与化肥配合施用，应遵循控氮、稳磷、增钾的原则；②肥料分配上以基肥、追肥结合为主；追肥以氮肥为主，合理配施钾肥；③注意在莲座期至结球后期适当喷施钙、硼等中微量元素，防止“干烧心”等病害的发生；④蔬菜地酸化严重时应适量施用石灰等酸性土壤调理剂；⑤与高产栽培技术结合，以充分发挥水肥耦合效应，提高肥料利用率。

甘蓝苗床要求选择土壤肥沃、排水良好的地段。一般亩施腐熟厩肥1500千克、8～10千克硫酸铵作苗床肥，以利于幼苗生长。在定植甘蓝的地上施用农家肥料作基肥时，一般亩施腐熟厩肥或堆肥4000～5000千克，并将磷肥50～70千克，与之混合堆集，腐熟后施用。在甘蓝进入莲座期时，植株要形成强大的同化器官，莲座期是吸收肥水最关键的时期，此期要进行追肥，施用碳铵等氮素化肥时，早熟品种每公顷225～300千克，中、晚熟品种每公顷施150～225千克。追肥后浇水。随气温增高甘蓝进入旺盛生长时期，早熟品种很快就开始包心，不用再追肥。中、晚熟品种，在植株开始包心时，每公顷再追施氮肥225～300千克，追肥后及时灌水，以促进叶球生长。

425. 菠菜的营养特点是什么？怎样施肥？

菠菜是重要的绿叶蔬菜，叶子肥嫩，营养丰富，含有维生素C、胡萝卜素、蛋白质，以及铁、钙等矿物质，为人们喜食，各地普遍栽培。

菠菜以绿叶为产品，需氮素较多，也要配合磷、钾肥。每公顷产30000千克，需要吸收纯氮252千克、磷63千克、钾333千克。单施氮肥时，虽然叶子生长迅速，但叶片薄，配合施用钾肥，可使叶片肥厚，养分含量高；施用磷肥则有利于提高菠菜的抗寒性。

春菠菜：播种出苗后，气温低，光照日渐加长，很容易通过阶段发育而抽薹开花。追施氮肥并配合浇水，可以促进叶片生长，延迟抽薹。

秋菠菜：秋季冷凉，适合菠菜生长。而且日照日渐缩短，菠菜的阶段发育不易通过，叶子生长充分，水肥适当时叶片肥厚，品质好。

越冬菠菜：春季返青，开始旺盛生长后，应追施氮肥，每公顷施硫酸铵 225 千克左右，然后浇水。肥水充足，菠菜产量高，抽薹迟，品质好。

426. 萝卜的营养特点是什么？怎样施肥？

萝卜是重要的根菜类蔬菜，喜土层深厚并富含有机质的肥沃土壤。萝卜对肥料的需要量以氮肥为最多，但增施磷钾肥可以显著提高品质。

针对萝卜生产中存在的重氮磷肥轻钾肥，氮、磷、钾比例失调，磷钾肥施用时期不合理，有机肥施用明显不足，微量元素施用的重视程度不够等问题，提出以下施肥原则：①依据土壤肥力条件和目标产量，优化氮、磷、钾肥用量，特别注意调整氮、磷肥用量，增施钾肥。②北方石灰性土壤有效锰、锌、硼、钼等微量元素含量较低，应注意微量元素的补充；南方蔬菜地酸化严重时应适量施用石灰等酸性土壤调理剂。③合理施用有机肥料明显提高萝卜产量和改善品质，忌用没有充分腐熟的有机肥料，提倡施用商品有机肥及腐熟的农家肥。

从拉十字到第一个叶环的叶子展开为幼苗期。此期主根以纵向加长生长为主，并开始横向加粗生长。定苗后，每公顷可追施碳铵 150～225 千克，追肥后灌水。

萝卜的肉质根生长前期，是叶片旺盛生长期，形成强大的同化面积，植株对矿质营养的吸收数量明显增加，如氮、磷的吸收比幼苗期增加 2 倍，钾则增加 6 倍，吸收氮、磷、钾的比例为 5∶1∶7。在水肥管理上，一方面要促进叶片的旺盛生长，保持旺盛的同化能力，另一方面还要注意防止叶子的徒长，以保证肉质根及时膨大生长。第一次追肥后，灌水 2～3 次，以充分发挥基肥和追肥的肥效。如进行喷药防治病虫时，可在药液中加入 0.5％的尿素进行叶面追肥。

肉质根迅速膨大为肉质根生长盛期，叶片生长减缓并渐趋停止，大部分营养物质进入肉质根贮藏起来，为了提高产量和萝卜的品质，应在肉质根开始膨大时进行第二次追肥，每公顷追施碳铵225～300千克并配合施用钾肥。追肥后要及时灌水，水分不足的萝卜质硬、味辣，并易糖心。

427. 黄瓜的营养特点是什么？怎样施肥？

黄瓜为一年生草本蔓性攀缘植物。耗水量大，吸水能力强，适宜保水能力强的土壤，需经常灌溉。多数侧根水平伸长，主要根群分布在表土层中。黄瓜的根群吸肥力弱，不耐过高的土壤溶液浓度，根群有氧呼吸较旺盛。根据这些特点，要施用腐熟的有机肥作底肥并混合施用磷肥，每公顷施用过磷酸钙450～600千克，为黄瓜根系生长创造质地疏松、通气良好、营养完全、地温偏高的土壤环境，以促进黄瓜根群的发育，扩大吸收营养物质的面积。黄瓜在定植时和缓苗前后不要施过多的化肥。

黄瓜吸收土壤营养物质的量为中等，一般每生产1000千克黄瓜需吸收氮2.8千克、磷0.9千克、氧化钾9.9千克、氧化钙3.1千克、氧化镁0.7千克。黄瓜喜欢中性偏酸性的土壤，在土壤pH为5.5～7.2的范围内都能正常生长发育，但以pH 6.5为最适宜。

基肥以有机肥为主，定植前亩施有机肥5000千克、生物肥250千克、尿素50千克、过磷酸钙30～40千克、硫酸钾50千克、硫酸锌2千克。

在根瓜坐住后，要进行追肥，这次追肥对开花结瓜和茎叶继续生长有重要作用，可每公顷施碳铵150千克左右，或氮素化肥与腐熟的鸡粪混合施用，施肥后灌水。

在结瓜盛期，植株地上部和根系生长都达到高峰，茎叶旺长，大量结瓜。此时养分多数进入正在生长的黄瓜，茎叶里的养分含量下降。在此期间必须及时追肥，尤其是氮肥，否则叶子会因营养不良而变黄，每隔10天左右追施速效氮肥一次，每公顷追施碳铵150千克左右，可采用腐熟的人粪尿水与化肥交替施用的方法追肥，这样既能满足植株生长和结瓜对养分的要求，又可避免一次施肥数量过多造成伤根和肥料单一的问题。

结瓜盛期，通常也是黄瓜病害发生的盛期，结合喷药可进行叶面追肥，在药液中加入0.5%的尿素、0.3%的磷酸二氢钾，可以复壮叶片，延长寿命，并有利于控制病害的发展，提高黄瓜产量。在基肥用量不足或土壤缺钾的情况下，必须追施钾肥。钾对促进营养生长和生殖生长的平衡发展，增强黄瓜抗病性和改善黄瓜品质均有良好的作用。

428. 青椒的营养特点是什么？怎样施肥？

每生产 3000 千克青椒，需从土壤中吸收纯氮（N）17.4 千克、磷（P_2O_5）3.3 千克、钾（K_2O）22.2 千克。但一定要做到有机肥与化肥结合施用，创造青椒根系发育良好的营养条件，是获得高产稳产的物质基础。

青椒的果实产量与氮吸收量之间为平行的关系。从生育初期至果实采收终了，对氮素是不断吸收。青椒对磷的吸收是随着生育的进展吸磷量也不断增加，但吸收量少，只是氮的 1/5 左右。青椒对钾的吸收是生育初期少，采收果实开始吸收量逐渐增加，钾能促进青椒保叶、增加坐果率和提高产量。

青椒对锌较为敏感，锌有提高青椒品质、产量和防治“小叶病”的作用，上海市农业科学院试验结果证明，青椒施锌可以提高维生素含量 12%～54%，增产 20%左右，并对“小叶病”起到一定的缓解作用，提高抗病能力。

（1）重施底肥　青椒生育期长，施足基肥十分重要，即在施足农家肥的基础上，每亩施硝酸磷钾肥 45～50 千克。

（2）多施、勤施、追肥　当门椒直径达 2～3 厘米时喷施植物电子肥，利用植物本身光合作用迸发出的高能电子与植物电子极性感应原理，提高细胞分裂、分子合成水平，加速新陈代谢频率，激活植物营养疏导系统产生超高肥效。

（3）巧施花果肥　花前、幼椒期使用辣椒壮蒂灵，增强各种辣椒植株营养匹配功能，果蒂增粗，防止落叶、落花、落果，发育快、着色早、果肉厚、色泽鲜艳、辣味香浓。开花期控制施肥，以防止落花、落叶、落果。幼果期和采收期要及时施肥，以促进幼果迅速膨大。忌用高浓度肥料，忌湿土追肥，忌在中午高温时追肥，忌过于集中追肥。

429. 西瓜的吸肥特点是什么？怎样施肥？

西瓜果实大，产量高，生长迅速，需肥也大，在整个生育期要求有充足的养分。每公顷产 45000 千克西瓜从土壤中吸收纯氮（N）180 千克、磷（P_2O_5）153 千克、钾（K_2O）207 千克。按每株每日吸收氮、磷、钾三要素的量计算，发芽期吸收氮、磷、钾的比例为 6.7∶1∶2.7；

苗期为 3.2∶1∶2.8；抽蔓期为 3.6∶1∶1.7；坐果期为 0.4∶1∶1.9；果实生长期为 3.4∶1∶1.5。由此看来，西瓜生长前期仍以氮为主，果实生长盛期需钾量猛增。因此，在西瓜生长中应根据西瓜吸肥特点进行施肥。

（1）基肥　每公顷施用优质有机肥 75000 千克，混入过磷酸钙 450～600 千克，硫酸钾 75～112.5 千克。将混合肥料的 3/4 施于定植沟内，与深翻 40 厘米的土混匀，余 1/4 撒施于畦面与表土耙匀。

（2）追肥　定植后 7～10 天（第一真叶展平）在定植沟的范围内每公顷撒施尿素 30～45 千克，与表土混匀后浇水。团棵期每公顷施硫酸铵 450 千克、硫酸钾 150 千克。西瓜是主蔓结瓜，每株一瓜，在雄花开放至坐果前还需再追肥一次，每公顷施用硫酸铵 75 千克、硫酸钾 75 千克，以满足果实迅速膨大期对营养的需求。

在生产实践中，合理应用微量元素肥料，也是提高西瓜产量、品质的重要措施。钙也是西瓜的重要营养元素，钙素不足会影响果实品质。为了克服缺钙，在雄花开放前应喷施 0.2%氯化钙一次，雌花坐果后再喷施一次。锌可以提高种子发芽率，增强幼苗的抗寒性；锰可以提高光合效率，促进碳水化合物的积累。用 0.2%硫酸锌溶液浸种，坐果后连续喷施 0.2%硫酸锰 2～3 次，均可收到满意的效果。

硼可以提高坐果率，还能加速糖的合成与运输，提高西瓜的含糖量，增加甜度和适口性。施硼可采用两种方法：作基肥时施用量为 15 千克/公顷，与有机肥混合施入；根外追肥时，开花期喷施 1～2 克/千克硼酸溶液。

430. 茄子的营养特点是什么？怎样施肥？

茄子是深根性作物，根系发达，因此，茄子喜有机质丰富、土层深厚、排水良好、保水、保肥的土壤。茄子根深叶茂，生长期和结果期长，生长期间及时地进行追肥，是保证丰产的主要措施之一，在生育期间既需要充足的氮供枝叶生长，又需要有足够的磷、钾肥供开花结果。一般来说，每 1000 千克茄子需氮 3.2 千克、P_2O_5 0.94 千克、K_2O 4.5 千克。

茄子全生育期每亩施肥量为农家肥 3000～3500 千克（或商品有机肥 400～450 千克）、氮肥（N）14～17 千克、磷肥（P_2O_5）4～6 千克、钾肥（K_2O）10～13 千克，有机肥作基肥，氮、钾肥分作基肥和追肥，磷肥全部作基肥，化肥和农家肥（或商品有机肥）混合施用。

（1）基肥　一般每亩施用农家肥 3000～3500 千克（或商品有机肥 400～450 千克）、尿素 4～5 千克、磷酸二铵 9～13 千克、硫酸钾 6～8 千克。

（2）追肥　整个植株进入果实生长为主的时期。第一次追肥称为催果肥，是关键施肥时期。一般可亩施尿素 7～9 千克、硫酸钾 4～6 千克。对茄膨大期追肥：这段时期是茄子需肥高峰期，进行第二次追肥，即盛果肥。亩施尿素 8～10 千克、硫酸钾 6～7 千克。四门斗膨大期追肥：一般追尿素 7～9 千克、硫酸钾 4～5 千克。

（3）根外追肥　从成果期开始可根据长势喷施 0.2%～0.3%的尿素、0.2%～0.3%磷酸二氢钾等肥料，一般 7～10 天一次，连喷 2～3 次。还可根据土壤测试结果叶面喷施微量元素水溶肥料。

431. 辣椒的营养特点是什么？怎样施肥？

辣椒的根系浅而弱，为了促进根系的发育，保证植株有旺盛的营养生长，辣椒地在定植前应施足基肥，施肥后耕翻耙细。辣椒的追肥主要是在初花期以后进行，此期需要大量的养分，要追施一次化肥。追施化肥要氮、磷配合施用，在两棵之间刨埯点施。辣椒对磷、钾肥的要求比番茄高，所以辣椒施肥的种类，以磷、钾含量为主的肥料最为适宜。

施肥原则：轻施苗肥，稳施花蕾肥，重施花果肥，早施翻秋肥。基肥亩施腐熟厩肥 3000 千克，复合肥 50 千克，定植前 10 天左右施。追肥以适量的粪肥作苗肥，忌多施。花蕾肥亩施人粪肥 1000 千克加尿素 5～8 千克。花果肥亩施畜粪肥 2000 千克、磷肥 25～40 千克、尿素 10 千克，每 15～20 天一次，共追肥 4～5 次。翻秋肥亩施畜粪肥 1000 千克、复合肥 20 千克，于立秋和处暑前后各追施一次。

432. 番茄的营养特点是什么？怎样施肥？

番茄的生长期长，结果期也长，除施有机肥料作基肥外，还要追施化肥。据分析，每生产 1000 千克商品番茄需要吸收氮（N）4.5 千克、磷（P_2O_5）5.0 千克、钾（K_2O）5.0 千克、氧化钙 2.52～4.19 千克，氮磷钾的比例约为 0.9∶1∶1。氮素保证茎叶的生长，若氮肥不足，全株的叶子呈黄绿色而早衰。钾能促进养分的同化和转移，若钾肥不足，从基部叶片开始，叶片从边缘开始变黄，继而变褐，质地变脆。磷的吸收总量虽然较少，但是磷对番茄根系生长，花芽分化和果实、种子的发育极为重要。缺磷时，叶片小，叶暗绿色，叶脉呈紫色，果实少而小，底部叶片向上卷成筒状。

施足基肥移栽定植前，每亩施腐熟的有机肥4000～5000千克、尿素15千克、过磷酸钙50千克、硫酸钾20千克、草木灰150千克，一般将其中的2/3均匀地撒于地表，结合整地翻入，1/3施于定植沟内。

在第一穗果坐果后进行第一次追肥，每公顷施碳铵225～300千克或尿素75～120千克，然后浇水。第一穗果采收后可进行第二次追肥，每公顷施碳铵150～225千克。

番茄繁茂生长后，不便追肥时，可结合喷水进行叶面追肥。交替喷洒0.5%的尿素、0.3%的磷酸二氢钾，或者交替喷施0.5%的尿素、1%～2%的过磷酸钙浸出液、2%～5%的草木灰浸出液。

433. 冬瓜的营养特点是什么？怎样施肥？

冬瓜适应性强、产量高、耐贮运，是夏季的主要蔬菜之一。冬瓜果实含有大量的水分、少量的糖和丰富的维生素C，具有特殊的风味，栽培的地区较广。

冬瓜对肥水反应比较敏感。施肥应以有机肥为主，配合追施少量化肥。冬瓜对氮、磷、钾肥料的吸收均衡且量较大，生产5000千克冬瓜时，吸收纯氮15～18千克、磷12～13千克、钾12～15千克，折合尿素32.6～39.1千克、过磷酸钙85.7～92.9千克、硫酸钾24～30千克，三者比例约为1.3∶1∶1。冬瓜中钾的含量很高，应注意磷、钾肥的施用。氮素化肥要适时、适量施用，施用偏晚、偏多时，使冬瓜质松，雨季易烂瓜。追肥可结合灌水进行。

重施基肥。中等肥力的土壤，每亩需腐熟人粪尿1000～1500千克或腐熟猪牛粪750～1000千克，土杂肥或堆肥2500～3000千克，过磷酸钙或钙镁磷肥30～50千克，还可在基肥中加入饼肥40～75千克、硫酸锌2千克和硫酸铜2千克。或在移栽前每亩施用腐熟圈肥100～150千克、三元复合肥15千克或过磷酸钙25～30千克，在畦中开深沟条施，也可按株距开穴施入。若有机肥肥源不足，定植时每亩沟施或穴施三元复合肥50～70千克。基肥较多的最好一半撒施一半穴施，基肥较少的可沟施或穴施。

冬瓜在5～6真叶时，可在畦的一侧开沟施肥，每公顷施腐熟的人粪尿7500～11250千克，或圈粪22500千克，混合施过磷酸钙375～450千克、硫酸铵150千克或碳酸氢铵195千克，施肥后封沟、浇水，可促进冬瓜伸蔓，扩大同化面积，增加营养积累，有利于雌花开放和坐瓜。

雌花开放前后应控制肥、水，以免生长过旺而化瓜。在瓜的旺盛生长前期，每公顷可冲施碳酸氢铵 150～187.5 千克，注意避免将化肥弄到瓜上引起烂瓜。

434. 花椰菜的营养特点是什么？怎样施肥？

花椰菜是十字花科芸薹属甘蓝种草本植物。花椰菜对土壤的适应性较强，适宜有机质丰富、保水保肥能力强的砂壤土和壤土。花椰菜的生育周期包括发芽期、幼苗期、莲座期、花球形成期。一般来说，每生产花椰菜 1000 千克产品约需氮 13.4 千克、P_2O_5 3.93 千克、K_2O 9.59 千克，吸收比例为 1∶0.3∶0.7。

花椰菜全生育期每亩施肥量为农家肥 2500～3000 千克（或商品有机肥 350～400 千克）、氮肥（纯氮）20～23 千克、磷肥（P_2O_5）6～8 千克、钾肥（K_2O）11～14 千克，有机肥作基肥，氮、钾肥分作基肥和追肥，磷肥全部作基肥，化肥和农家肥（或商品有机肥）混合施用。

结合耕翻整地，施用腐熟好的有机肥料作基肥，农家肥每亩 2500～3000 千克，在基肥中施用过磷酸钙 225～375 千克，以及草木灰等钾肥。

春季栽培的花椰菜，定植后气温较低，浇缓苗水后应抓紧中耕松土，保墒增温，促进缓苗，缓苗后应追肥。莲座期追肥：亩施尿素 10～11 千克、硫酸钾 5～6 千克，以促进花芽、花蕾分化和花球形成。花球形成初期追肥：亩施尿素 13～15 千克、硫酸钾 6～8 千克，以促进花球的快速膨大，防止花茎空心。花球形成中期追肥：亩施尿素 10～11 千克、硫酸钾 5～6 千克，以提高花球产量和花球质量。并增加浇水次数，水肥管理适当，才能获得高产。

秋季栽培的花椰菜，播种时正值高温多雨季节，出苗后要及时间苗、除草，使幼苗保持较大的营养面积。定植后要及时浇水追肥，水肥管理基本上同春花椰菜。

435. 胡萝卜的营养特点是什么？怎样施肥？

胡萝卜也是主要的根菜类蔬菜，含有丰富的碳水化合物和胡萝卜素。冬、春食用胡萝卜，能增加维生素营养，对调节人体的生理机能、增进健康有一定的作用。

胡萝卜的肉质根入土较深，在播种前应深耕，施足基肥，每亩施腐熟厩肥和人粪尿 2000～2500 千克，或商品有机肥 150～200 千克、过磷酸钙15～20千克、草木灰100～150千克。如果仅用化肥，每亩施尿素10千克、过磷酸钙30～40千克、硫酸钾30～35千克。施肥的方法有撒施和沟施两种，都应与土掺匀。

除施用腐熟的农家肥料作底肥外，应施用磷肥，施磷可提高胡萝卜的含糖量，每公顷可施过磷酸钙225～300千克，可与农家肥料混合发酵后一同施入。

胡萝卜不宜施过多的氮肥，防止植株徒长，叶子过密，影响根部膨大，并降低品质。在施用磷肥作基肥的基础上，于定苗后每公顷追施碳铵150千克，或者每公顷施腐熟人粪尿7500千克。

在中微量元素方面，胡萝卜要注意的是缺钙和缺硼症状。钙肥一般用生石灰或熟石灰，也可施过磷酸钙或钙镁磷肥。常用的硼肥有硼砂和硼酸，多采用叶面喷施。土壤施用钙肥和硼肥的后效一般可维持2～3年。

436. 甜瓜的营养特点是什么？怎样施肥？

甜瓜属一年蔓生草本植物。甜瓜根系较发达，主要根群集中分布在地下15～25cm范围内，根系所占土壤体积很大，故有较强的耐旱性。甜瓜需肥量大，不仅需要氮、磷、钾等大量元素，而且对钙、硼等中微量元素也很敏感。甜瓜喜硝态氮，宜施用硝态氮肥。甜瓜是忌氯作物，不宜施用含氯肥料。

根据甜瓜的吸肥特点进行合理施肥。甜瓜要求在生育期内，氮、磷、钾持续不断供应，对氮、磷、钾吸收比例为2∶1∶3.7，每生产1000千克甜瓜，需吸氮2.5～3.5千克、磷1.3～1.7千克、钾4.4～6.8千克。

基肥：以基肥为主，基肥以腐熟的农家肥为主，配合施用氮、磷、钾肥，一般每亩施用腐熟的农家肥2500～3000千克、尿素5～6千克、二铵10～15千克、硫酸钾10～15千克，或马铃薯复合肥25～30千克。

追肥：一般根据甜瓜不同生育期对养分的不同需求，视苗情进行合理追肥。一般追1～2次，第一次在5～6片真叶出现，摘心后进行追肥，以氮肥为主，配合磷、钾肥，亩追施尿素5～10千克，第二次追肥在开花后10～15天，以氮、钾为主，尿素3～5千克、硫酸钾5～10千克。氮肥施用过多，容易引起甜瓜植株徒长，抑制花芽分化，造成落花落果。所以追施尿素应根据甜瓜的长势而确定具体的施肥量。

甜瓜叶片对氨比较敏感，生长季正值高温季节，应尽量少施用铵态氮肥，以防止甜瓜发生氨害。甜瓜缺钙会引起叶边缘腐烂，当花芽分化时，钙素不足会形成西洋梨形状的变形甜瓜，降低了甜瓜的商品价值。出现这种现象时要及时补充钙肥。

437. 芹菜怎样施用锌肥?

生产 1000 千克芹菜，需吸收纯氮（N）0.4 千克、磷（P_2O_5）0.32 千克、钾（K_2O）0.77 千克，吸收比例为 1.25∶1∶2.41。

中等肥力水平下芹菜全生育期每亩施肥量为农家肥 2500～3000 千克（或商品有机肥 350～400 千克）、氮肥 13～16 千克、磷肥 5～6 千克、钾肥 6～9 千克，氮、钾肥分基肥和追肥，磷肥全部作基肥，化肥和农家肥（或商品有机肥）混合施用。

芹菜是需锌较多的作物之一。即使在富锌土壤（有效锌 3.6 毫克/千克）上栽培芹菜，施锌肥亦能增加产量。以基肥效果最好，追肥和叶面喷施效果次之。施锌后，芹菜表现为株高明显增加，据试验表明，基施锌肥，增产 6.2%；追肥和叶面喷施，增产 5.5%。锌肥施用量，基肥每公顷施硫酸锌 60 千克，将锌肥浅施在土壤耕作层中。用 0.5%硫酸锌水溶液叶面喷施，移栽后 25 天喷 1 次，连续 3 次增产效果显著。

如发现心腐病，可用 0.3%～0.5% 硝酸钙或氯化钙进行叶面喷洒。叶面喷施硼肥可在一定程度上避免茎裂的发生，每次每亩喷施 0.2%硼砂或硼酸溶液 40～75 千克。设施栽培可增施二氧化碳气肥。

438. 大葱需肥特点和施肥技术是什么?

（1）需肥特点　大葱比较喜肥，与其他蔬菜一样，对氮素的反应很敏感，施用氮肥有明显的增产效果。大葱生长盛期吸收氮的量要高于钾（1∶0.9），而进入叶鞘充实期，对钾的吸收量要比氮高（1∶1.2）。每亩生产 3000 千克大葱，需吸收氮 8～10 千克、磷 1.5～1.8 千克、钾 9～11 千克。大葱对磷的要求以幼苗期最敏感，苗期缺磷时会严重影响大葱的最终产量，如果苗期磷供应充足，即使定植后磷素不足，在后期采取追肥措施，仍可取得较高的产量。在葱白形成期应加强钾肥的施用。除氮、磷、钾外，钙、镁、硼和锰，对大葱的生长也有一定的影响。在三要素满足供应的情况下，增施钙、锰和硼效果最为显著，表现为葱白长而粗，产量高。

（2）施肥技术

① 定植前。定植地选择好后要施足基肥，施肥方法视肥料用量而定。数量多时可全面撒施，少时宜施在定植沟底层，以腐熟或半腐熟有机肥为主。一般每亩菜田施质量好的腐熟厩肥5000～8000千克。含磷少的土壤每亩施过磷酸钙25千克、草木灰150千克或硫酸钾8～10千克。

② 定植后。定植后葱苗生长缓慢，当度过雨季后，天气逐渐转凉，葱株进入旺盛生长期，老叶逐渐枯黄，新叶不断发生。若具备良好的营养状况和黑暗条件，可以促使多发叶和叶鞘的生长。立秋以后立即追肥，并要掌握好有机肥料与速效化肥的配合施用。每一次追肥，每亩施土杂肥4000千克于垄背上，或施用饼肥150千克或炕洞土3000千克，施后随即浅锄1次，并浇水1次。过15天左右追第二次肥，浇施人粪尿750千克，或撒施草木灰100千克、腐植酸铵30千克、过磷酸钙30千克，施肥后结合深锄，进行培土，随即浇水。再过25～30天进行第三次追肥，每亩追施氮素化肥15～25千克，追肥后浇水、培土，此时葱白迅速增重而充实，直至收获。如果土壤肥力较高，底肥充足，可不进行第一次追肥。生长期较短和土壤保肥力好的地区，可免去第三次追肥。

439. 大蒜施肥方法和注意事项是什么？

（1）基肥施用　大蒜的基肥施用是确保整个生长期养分供应的基础。基肥应以有机肥为主、化肥为辅，以满足大蒜对养分的全面需求。

① 有机肥的选择与施用。有机肥源广泛，包括鸡鸭粪、猪粪、堆肥、饼肥等。这些肥料养分全面，肥效持久，能够改善土壤结构，提高土壤肥力。在施用前，有机肥需充分腐熟，以免烧根或引入病虫害。每亩地建议施用腐熟有机肥2000～3000千克，结合深耕翻入土中，使肥料与土壤充分混合。

② 化肥的配合使用。在施用有机肥的同时，还需配合施用一定量的化肥，以补充大蒜对氮、磷、钾等主要营养元素的需求。常见的化肥有过磷酸钙、氮磷复合肥、氮钾复合肥等。每亩地可施用标准氮肥（如尿素）75千克左右，其中2/3作为基肥施用，剩余1/3用于追肥。磷肥（如过磷酸钙）建议每亩施用30千克左右，钾肥（如硫酸钾）则每亩施用30千克左右。磷肥和钾肥应尽量作基肥一次性施入，以提高利用率。

（2）追肥管理　大蒜的追肥管理应根据其生长发育阶段和需肥特点进行，以确保养分供应适时适量。

① 幼苗期追肥。大蒜幼苗期由于根系尚未发达，对养分吸收能力较弱，因此追肥不宜过猛。如果幼苗长势良好，有底肥和种蒜养分支撑，可不必追肥；若长势较弱，则需适量追施提苗肥，以促进幼苗健壮生长。一般每亩可追施稀薄人粪尿或硫酸铵 10～15 千克，随水追施，以防烧苗。

② 越冬前追肥。大蒜在越冬前需积累足够的养分以应对严寒，因此需追施越冬肥（又称腊肥）。越冬肥以有机肥为主，每亩可施用充分腐熟的有机肥 1500～2500 千克，搭配复合肥 10～20 千克进行沟施。此外，还可在幼苗上覆盖麦草或稻草，以保暖并促进地下茎的加速发育。

③ 返青期追肥。春季气温回升至 7℃以上时，大蒜开始返青生长，此时需及时追施返青肥。返青肥以氮肥为主，每亩可追施高氮水溶肥 5 千克或碳酸氢铵 20～30 千克。同时，结合浇灌返青水，促进根系吸收和叶片生长。

④ 蒜薹伸长期追肥。蒜薹伸长期是大蒜生长最为旺盛的时期，也是需肥量最大的阶段。此时应追施高氮高钾的复合肥，每亩可施用尿素 10 千克、硫酸钾型复合肥约 30 千克，以满足蒜薹快速生长和鳞茎膨大的需求。

⑤ 蒜头生长期追肥。蒜薹收割后，大蒜进入蒜头生长期，此时养分供应重点转向蒜头。为促使蒜头快速膨大，需追施速效氮肥为主，每亩可追施氮钾复合肥 5～10 千克或尿素 5 千克。但需注意控制用量，避免蒜瓣幼芽返青而消耗过多养分。

（3）施肥注意事项

① 有机肥需充分腐熟。未腐熟的有机肥会烧根并引入病虫害。

② 化肥用量需控制。过量施用化肥会抑制大蒜生长并影响产量和品质。

③ 施肥需结合灌溉。施肥后及时灌溉可促进根系吸收和养分利用。

④ 根据土壤条件施肥。不同土壤类型的养分含量和保肥能力不同，需根据土壤测试结果制定施肥方案。

⑤ 叶面施肥辅助。在大蒜生长关键期进行叶面施肥可快速补充养分并促进生长。

第五节　其他作物

440. 茶树的营养特点是什么?

氮素是茶树需求量最大的矿质元素，缺氮条件下，茶树干物质积累下降，叶片的 CO_2 同化速率、气孔导度都显著下降，胞间 CO_2 浓度显著增加。茶树的叶子中含氮量很高，一般春茶含氮5%～6%，夏秋茶含氮3%～4%。每采收100千克干毛茶，要带走约4.5千克的氮。

适宜的施氮量能提高茶叶中的游离氨基酸、咖啡碱、水浸出物和叶绿素的含量，增加茶叶香气物质种类。但施氮过量却会抑制菌根发育。

磷对茶树的生理活动、茶叶产量和品质都有重要影响。在茶树各器官中，磷含量为根＞叶＞茎，施磷能明显提高茶树磷的含量，增加茶叶产量。当土壤中磷的含量达到一定浓度后，继续施磷茶树干物质不再增加。

钾是茶树生长的一个重要限制因素。施用钾肥能增加游离氨基酸、水浸出物、茶多酚的含量，也会增加异戊烯二磷酸类、苯丙氨酸类挥发性物质和 β-苯乙醇等的含量。

铝是茶树的非必需元素，但茶树却被称为聚铝性作物。适量施铝可以促进茶树的生长，有利于茶树根细胞膜的稳定，促进茶树对铝的吸收与积累，对氟、磷、钾、铜和铁的吸收，提高叶绿素的含量。

441. 茶树怎样施肥?

茶树是多年生长的常绿作物，全年都要吸收一定数量的养分。因树龄、树势、产量要求、茶园土壤、茶树品种、种植方式不同，施肥的方法和数量不同。遵循“注重基肥，巧施追肥，平衡施肥，适当深施”的施肥原则。生产期的茶树因茶叶的采摘，养分消耗大，应以氮肥为主，配施磷、钾肥。在夏秋高温季节和冬季，为抵御不良环境影响，增施磷钾肥。推广使用营养全面的复合肥和茶树专用肥，配合叶面施肥。做到前促后控。

(1) 磷、钾化肥作基肥　秋末冬初在茶园施用的肥料统称“基肥”。此时茶树地上部分进入休止期，根系仍在活动，但对养分吸收较为缓慢。如施用腐熟的有机肥，最好是腐熟饼肥或磷、钾化肥配合施用。基肥宜早不宜迟，在茶季结束后立即施用为好。

（2）氮素化肥作追肥　氮与茶叶产量关系最为密切，合理施用时增产效果显著。

（3）催芽肥　茶树春季长势猛，生长量大，茶叶产量高，品质亦好。为了促进新梢早发、多发、发齐、发壮，及时施用催芽肥对提高全年产量和品质极为重要。催芽肥的时间可根据茶树新梢生育物候期来确定，据杭州龙井茶区经验，催芽肥在茶芽处于鳞片开展至鱼叶开展期施用较为恰当。施肥量要根据树龄和茶叶产量而定。

（4）夏秋茶的追肥　茶树经过春季的旺长和采摘以后，消耗了不少营养物质，必须加以补充才能保证夏茶增产。所以春茶结束后，就应及时进行第二次追肥，夏茶结束后要立即进行第三次追肥。南部茶区温度高，雨量大，采摘时间长，发芽轮次多的，追肥次数还要适当增加。

（5）根外追肥　茶树具有庞大根系，对养分吸收能力较强，茶树施肥应以根部施肥为主。根外追肥是经济用肥的措施。可用0.5%～1%的尿素或1%～2%的过磷酸钙进行喷施。根外施肥要选择阴天或傍晚进行，叶片正反两面都要喷匀喷透，尤其是叶背面要多喷，因为叶背面蜡质层薄而且气孔多，吸收力强。

442. 板栗的营养特点是什么？怎样施肥？

板栗树冠高大、寿命长，嫁接苗2～3年就能结果，20年后进入盛果期。板栗根系的愈合能力和再生能力均较弱，因此，在幼树移栽和施肥时，应尽可能保护根系不受损伤。

一般每100千克板栗发育成熟需要消耗纯氮、钾各4.5～5千克，磷1.5～2千克。基肥属安全性肥料，所含营养元素全面，还能改善土壤结构，提高农产品品质。板栗施肥以采果后秋施为好，此期气温较高，肥料易腐熟；同时此时正值新根发生期，利于吸收，从而促进树体营养的积累，对来年雌花的分化有良好作用。

大量元素与微量元素均衡施用。板栗幼树（7年生以下）氮、磷、钾全年施用比例为1∶0.7∶0.8，每年4月、6月各喷一次300～3500倍硼砂水。结果大树一年应施肥3次，全年所需氮、磷、钾为1∶0.85∶0.9。第一次是花前肥，在萌芽后开花前，结合春灌每株施腐熟的人粪尿100～120千克或尿素350～400克，促进新梢生长、开花结果，提高坐果率。第二次壮果肥施在果实膨大期，每株施氮磷钾复合肥800～

1000 克，以促进果实发育。第三次 9～10 月施基肥，一般中庸树每株施腐熟有机肥 80～100 千克、过磷酸钙 3～4 千克、硼砂 100 克，充分混合后施入。

443. 核桃的营养特点是什么？怎样施肥？

核桃树为多年生果树，每年的生长和结实需要从土壤中吸取大量的营养元素。特别是幼树阶段，生长旺盛而迅速，必须保证足够的养分供应。施肥应结合深翻改土进行，以秋季采收后施基肥为主。大树每株施有机肥 150～200 千克，混以过磷酸钙 1 千克和硫酸钾 1 千克。

追肥：于发芽前、落花后、果实硬核期三个时期施用，每株追施尿素 0.5～1.0 千克。

核桃于幼苗阶段，撒施少量速效氮肥，促进幼苗的生长。移栽定植最好选用 2～3 年生苗木，应深挖苗木勿伤主根。由于 2～3 年生苗侧根数增加，移栽时应在定植穴中每穴施有机肥 2.5 千克，与土混合，促进形成健壮的骨干根，为以后树体发育和丰产打下基础。

CHAPTER 4

第四章 肥料选购与贮存

444. 怎样识别尿素？

尿素为针状晶体，无色透明。农用尿素多制成白色圆形颗粒。

尿素的水溶性好，在常温（20℃）状态 1 份水可以溶解 1 份重量的尿素。尿素在溶解过程中能吸热使溶液降温，有冰手感。溶液呈中性。

尿素为有机化合物，在水中不离解，加入石灰和食用碱不产生氨，无刺激性臭味出现。

尿素在烧红的炉板、铁片或火炭上可迅速熔化并冒白烟，取一块干净的玻璃片，在经烟熏过的玻璃片上可见一层模糊的结晶。

尿素在清洁的铜片上燃烧可产生淡绿色火焰。

如能满足以上条件，基本可以认定为尿素。市场上的假尿素一般有硝酸铵、氯化铵、碳酸氢铵等。这些肥料不具备尿素的特征反应，很容易区别真伪。以前有用散装硝酸铵冒充尿素，给尿素蒙上“不白之冤”。硝酸铵不但比尿素少 12 个氮，有效成分形态也不同，自然达不到预期施肥效果。

445. 怎样识别硝酸铵？

硝酸铵为纯净的无色晶体，通常也制成颗粒，外观与尿素极为相似。

硝酸铵水溶性极好，1 份水可溶解 1.8 份重量的硝酸铵，由于水解速度更快，降温也更明显。水中溶液为中性。硝酸铵的吸湿性较强，在空气湿度较高时会吸湿液化，干燥后可结块。

硝酸铵属无机盐类，在水中可离解，在溶液中加入碱性物质时可有游离氨逸出，能闻到氨味。

硝酸铵在烧红的炉板或铁片上能快速熔化、发烟，继续迸发出点点火星，同时有氨味产生。在硝酸铵熔化时放入已无火焰但尚有余火的火柴梗，火柴梗能重新燃烧、发光并发出嗞嗞响声。

硝酸铵在洁净的铜片上于火焰上加热，熔融物由绿变为靛蓝色，冷却后颜色更鲜艳。

用上述方法可鉴别硝酸铵的真伪，过去市场出现用硝酸钠和氯化钠冒充硝酸铵，用上述方法马上就可以证明它们根本不含氨，是冒牌肥料。

446. 怎样识别碳酸氢铵?

纯净的碳酸氢铵为无色颗粒状晶体，也有采用机械方法挤压成各种粒型的，如片状、扁圆状和柱状。

碳酸氢铵易溶于水，溶液呈碱性。碳酸氢铵稳定性较差，在环境湿度较大时可吸湿潮解，生成氨、二氧化碳和水。一般情况下，碳酸氢铵开袋时都可闻到明显的氨味。

碳酸氢铵为碱性盐，向碳酸氢铵水溶液加食醋，会有大量二氧化碳和氨气泡产生。

447. 怎样识别硫酸铵?

纯净的硫酸铵为无色结晶体，常因生产过程中带入杂质而呈现微弱的不同颜色。因不易吸湿而物理性状好，很少结块。

硫酸铵易溶于水，通常 1 份水能溶解 0.75 份重量的硫酸铵。溶解过程中无明显吸热过程。硫酸铵水溶液呈中性。

硫酸铵遇碱性物质可发生反应生成氨，产生氨味。硫酸铵遇高温可逐渐熔化并出现沸腾状，冒白烟，有残留物，有氨味。继续加热有刺鼻的二氧化硫产生。

含硫酸的化合物遇氯化钡可形成白色沉淀，这是鉴别硫酸盐的特征反应，操作简单快捷而且准确。具体方法是取少许肥料，加 2～3 倍量的蒸馏水（一般可自行烧制），再滴加 1%的氯化钡试剂数滴，如有白色沉淀即为硫酸盐。

冒充硫酸铵的主要有氯化铵和氯化钠。目前看，用氯化铵冒充硫酸铵无任何意义。氯化钠作肥料施用有害无益，因其不含氨，所以很容易将其与硫酸铵区别。

448. 怎样识别氯化铵?

氯化铵为白色粒状结晶体，吸湿性较硫酸铵大。

氯化铵易溶于水，1 份水能溶解 0.37 份重量的氯化铵。在溶解过程中，水温无明显降低。氯化铵在烧红的炉板、铁片和木炭上能分解或升华，产生大量具强烈氨味和酸味的烟气，无残渣。用玻片接触烟气时玻片上出现雾状物。

把氯化铵在铜片上燃烧，火焰呈明亮带绿颜色。

氯离子的特征反应量与银离子作用形成氯化银白色沉淀，可取少量试样在透明杯中加入蒸馏水，溶解后逐滴加入 1%硝酸银试剂，可产生絮状白色沉淀。

449. 怎样识别其他品种氮肥?

目前市场主要供应氮肥品种除以上几种外，尚有一些作为辅助品种的产品。

① 硝酸钠，纯净品为白色晶体颗粒，易溶于水，吸湿性很强，易结块。

② 硝酸钙，通常为白色圆形颗粒或片状体，易溶于水，吸湿性也很强。

③ 硝酸铵钙，通常为颗粒状，受原料影响呈现不同颜色。物理性状较好，吸湿性较小，不易结块。

④ 硫硝酸铵，为不同颜色的颗粒，易溶于水，稍有吸湿性。

上述肥料都可以利用火柴测验鉴别有无助燃性，确定其是否含有硝酸成分。继续用燃烧过程中是否有刺激性氨味和二氧化硫出现，确定是否含有氨和硫成分。如果燃烧物的火焰是橘黄色，证明含钠成分。取肥料少许，置于透明塑料容器中，滴加 2.5%草酸水溶液，如果产生白色沉淀，证明有钙存在。

将以上几种简易测验方法组合起来，就可以对肥料进行定性的鉴定。

① 石灰氮，为化肥中唯一呈暗黑色，质地细轻，有电石气味的强碱性含氮肥料。极易吸湿结块但不溶于水。粗制石灰氮在水中残余碳化

钙可水解，因而产生气泡，可嗅到电石气味。石灰氮在试管中加热，可有具明显的氨味和电石气味的烟气产生。

② 氨水，为氨的水溶液，需在密闭容器中贮存。打开封盖即有氨气逸出，可闻到刺激性氨味。

③ 液氨，为气态氨经高压压缩形成的液态氨，是含氮量最高的一种氮肥，含氮量高达 82%以上。贮存需用耐高压容器。

450. 怎样识别过磷酸钙?

过磷酸钙以磷矿粉与硫酸为原料经反应、加工制成。成品有粉状和颗粒两种，由于原料中含有的杂质成分不同而呈灰白至棕褐色。肥料中的有效成分为水溶性磷酸一钙，而其余大部分为硫酸钙因而在水中表现为部分溶解，大部分为不溶物。

肥料酸性较强，有刺鼻酸味，pH 值在 3 左右，可用试纸测定。水溶液也有一定酸性。

过磷酸钙有吸湿性，因而可结块。将肥料块打碎，在断口处可见蜂窝状小孔。向试样滴加稀盐酸，无气泡生成。

取肥料 0.5 克，加 10 倍水，振荡、过滤。取滤液 3 毫升，滴加硝酸（1∶1）酸化，再加数滴钼酸铵，加热至产生黄色沉淀。

451. 怎样识别重过磷酸钙?

重过磷酸钙是以磷酸和磷矿粉为主要原料生产的高浓度酸性水溶性肥料，外观为灰白至褐色颗粒或粉状。

由于有游离磷酸存在，可以闻到酸味，水溶液也呈酸性，因而重过磷酸钙的吸湿性较强，容易结块，有腐蚀性。

取少量肥料放在透明杯中，加入适量凉开水并搅拌，肥料几乎能完全溶解或仅余很少量残渣。取滤液数毫升，加稀硝酸酸化，继续滴加钼酸铵测试数滴，加热产生黄色沉淀。

452. 怎样识别钙镁磷肥?

钙镁磷肥为利用磷矿石和含硅镁矿物助熔剂在高温下熔融、水淬、干燥、球磨获得的玻璃质矿物肥料。

由于原料矿物成分不同，产品呈灰白、黄棕、浅绿、墨绿和黑褐等颜色。

钙镁磷肥性质稳定，无腐蚀性，不吸湿不结块。所含磷为不溶于水的弱酸溶性磷，pH 值为 8.0～8.5。

钙镁磷肥为碱性磷肥，滴加稀盐酸有气泡产生。

取试样 0.5 克加 2%柠檬酸水溶液 10 毫升于试管中摇动数分钟，过滤。取滤液数毫升，滴加稀硝酸酸化，再滴加钼酸铵试剂数滴，加热产生黄色沉淀。

453. 怎样识别其他磷肥?

除上述过磷酸钙、重过磷酸钙、钙镁磷肥以外，还有沉淀磷酸钙、偏磷酸钙、脱氟磷酸钙、钢渣磷肥、动物骨粉和磷矿粉可供利用。这些肥料有一个共同特点，即所含有效成分除沉淀磷酸钙为磷酸二钙外，多为磷酸三钙，属弱酸溶性磷肥。

沉淀磷肥为酸法磷肥，首先由磷矿粉制取磷酸，再用石灰乳中和磷酸，生成磷酸二钙沉淀，故称沉淀磷肥。沉淀磷肥能溶于弱酸如柠檬酸，也能溶于柠檬酸铵。其他磷肥有效成分如磷酸三钙仅能溶于弱酸。磷矿粉中的磷很难利用，仅有很少一部分为弱酸溶性磷。

下面简述各种磷肥识别要点：

（1）沉淀磷肥　常为白色、灰白色、灰黄色粉末，呈中至弱酸性反应，pH 值为 5～7，不含游离酸，不吸湿、不结块。不溶于水，但能溶于弱酸和柠檬酸铵。滴加稀盐酸不产生气泡。弱酸提取液中滴加硝酸和钼酸铵试剂并加热，因发生磷酸盐反应形成黄色沉淀。

（2）偏磷酸钙　常为灰白或灰黄色粉体，稍有吸湿性，呈碱性反应，不溶于水，但能溶于柠檬酸溶液。

取少量鲜蛋清加水摇匀，加入适量偏磷酸钙 2%柠檬酸溶液，蛋白变性凝聚。另取上述溶液滴加稀硝酸酸化，再加入钼酸铵，加热产生黄色沉淀。

（3）脱氟磷肥　为浅灰至棕褐色粉末，微碱性，不溶于水但溶于弱酸。物理性好，不吸湿、不结块。

脱氟磷肥的柠檬酸提取液经硝酸酸化后再滴加钼酸铵，加热，有黄色沉淀生成。

（4）钢渣磷肥　为灰黑色粉末，是黑色冶金的副产品，碱性较强，不溶于水，而溶于弱酸。

454. 怎样识别硫酸钾与氯化钾?

农业生产应用的钾肥主要为硫酸钾和氯化钾。

硫酸钾为无色结晶颗粒，含钾（K_2O）50%，副成分硫。密度约1.3克/厘米^3，不吸湿、不结块，散落性好。加少量试样于烧红的木炭或炉板上能发出崩裂声。将少量试样溶于10余倍的水中，向液滴加2.5%的四苯硼钠溶液数滴，即有白色沉淀产生，表明有钾存在。另取试样在容器中加入1∶1稀盐酸，加热、冷却、静置，向上部清液滴加氯化钡，即有大量白色沉淀产生，证明有硫酸根存在。试样为硫酸钾。

氯化钾也为结晶颗粒，有白色和红色两种，含钾（K_2O）可达60%，副成分为氯。密度小于1克/厘米^3，吸湿性小但容易结块。试样在红火炭或炉板上也能产生崩裂声。向试样水溶液滴加四苯硼钠水溶液也能产生白色沉淀，证明有钾存在。另取试样水溶液加入硝酸银试剂，可产生白色沉淀，证明有氯存在。试样为氯化钾。

455. 怎样识别磷酸二铵?

磷酸二铵为以磷为主的二元复合肥，外观为不同颜色的圆形颗粒。国产磷酸二铵多为白色或灰白色颗粒，颗粒坚硬。进口的肥料因产地有多种颜色，美国产品多为灰褐色或灰色，颗粒坚硬，断口细腻，有光泽。突尼斯、科威特等国的产品有红褐色、褐色和灰白色，颗粒坚硬，断口细腻，有光泽。

磷酸二铵易溶于水，取少量试样在玻璃杯中，加水摇动，可成为混浊溶液，静置片刻，杯底出现不溶杂质。溶液为弱碱性，pH值为7.5～8.5。

把试样放在烧红的木炭上，肥料立即熔化，并呈沸腾状，有气泡产生，有氨味。

取少量试样用水溶解，继续加入少量钼酸铵-硝酸试液，有黄色沉淀产生。

456. 怎样识别硝酸磷肥?

硝酸磷肥的主要化学成分是磷酸铵、磷酸二钙、硝酸铵。产品外观常为灰白色圆形颗粒。在潮湿环境中能因吸湿降低颗粒强度。

部分溶于水，水溶液呈弱酸性，溶液中加入食用碱等碱性物质，可有大量气泡产生，并有氨味。向水溶液加入钼酸铵-硝酸试液可有黄色沉淀。

将硝酸磷肥放在烧红的木炭上，可产生熔化、沸腾现象，有气泡产生。将刚熄灭的火柴贴近，能重新燃烧并产生明亮火焰并伴有嗞嗞响声。

457. 怎样识别磷酸二氢钾？

磷酸二氢钾为磷钾二元复合肥，较纯净的为无色结晶体颗粒。

磷酸二氢钾易溶于水，水溶液呈酸性，pH 值为 4.5 左右。向水溶液中滴加氨水，无沉淀析出。

把磷酸二氢钾放在烧红的木炭上，灼烧时不熔化，有爆裂响声。

458. 怎样识别硝酸钾？

硝酸钾为氮钾二元复合肥，通常为无色结晶体颗粒，吸湿性弱，无臭味。

硝酸钾易溶于水，水溶液呈中性，加酸碱无反应。

取硝酸钾水溶液，加入四苯硼钠溶液少许即有白色沉淀产生。

取硝酸钾颗粒在红火炭上，易燃并产生紫色火焰。

459. 怎样识别二次加工复混肥料中的有效成分？

可按单质肥料识别方法分别进行。氮在复混肥中主要以尿素态和铵态氮形式出现，少量为硝态氮。尿素态氮和铵态氮可以利用灼烧法，使肥料中的氮以氨的形态释放被确认。硝态氮用硝酸试粉法确认。磷元素用磷钼酸比色法确认。测钾时为排除干扰成分的影响，在测定过程中试液加四苯硼钠前应加甲醛和乙二胺四乙酸二钠。

460. 肥料贮运过程中要注意什么？

农业生产中肥料投入占总生产投入比重较大，所以做好肥料有效使用，提高利用效果，尤其是杜绝直接无谓耗损意义重大。肥料在贮运过程中很容易出现损失，因此在贮运过程中对天气、运输工具、装卸作业和贮存条件都应当有所要求。

运输肥料要选择晴朗天气，运输车辆要求防雨防晒，车板平稳光滑，无钉头出露。装卸要求文明作业，轻拿轻放，防止包装破损。如有包装破损需及时修补或串袋。有些肥料如硝酸铵和硝酸钾等属强氧化剂，如遇强烈撞击或火种可能引起爆炸，尤其应当注意。

贮存化肥的库房要求通风干燥，屋顶不漏雨，地面不反潮，地面清洁无散落物。肥料不得与农药、燃油、粮食混合堆放。库房内不能有火源。一般要求库房内温度不超过 30℃，相对湿度不超过 70%。如有库房内温湿度超过室外情况，需通风降湿。

肥料在库房要求码垛、堆放整齐。肥料要按品种堆放，一般堆高 20 袋左右，易吸湿、结块品种可降低堆放高度，与库墙保持适当距离。贮存肥料的库房内外要求备有防火通道，库房内备有砂土箱、灭火器及相关灭火设备和工具。一旦发生火情，要及时报警并组织灭火。如果在冬季或临时存放，可在地势较高处用条石、水泥方或木方做成码架，上覆防湿薄膜，将肥料堆成有一定坡度的屋脊形，用苫布盖好。

461. 怎样防止肥料吸湿结块?

防止肥料吸湿结块可以从三个方面入手：

① 确保库房有适宜的温湿度。要求夏季不漏雨，不因暴晒使库房温过高。

② 保持肥料包装完整，减少肥料接触潮湿空气的机会。保持库房有良好的通风性。

③ 根据各种肥料的吸湿性，合理安排堆放位置。

肥料都具有吸湿性，但大小不同，尤以单质含氮肥料中的硝酸盐如硝酸铵、硝酸钠、硝酸钙等吸湿性最强。碳酸氢铵、尿素吸湿性也较强，硫酸铵的吸湿性较弱。磷肥中普通过磷酸钙和重过磷酸钙吸湿性较强，钙镁磷肥、沉淀磷肥、脱氟磷肥等吸湿性很弱。钾肥中的氯化钾和硫酸钾吸湿性都不大。易吸湿的肥料码放在通风处，不易吸湿的码放在避风处。调节垛堆高度，减轻堆层间压力也可缓解结块形成。结块肥料使用前需经人工或机械破碎处理，一般情况下结块肥料可用木质或金属工具破碎，但硝酸铵、硝酸钠和硝酸钾等不可用金属工具，避免引起爆炸和火灾。

462. 化学肥料有没有毒性？保管和使用需要防护吗?

在一般情况下化肥对人体是安全的，但有些化肥在特殊情况下可能对人体产生轻度危害，如氨水贮存时因容器泄漏或碳酸氢铵因吸湿潮解释放氨气和二氧化碳，对人体呼吸道和呼吸功能都是不利的。其他水溶性肥料粉末在搬运工程中黏附在皮肤上，遇汗液会形成高浓度溶液刺激或腐蚀皮肤。肥料中游离的硫酸和磷酸不但能伤害皮肤，对建筑物墙壁和地面及金属器物也有腐蚀作用。石灰氮吸湿后能聚合成双氰胺，毒性增强，应防止其粉末对呼吸道及眼黏膜产生刺激。

为维护人体安全，在搬运和粉碎肥料时应着工作装，必要时可戴口罩和手套。

叶面喷施用肥料基本无毒害，再加上喷施浓度很小，作业是安全的。但与农药混用就应提高防范意识，尤其是超低容量喷雾的雾滴很小，容易被吸入呼吸道。

463. 怎样识别进口化肥包装标志？

进口化肥包装袋上经常印有外文标志，了解这些标志会为识别、选购和使用提供很多方便。

现举例说明：

原文	译文
UREA	尿素
N 46 FCT	含氮 46%
94 * 2PK 7779175E	合同标志
50 XG NET	净重 50 千克
PRODUCT OF CANADA	加拿大产

标志的第一行为产品名称，第二行为有效成分含量，标志的中间部位的两行数字和字母是合同标志，说明合同签订的年份、代理商和进口商代号、化肥产品代号、合同编号及贸易国代号，最后一行为生产国家或地区。

464. 采购肥料选用哪种方式好？

最好是集中农户按村屯或专业生产合作社的团购形式，根据测土结果从定点肥厂批量采购肥料。这样采购肥料有几种好处，一是肥料是根据测土数据生产的，肥效有把握；二是肥料生产有地方政府和业务部门参与，肥料质量有保证；三是遇到技术和肥料质量问题处理方便。

如果当地没有肥料厂，可利用测土数据，在县乡农技相关部门指导下拟订施肥方案，根据作物种类和种植面积，计算好需要肥料品种和数量。尿素可就地采购，国内外尿素质量基本一致。磷肥中化集团产品质量稳定，全国各地都有分销处。钾肥国产数量小，可就近采购俄罗斯进口钾肥，粮食作物可用氯化钾，经济作物等可用硫酸钾。我国钾资源贫乏，进口钾又被少数公司垄断，钾肥价格居高不下，可考虑用草木灰部分代替钾肥。各种微量元素肥料和叶面喷施肥料应在有信誉的厂家选购。

组织团购能增加农户在采购肥料中的话语权，在发生质量问题时有利于维护自身的正当权益。

465. 采购肥料应该怎样询价?

询价就是采购前在市场广泛搜集价格信息，然后对各种肥料在品种间和各销售店间进行质量和价格比较，最后确定采购品种，尽量做到质价相称、物有所值。

目前化肥市场放开，鱼龙混杂。上市肥料品种繁多，品种间有效成分、含量和价格差别很大，尤其是复混肥料价格更是让人摸不着头脑。为了相互比较，首先应当了解肥料中主要营养成分氮、磷（P_2O_5）和钾（K_2O）的含量和价格。生产资料部门惯用 1 个百分单位的氮、磷和钾价格作为判断化肥价格的单位，即以化肥价格（元/吨）除以有效养分含量（%），获得 1 个（含量%）有效养分的价格。如尿素含氮 46%，价格为 2200 元/吨，则一个（%）氮为 2200÷46≈48 元。可以把这个 48 元作为一个当量与其他氮肥比较。碳酸二铵含氮 18%、磷（P_2O_5）46%。如市场价为 4500 元/吨，18 个氮市场价为 18×48＝864 元。46 个磷为 4500－864＝3636 元，相当一个磷为 3636÷48＝75.75 元。

氯化钾含钾 60%，如氯化钾市场价为 3500 元/吨，则一个钾为 3500÷60≈58 元。

有了以上氮、磷和钾价格，就可与其他任何一种肥料作比较。如价格高于标杆价格就不如直接采购尿素、磷酸二铵和氯化钾配合施用。还需指出，上述肥料中的氮磷钾均为有效成分，很容易被农作物吸收，而市场上常出现的磷矿粉、钙镁磷肥作添料的混配肥料，表面标记含磷量不少，但肥效不能保证。另外在复混肥生产中，国产尿素供应充足且价格较低，经常出现以氮顶替磷钾的情况，应予注意。

466. 怎样解读肥料产品标志？

肥料产品标志是肥料产品质量标准的重要内容，也可以说肥料产品标志是产品的“名片”。

标志详细地注明了产品的名称、等级、有效成分含量、单位包装的净含量、商标、执行标准代号、生产许可证编号、生产单位名称、地址及联系方式等。上述内容对了解肥料产品有重要作用。为了切实了解肥料的优劣，应当逐项对标志进行解析。

产品名称要求标注国家标准或行业标准已经规定的肥料名称如化学肥料、复混肥料、有机肥料、生物有机肥料、农用微生物菌剂尿素、磷酸二铵等。如有标注磷酸三铵、氨基酸二铵、腐植酸二铵不在规定内的品名，就应警惕。对商品名称或有特殊用途的肥料，应在产品名称下以小号字体标注。在产品名称前后不允许添加带有不实夸大性质的类似不良广告的修饰语，如“全元素××肥”“智能××肥”“纳米××肥”等。

等级和有效成分含量产品必须标明有效成分含量，有效成分含量越高，等级越高。氮、磷、钾三要素中，氮以氮（N,%）表示，磷以五氧化二磷（P_5O_2,%）表示，钾以氧化钾（K_2O,%）表示。微量元素肥料应分别标出各种微量元素含量及总量。产品有效成分不能重复计算，有些产品在计算含氮量时，把含氮量和含氨基酸量作为独立项目统计，有些产品把有机质和腐植酸作为独立项目统计，用以增加有效成分含量，都属违反标准行为。

产品包装上应标明净含量，计量单位有重量和容量两种。固体颗粒或粉末产品每件重量多为20千克、40千克和50千克，称量公差为设计重量的1%，分别为±0.2千克、±0.4千克和±0.5千克，平均重量不得低于设计重量。

商标即产品和服务的品牌，属厂家无形资产。商标有注册和非注册两种，注册商标受法律保护，为注册人或企业所独有，未经授权不能使用或仿制。商标在企业日常经营、广告宣传、文化建设和对外交流中有重要作用。知名商标往往表明了商品有效的信誉度。

产品执行标准代号肥料包装上应注明执行标准代号。肥料标准主要有国家标准（GB、GB/T）和行业标准（HG、NY），特殊肥料可参照国家制标原则制定企业标准（QB）。国家标准有最高的权威性，对全国肥料的生产具有普遍指导意义。

生产许可证和登记证编号：生产许可证与登记证是肥料生产必备文件。

生产单位名称、地址与联系方式标注单位必须依法注册并具备承担产品质量责任的能力。进口产品应当标明原产地和进口代理商在中国登记注册的单位名称和地址、联系方式。

467. 认真阅读肥料产品说明书有什么意义?

按有关规定，肥料产品应具备相应的产品说明书。说明书的内容除包括产品标志内容外，还要简明介绍产品的原料、生产工艺、副成分、适用范围和作用及施用方法、施用量、施用时期、贮存注意事项和安全使用常识等。对于产品的创新点和特殊性能要给予详细说明。产品说明书对于生产厂商来说是介绍产品的重要技术文件，而对于购买者来说应当是使用手册。说明书中介绍的内容体现了厂商的承诺和服务，要求用户参照说明书正确使用。在选购肥料时要求认真阅读产品说明书，掌握待购产品的性质、作用和施用技术。尤其是遇到有关肥料性质和功效的“新”理论和技术更要求厂商说明。如果说而不明，则可能“暗藏隐患”。

468. 用户在肥料采购中有哪些权益?

据《中华人民共和国消费者权益保护法》及有关的《农业法》《价格法》《产品质量法》《商标法》《民法典》的相关内容，用户有如下权利：

(1) 了解所购买、使用的肥料及接受服务的真实情况权利　有权根据肥料的特点，要求经营者提供肥料主要成分、规格、等级、产地、厂家、生产日期、有效期限、检验合格证明及服务内容等，以保证有效选择、购买所需肥料，避免上当受骗。

(2) 人身财产安全不受损害的权利　所购肥料必须符合相关的国家或企业产品质量标准。尚无国家和行业标准的要制定符合相关规定的企业标准。

(3) 自主选择肥料和服务的权利　对于有关部门的硬性派购和经营性搭配销售有权拒绝。

(4) 公平交易权　在购销过程中，农户有权获得质量保证、价格合理、计量准确等公平交易条件。

（5）因购买肥料或接受服务受到人身、财产损害的，有依法获得赔偿的权利　如因肥料质量问题造成减产和品质降低、使用掺入剧毒农药肥料造成人身伤害的，用户有权依法要求赔偿。

（6）依法成立维护自身合法权益的社团组织权利　在生产资料购销活动中，农户永远是弱势群体，只有组织起来，通过有组织的活动提高自身保护意识并对购买行为加以引导，才能规避各种风险。对各种违法经营活动可进行社会监督。

（7）获得有关消费和消费者权益保护方面知识的权利　前者包括肥料基本常识和应用技术，其中含肥料产品质量标准和计量知识。后者包括权益保护各种法律和法规。

（8）对肥料产品、服务及有关维权单位的维权工作有监督权　对商家牟取暴利、掺杂使假、销售伪劣产品可向有关部门检举。对维权部门工作不到位可提请注意。对于消费者权益维护的立法有权建议。

469. 肥料采购中客户的权益有哪些保护方式?

采购方的权益保护方式主要有自我保护、社会保护、行政保护和法律保护等。

① 自我保护是肥料采购者为维护自身权益进行的个人行为，属最初始的反应性保护，但也是主动寻求社会、行政和法律保护的基础。

② 社会保护是指肥料采购者个人与民间组织通过一定的社会活动所采取的权益保护，如通过新闻媒体向社会呼吁，争取社会援助或通过社会网络取得帮助。

③ 行政保护是指国家各级政府及所属机构依法在各自职权范围内行使行政权力，督促经营者履行义务和职责，规范经营者行为，对违反规定的经营者给予处罚，从而确保肥料采购者权益。保护用户权益的主要部门是各级农业行政主管部门及所属肥料管理机构。

④ 法律保护是指从法律角度保护用户的权益。有关的法律有《消费者权益保护法》《产品质量法》《农业法》《商标法》《广告法》《计量法》《价格法》《民法典》《刑法》及其他相关的法律。法律保护是最高级的保护形式。

470. 使用伪劣肥料造成损害，农户怎样维护自身权益?

（1）农户使用劣质肥料后发现秧苗受害或无肥效表现，应及时联系附近购买同种肥料的农户看是否有相同现象发生　如有相同现象，可组织采集受害秧苗标本并拍照、录像作为证据，会同农技部门进一步现场查验并寻求解决方法。

（2）与经销商协商解决理赔办法　一般在危害不十分严重的情况下，双方容易达成一致意见。如果危害较严重，需对使用肥料进行司法鉴定。消协可根据调查结果进行调解。按投诉内容和有关规定，需要行政部门处理的，消协有义务建议消费者直接向有关行政部门申诉。行政部门具有行政执法职能，可依据《标准化法》《产品质量法》《消费者权益保护法》等维护农户的合法权益。

（3）向人民法院提起诉讼　一般因使用劣质肥料造成大面积减产引起严重后果时，用肥农户和单位可直接向当地法院起诉。

471. 怎样保管贮存化肥?

大多数化肥易溶于水，很容易吸湿潮解，有些化肥还具助燃、有毒等特性，在贮存时必须做好防潮、防火、防热、防毒、防腐蚀等“五防”工作。

（1）化肥的运输　化肥一般都有包装，运输时只需用普通运输工具即可。一般长途运输都是利用火车和轮船，中、短途运输用汽车、拖拉机、各种人力车等。车子要选用车身干燥、板面平整、没有钉头的，以防车辆运行途中损坏包装。还要备有防雨防晒的遮盖物，防止日晒雨淋。散装化肥的运输工具，最好选用棚车和舱盖严密的船只运输。

除做好防雨防潮外，还须注意下列各项。

① 任何化肥，最好用专车专船装运，千万不要与食物混装，以免引起食物变质中毒，对硝酸盐类化肥更应特别注意。

② 防热防晒，隔离火源。硝酸铵等肥料对热的敏感性大，属助燃爆炸品种，尤须注意。

③ 运输散装过磷酸钙等腐蚀性较强的化肥，要在化肥上面铺放隔离物，以避免加盖的苫布腐烂。

④ 装卸时，按照品种分装分卸，轻拿轻放，保持包装的完整。

（2）贮存方法

① 包装化肥的堆码方法。化肥仓库中常用的堆码方法有“一套二”“二套三”“三套四”“一字形”及“井字形”等方法。前三种堆码法稳固，包装之间缝隙小，比后两种方法提高仓容量20%以上。堆码的高

度：一般纸袋或单层塑料袋以 8～12 袋的高度适宜；麻袋、布袋等也不应超过 30 包。堆码的大垛与小垛，品种与品种之间，应留有人行道，离墙要有 30～50 厘米的距离，便于检查、防止潮湿和损坏墙壁。

② 散装化肥的贮存和堆码。常见的散装化肥如过磷酸钙，稳定性虽好，但腐蚀性大，一般采用专仓或分堆贮存，在库房墙壁上涂抹一层水泥防腐和用三合土地面防潮。散装化肥的堆码，可堆成宝塔形，也可通仓大堆，但靠墙壁四周最好堆一米左右为宜。

③ 露天贮存。化肥一般不宜露天贮存。但是化肥数量大、用肥时间集中时，在仓库不足的情况下，也可以采用露天贮存，必须防雨防潮，密封良好，一般选择地势稍高、地面干燥的地方，用条石或水泥做成码架，高出地面 30 厘米左右，垫上竹席或芦席，再铺上一层塑料膜，将化肥堆成平稳整齐的屋脊形，然后用大幅塑料布等把化肥盖好，外用绳捆牢，基本做到了防雨防风、防潮，收到较好的效果。

④ 在库分存。化肥品种多，性质复杂，在仓库贮存时不能混堆或混存，以免引起化学变化，降低肥效，发生事故。更不能把食物、作物种子与化肥混合存放在一个仓库里，以防食物变质中毒和影响种子质量。

（3）化肥仓库的安全管理　由于化肥在仓库中存放的时间较长，数量也大，所以更需要经常做好“五防”工作。

化肥仓库的库内温度以低于 30℃，相对湿度以 60%～70%为适宜，在贮存过程中，要经常掌握库房内外温湿度的变化情况，并及时进行调节。一般利用晴天、早晚温度较低时进行通风较好。夏季的通风时间，最好在入夜以后，以防傍晚地面蒸发的热气进入库内。在阴雨天气，库外相对湿度超过 80%时，不宜进行通风。

化肥仓库一定要严禁火源，应经常备有消防水、砂土、消防带、灭火器等。万一发生火灾，硝酸铵不能使用各种灭火剂，应先用砂土压盖再用加压水枪扑灭。仓库保管人员，在搬运、堆码、换包、翻堆转垛时，应戴好工作帽、口罩和手套。搬运硝酸铵等化肥时，不要吸烟，不要重摔猛击，防止引起燃烧和爆炸。

472. 化肥能不能与农药混合施用？

化肥与农药的配合施用是近年来农业上采用的一项新技术，它是随化肥可用作农药载体而发展起来的。实践表明，化肥同农药混用在生产上和经济上都是可行的。它的主要优点是：

① 减少操作，节省劳力，提高工效。

② 提高肥效和药效。

③ 降低农药成本（化肥代替农药中的填充剂），减少了农药的毒害（化肥稀释了农药的浓度）。

农业上采用这一项技术时应严格遵循以下原则：

① 不能因混合施用而降低肥效和药效，并对作物无害。

② 混合物物理、化学性质稳定，化肥和农药的施用时间和施用部位必须一致。

③ 肥料与农药混合的剂型主要有固体与液体两类。前者将固体农药直接与固体化肥混合，或者将液体农药喷在固体化肥上，或在化肥生产过程中将农药加入，一起制成颗粒。后者是将固体农药和液体农药混入液体化肥。

目前国内外采用的与化肥混用的农药，以除草剂最多，杀虫剂次之，杀菌剂较少。

（1）化肥与除草剂混用

① 化肥对除草剂药效的影响。除草剂与化肥混用比单用时分布更均匀，扩大了对杂草的杀伤面，从而提高了除草剂的功效。同时，化肥也能影响植物对除草剂的吸收和除草剂的作用机制。氮肥能提高除草剂的药效，促进了植物对除草剂的吸收作用。

② 除草剂对肥效的影响。除草剂具有一定的毒性，能影响微生物的活动，因此，在一定程度上也影响微生物对化肥的转化作用，从而影响肥效。

（2）化肥与杀虫剂混用　目前与化肥混用的杀虫剂主要是指防治地下害虫的农药和具有内吸作用的有机磷农药，它们混用后互不影响施用效果。如有机氯农药性质比较稳定，残效期长，与化肥混合后，药效一般不受影响。据试验，有机氯农药与化肥混合后，在30℃经1个月，农药仍有很好的稳定性，8个月后药效仅降低50%。

（3）化肥同农药混合施用注意事项

① 化肥-农药混剂的配制（成分、比例）比较复杂，既要考虑作物营养又要兼顾治虫和除草，涉及因素很多，如土壤肥力、化肥成分及养分含量、作物种类、药剂类型、杂草病虫害程度及有效防治时期、残毒等。碱性肥料如氨水、草木灰等忌与敌百虫、速灭威、甲基硫菌灵、多菌灵、异丙威、菊酯类杀虫剂等农药混用，否则会降低药效。碱性农药

如石硫合剂、波尔多液、松脂合剂等忌与碳酸氢铵、硫酸铵、硝酸铵和氯化铵等铵态氮肥和过磷酸钙等化肥混用，否则会使氨挥发，降低肥效。化学肥料忌与微生物农药混用，因为化学肥料挥发性、腐蚀性都很强，若与微生物农药，如杀螟杆菌、青虫菌等混用，则易杀死微生物，降低防治效果。

② 液体混剂最好现用现配，以免发生变化，应边施边搅动，直搅到喷完为止。

附 录

附录1 常用氮肥的成分、性质和施用技术要点

肥料名称		化学成分	含氮(N)量/%	性质和特点	施用技术要点
铵态氮肥	液氮	NH_3	82	沸点很低,极易挥发,在常温、常压下为气体,在17～20个大气压(1个标准大气压=101.325千帕)时为液体	常用施肥机械深施20厘米左右
	碳酸氢铵	NH_4HCO_3	16.8～17.5	白色晶体,化学性质不稳定;易溶于水、吸湿性强,易分解、挥发,有强烈的氨味;湿度越大,温度越高,分解越快	贮存时要防潮、低温、密闭。施用时应深施覆土,作基肥、追肥均可,但不可作种肥
	硫酸铵	$(NH_4)_2SO_4$	20～21	吸湿性小,是生理酸性肥料。易溶于水,作物易吸收	宜作种肥,作基肥、追肥均可。施于石灰性土壤应深施覆土,防止挥发。酸性土壤长期施用时,应配合施用有机肥或石灰

续表

肥料名称		化学成分	含氮(N)量/%	性质和特点	施用技术要点
铵态氮肥	氯化铵	NH_4Cl	24～25	吸湿性小，是生理酸性肥料。易溶于水，作物易吸收	可作基肥、追肥，不适合作种肥。盐碱地和对氯敏感的作物不宜施用。施于水田的效果较好
硝态氮肥	硝酸铵	NH_4NO_3	34～35	吸湿性强，易结块，是生理中性肥料，无副成分，易燃。注意防潮，不要和易燃物同存	适用于各类土壤和各种作物，但因吸湿性强不宜作种肥，水田应用效果差，施用时应及时覆土
酰胺态氮肥	尿素	$CO(NH_2)_2$	44～46	具有一定吸湿性，转化特性与土壤湿度、温度等有关，温度越高转化越快	适用于各类土壤和作物。适宜作基肥和追肥用

附录 2　常用磷肥的成分、性质和施用技术要点

肥料名称		化学成分	含磷(P_2O_5)量/%	性质和特点	施用技术要点
水溶性磷肥	过磷酸钙	$Ca(H_2PO_4)_2 \cdot H_2O$ 和 $CaSO_4 \cdot 2H_2O$	12～18	粉状，灰白色，有吸湿性和腐蚀性，稍有酸味。所含磷酸大部分易溶于水，呈酸性反应。肥料中含有40%～50%的石膏($CaSO_4 \cdot 2H_2O$)，石膏不溶于水	可作基肥、种肥，尤以苗期效果好。如需作追肥，必须开沟深施于根系附近，表施效果差。也可作根外追肥。适用于中性或碱性土壤，在酸性土壤上应配合施用石灰或有机肥料

续表

肥料名称		化学成分	含磷(P_2O_5)量/%	性质和特点	施用技术要点
水溶性磷肥	重过磷酸钙	$Ca(H_2PO_4)_2 \cdot CaHPO_4$	36～52	灰白色粉状或颗粒,有吸湿性,易溶于水。重过磷酸钙中不含石膏,无副成分,磷的含量相当于普通过磷酸钙的2倍或3倍,所以又称为双料或三料过磷酸钙	适用于各类土壤和各种作物。作基肥、种肥均可。施用方法与普通过磷酸钙相同,但施用量应减少一半以上
弱酸溶性磷肥	钙镁磷肥	α-$Ca_3(PO_4)_2$、CaO、MgO、SiO_4 等	14～18	灰绿色粉末,不溶于水,不吸湿,不结块,便于运输和贮藏,呈碱性反应,所含磷酸能溶于弱酸。在土壤中移动性小,不流失	适用于酸性土壤,一般作基肥用,施于根层。用于蘸秧根、拌稻种,效果明显。在石灰性缺镁土壤上施用,效果明显。但肥效不如过磷酸钙
	脱氟磷肥	α-$Ca_3(PO_4)_2$ 及 $Ca_4P_2O_9$	20～30	深灰色粉末,不吸湿,不结块,化学性质与钙镁磷肥相似。磷的含量随矿石质量而定	可作基肥。对各种作物均有效果,在酸性土壤上效果高于普通过磷酸钙、钙镁磷肥和磷矿粉
难溶性磷肥	磷矿粉		>14	呈灰、棕、褐等颜色,形状似土,不吸湿,不结块。有点磷矿粉光泽	适合在酸性土壤上作基肥,撒施并结合耕翻。有后效,可每隔3～5年施一次
	骨粉		22～33	灰白色粉末,不吸湿,含有1%～3%的氮素	可作基肥,适合在酸性土壤上施用。在有的地区应与有机肥料共同堆沤后施用。肥效比磷矿粉高。水田施用易产生漂浮现象,效果不好,应提前进行发酵

附录 3 常用钾肥的成分、性质和施用技术要点

肥料名称	化学成分	含钾(K_2O)量/%	性质和特点	施用技术要点
硫酸钾	K_2SO_4	48～52	白色或淡黄色晶体，易溶于水，作物易吸收利用，吸湿性弱，是生理酸性肥料	适用于各种作物，尤其是烟草、亚麻、葡萄、马铃薯及茶等，效果比氯化钾好。作基肥或追肥，应适当深施，集中使用。追肥宜早，早期追施效果优于晚期
氯化钾	KCl	50～60	白色或粉红色晶体，易溶于水，作物易吸收利用，吸湿性弱，是生理酸性肥料	与硫酸钾基本相同，但对氯敏感作物不宜施用。不宜施于盐碱地、低洼地
草木灰	主要为 K_2CO_3、K_2SO_4、K_2SiO_3 等	5～10	是含钾较多的农家肥。主要成分能溶于水，呈碱性反应。除含钾外，还有磷及各种微量元素	适用于各种土壤和作物，可作基肥或追肥，开沟施入。为了防止氨挥发，不可和人粪尿或铵态氮肥混合施用

附录 4 主要肥料执行标准目录

序号	产品通用名称	执行标准
1	复合肥料	GB/T 15063—2020
2	有机无机复混肥料	GB/T 18877—2020
3	农用微生物菌剂	GB 20287—2006
4	掺混肥料(BB 肥)	GB/T 21633—2020
5	缓释肥料	GB/T 23348—2009
6	含腐植酸水溶肥料	NY 1106—2010
7	大量元素水溶肥料	NY/T 1107—2020
8	微量元素水溶肥料	NY 1428—2010
9	含氨基酸水溶肥料	NY 1429—2010
10	中量元素水溶肥料	NY 2266—2012
11	尿素硝酸铵溶液及使用规程	NY/T 2670—2020
12	有机肥料	NY/T 525—2021

续表

序号	产品通用名称	执行标准
13	生物有机肥	NY 884—2012
14	农林保水剂	NY/T 886—2022
15	复合微生物肥料	NY/T 798—2015
16	有机水溶肥料　通用要求	NY/T 3831—2021
17	肥料级硫酸铵	GB/T 535—2020
18	尿素	GB/T 2440—2017
19	农业用碳酸氢铵	GB/T 3559—2001
20	氯化铵	GB/T 2946—2018
21	工业氨水	HG/T 5353—2018
22	硝酸铵	GB/T 2945—2017
23	农业用硝酸铵钙及使用规程	NY/T 2269—2020
24	硝酸磷肥、硝酸磷钾肥	GB/T 10510—2023
25	磷酸一铵、磷酸二铵	GB/T 10205—2009
26	肥料级磷酸二氢钾	HG/T 2321—2016
27	肥料级聚磷酸铵	HG/T 5939—2021
28	过磷酸钙	GB/T 20413—2017
29	重过磷酸钙	GB/T 21634—2020
30	钙镁磷肥	GB/T 20412—2021
31	含硅水溶肥料	NY/T 3829—2021
32	非水溶中量元素肥料	NY/T 3830—2021
33	肥料级氰氨化钙	HG/T 2427—2021
34	农业用硫酸钾	GB/T 20406—2017
35	硫酸钾镁肥	GB/T 20937—2018
36	农业用硝酸钾	GB/T 20784—2018
37	肥料级氯化钾	GB/T 37918—2019
38	黄腐酸钾	HG/T 5334—2018
39	硫包衣尿素	GB/T 29401—2020
40	硅肥	NY/T 797—2004
41	肥料增效剂　海藻酸	HG/T 5932—2021

肥料标准相关内容

参考文献

[1] 陈婧婷. 密度、炭基有机肥、氮肥交互作用对甜菜（*Beta vulgaris* L.）氮素同化代谢的影响［D］. 哈尔滨：东北农业大学，2021.

[2] 陈伦寿，陆景陵. 合理施肥知识问答［M］. 北京：中国农业大学出版社，2006.

[3] 陈苇，卢婉芳. 稻田脲酶抑制剂对^{15}N-尿素去向的影响［J］. 核农学报，1997，11（3）：151-156.

[4] 陈温福，张伟明，孟军，等. 生物炭应用技术研究［J］. 中国工程科学，2011，13（2）：83-89.

[5] 陈温福，张伟明，孟军. 农用生物炭研究进展与前景［J］. 中国农业科学，2013，46（16）：3324-3333. doi：10. 3864/j. issn. 0578-1752. 2013. 16. 003.

[6] 范立春，孙磊，王丽华，等. 聚脲甲醛（MU）缓释氮肥一次性基施在水稻上的应用效果［J］. 黑龙江农业科学，2019（10）：34-41.

[7] 高海英，陈心想，张雯，等. 生物炭和生物炭基氮肥的理化特征及其作物肥效评价［J］. 西北农林科技大学学报（自然科学版），2013，41（4）：69-78，85.

[8] 谷佳林，李亚星，徐秋明，等. 一种脲醛泡沫植物栽培基质及其制备方法：CN101134803B［S］. 2010-12-08.

[9] 关瑞，张民，诸葛玉平，等. 控释氮肥一次性基施提高谷子产量和氮素利用率［J］. 植物营养与肥料学报，2019，25（4）：639-646.

[10] 何绪生，张树清，佘雕，等. 生物炭对土壤肥料的作用及未来研究［J］. 中国农学通报，2011，27（15）：16-25.

[11] 胡建民，苗俊艳，许秀成. 脲甲醛缓释肥料的研究进展与聚脲甲醛缓释肥料新工艺介绍［J］. 磷肥与复肥，2021，36（11）：18-20.

[12] 胡迎春，韩云良，施成晓，等. 氮肥减量下缓释肥和尿素配施对黄土高原春玉米氮素利用和产量效益的影响［J］. 西北农业学报，2019，28（7）：1068-1078.

[13] 黄丽娜，樊小林. 脲甲醛肥料对小白菜产量和氮肥利用率的影响［J］. 西北农林科技大学学报（自然科学版），2012，40（11）：42-46，52.

[14] 黄丽娜，魏守兴. 脲甲醛肥料合成及应用研究现状［J］. 农学学报，2015，5（7）：76-80.

[15] 黄巧义，张木，黄旭，等. 聚脲甲醛缓释氮肥一次性基施在双季稻上的应用效果［J］. 中国农业科学，2018，51（20）：3996-4006.

[16] 黄庆，刘忠珍，朱根发，等. 生物质炭基肥料及作物施用技术研究进展［J］. 广东农业科学，2021，48（1）：26-34.

[17] 金丹丹，宫亮，李波，等. 2 种缓/控释肥对滨海盐碱地区水稻产量及氮代谢的影响. 水土保持学报，2020，34（4）：334-339.

[18] 景建元，袁亮，张水勤，等. 腐殖酸磷肥中的腐殖酸对磷迁移的影响及机理［J］. 中国农业科学，2021，54（23）：5032-5042.

[19] 李学红，李东坡，武志杰，等. 添加 NBPT/DMPP/CP 的高效稳定性尿素在黑土和褐土中的施用效应［J］. 植物营养与肥料学报，2021，27（6）：957-968.

[20] 李占军，孙铁男. 肥料实用技术问答［M］. 哈尔滨：哈尔滨地图出版社，2010.

[21] 林清火，刘海林，杨凯，等. 脲醛缓释肥料棒氮素缓释特性研究 [J]. 中国土壤与肥料，2018 (4)：153-158.

[22] 刘兵. 脲甲醛缓控释肥料在大田作物上应用效应及产业化发展途径研究 [D]. 扬州：扬州大学，2006.

[23] 柳丽敏，张思虹，支云飞，等. 包膜肥料最新研究进展 [J]. 现代化工，2018，38 (7)：26-30.

[24] 卢婉芳，陈苇，王德仁. 脲酶抑制剂 (NBPT) 对提高尿素氮利用率的研究 [J]. 中国农学通报，1990，6 (2)：23-25.

[25] 罗松平. 喀斯特黄壤养分化学计量和微生物群落对生物炭添加的响应 [D]. 重庆：西南大学，2021.

[26] 吕金岭，寇长林，于冬梅. 聚脲甲醛缓释肥与尿素不同配比对潮土小麦产量及氮肥利用率的影响 [J]. 磷肥与复肥，2021，36 (6)：45-48.

[27] 吕金岭，王小非，李太魁，等. 不同施肥方式下砂姜黑土冬小麦-夏玉米轮作农田氨挥发特征及排放系数 [J]. 中国生态农业学报 (中英文)，2020，28 (12)：1869-1879.

[28] 吕云峰. 脲甲醛缓释肥料 [J]. 磷肥与复肥，2009，24 (6)：8-10.

[29] 孟军，陈温福. 中国生物炭研究及其产业发展趋势 [J]. 沈阳农业大学学报 (社会科学版)，2013，15 (1)：1-5.

[30] 倪露，白由路，杨俐苹，等. 不同组分脲甲醛缓释肥的夏玉米肥料效应研究 [J]. 中国农业科学，2016，49 (17)：3369-3378.

[31] 乔志刚. 不同生物质炭基肥对不同作物生长、产量及氮肥利用率的影响研究 [D]. 南京：南京农业大学，2013.

[32] 邵蕾，张民，陈学森，等. 控释氮肥对土壤和苹果树氮含量及苹果产量的影响 [J]. 园艺学报，2007，34 (1)：43-46.

[33] 宋湛谦，李建法，高宏. 改性脲醛土壤稳定剂及其制备方法：CN1257250C [S]. 2006-05-24.

[34] 宋志伟，于玉红. 农业节肥节药技术 [M]. 北京：中国农业出版社，2017.

[35] 孙凯宁，袁亮，李絮花，等. 增值尿素对氨挥发和土壤脲酶活性的影响 [J]. 山东农业科学，2010，42 (6)：60-62，71.

[36] 孙祥鑫，李东坡，武志杰，等. 持续施用缓/控释尿素条件下水田土壤 NH_3 挥发与 N_2O 排放特征 [J]. 应用生态学报，2016，27 (6)：1901-1909.

[37] 唐拴虎，张发宝，黄旭，等. 缓/控释肥料对辣椒生长及养分利用率的影响 [J]. 应用生态学报，2008，19 (5)：986-991.

[38] 王静，王允青，张凤芝，等. 脲酶/硝化抑制剂对沿淮平原水稻产量、氮肥利用率及稻田氮素的影响 [J]. 水土保持学报，2019，33 (5)：211-216.

[39] 王茂莹，漆增连，代兴龙，等. 不同缓/控释尿素对小麦生长及氮素利用的影响 [J]. 植物营养与肥料学报，2021，27 (4)：643-653.

[40] 王小彬，Bailey L D，Grallt C A，等. 关于几种土壤脲酶抑制剂的作用条件 [J]. 植物营养与肥料学报，1998，4 (3)：211-218.

[41] 武志杰，石元亮，李东坡，等. 稳定性肥料发展与展望 [J]. 植物营养与肥料学报，2017，23 (6)：1614-1621.

[42] 奚振邦. 试论缓释氮肥及其农业化学评价 [J]. 磷肥与复肥，2003，18 (5)：1-5.

[43] 席瑶瑶，赵贵哲，刘亚青. 磷酸盐改性脲甲醛缓控释肥的制备及性能研究 [J]. 广东农业科学，2022，49 (2)：54-63.

[44] 邢礼军，李亚星，徐秋明，等. 一种脲醛控释肥料的合成方法：CN1218907C [S]. 2005-09-14.

[45] 许秀成，李药萍，王好斌. 脲甲醛肥料在我国发展的可行性 [J]. 磷肥与复肥，2009，24 (6)：5-7.

[46] 杨芳芳. 盐碱胁迫下炭基有机肥对甜菜生长及其根际土壤特性的影响 [D]. 哈尔滨：东北农业大学，2019.

[47] 杨军芳，黄少辉，邢素丽，等. 脲甲醛缓释肥在冬小麦上的肥料效应研究 [J]. 河北农业科学，2017，21 (5)：47-52.

[48] 于立芝，李东坡，俞守能，等. 缓/控释肥料研究进展 [J]. 生态学杂志，2006，25 (12)：1559-1563.

[49] 俞巧钢，符建荣. 含 DMPP 抑制剂尿素的氨挥发特性及阻控对策研究 [J]. 农业环境科学学报，2009，28 (4)：744-748.

[50] 袁亮，赵秉强，林治安，等. 增值尿素对小麦产量、氮肥利用率及肥料氮在土壤剖面中分布的影响 [J]. 植物营养与肥料学报，2014，20 (3)：620-628.

[51] 原鲁明，赵立欣，沈玉君，等. 我国生物炭基肥生产工艺与设备研究进展 [J]. 中国农业科技导报，2015，17 (4)：107-113.

[52] 张海军，武志杰，李荣华，等. 控释氮肥对土壤 NH_4^+-N、NO_3^--N 及番茄产量和质量的影响 [J]. 土壤通报，2004，35 (1)：30-34.

[53] 张蕾，王玲莉，房娜娜，等. 稳定性肥料在中国不同区域的施用效果及施用量 [J]. 植物营养与肥料学报，2021，27 (2)：215-230.

[54] 张桥，樊小林. 我国控释肥料生产应用现状与发展对策 [J]. 广东农业科学，2005，32 (1)：52-53.

[55] 张水勤. 不同腐植酸级分的结构特征及其对尿素的调控 [D]. 北京：中国农业大学，2018.

[56] 张文辉，丁巍巍，张勇，等. 脲甲醛缓释肥料的研究进展 [J]. 化工进展，2011，30 (S1)：437-441.

[57] 张英强，袁亮，张水勤，等. 葡萄糖改性尿素的反应特征及其对尿素转化率的影响 [J]. 植物营养与肥料学报，2022，28 (2)：325-333.

[58] 张志浩. 生物炭基肥对三种类型植烟土壤微生物多样性及烤烟生长的影响 [D]. 郑州：河南农业大学，2019.

[59] 赵秉强. 新型肥料 [M]. 北京：科学出版社，2013.

[60] 赵秉强. 增值肥料概论 [M]. 北京：中国农业科学技术出版社，2020.

[61] 赵福军，李子芬，傅送保，等. 一种低醛长效脲醛缓释肥的制备方法：CN101353270B [S]. 2012-07-25.

[62] 赵蒙，曾科，姚元林，等. 聚脲甲醛缓释肥对太湖稻麦轮作体系氨挥发及产量的影响 [J]. 植物营养与肥料学报，2019，25 (1)：55-63.

[63] 周丽平，杨俐苹，白由路，等. 夏玉米施用不同缓释化处理氮肥的效果及氮肥去向 [J]. 中国农业科学，2018，51 (8)：1527-1536.

[64] 周旋，吴良欢，戴锋，等. 生化抑制剂组合与施肥模式对黄泥田稻季氨挥发的影响 [J]. 农

业环境科学学报，2018，37（2）：399-408.

[65] 朱永绥. 脲醛复合肥的生产方法：CN1138728C [S]. 2004-02-18.

[66] ALEXANDER A，HELM H U. Ureaform as a slow release fertilizer：a review [J]. Zeitschrift Für Pflanzenernährung Und Bodenkunde，1990，153（4）：249-255.

[67] AMBERGER A. Research on dicyandiamide as a nitrification inhibitor and future outlook [J]. Communications in Soil Science and Plant Analysis，1989，20（19/20）：1933-1955.

[68] BRASSARD P，GODBOUT S，RAGHAVAN V. Soil biochar amendment as a climate change mitigation tool：key parameters and mechanisms involved [J]. Journal of Environmental Management，2016，181：484-497.

[69] BYRNE M，TOBIN J，FORRESTAL P，DANAHER M，NKWONTA C，RICHARDS K，CUMMINS E，HOGAN S，O'CALLAGHAN T. Urease and nitrification inhibitors-as mitigation tools for greenhouse gas emissions in sustainable dairy systems：a review [J]. Sustainability，2020，12（15）：6018.

[70] CARTER M F，VLEK P L G，TOUCHTON J T. Agronomic evaluation of new ureaforms for flooded rice [J]. Soil Science Society of America Journal，1986，50（4）：1055-1060.

[71] CHALK P M，CRASWELL E T，POLIDORO J C，et al. Fate and efficiency of ^{15}N-labelled slow-and controlled-release fertilizers [J]. Nutrient Cycling in Agroecosystems，2015，102（2）：167-178.

[72] CHEN W F，MENG J，HAN X R，et al. Past，present，and future of biochar [J]. Biochar，2019，1（1）：75-87.

[73] DELGADO J A，MOSIER A R. Mitigation alternatives to decrease nitrous oxides emissions and urea-nitrogen loss and their effect on methane flux [J]. Journal of Environmental Quality，1996，25（5）：1105-1111.

[74] ELLIOT J，FOX T. Ammonia volatilization following fertilization with urea or ureaform in a thinned loblolly pine plantation [J]. Soil Science Society of America Journal，2014，78：1469-1473.

[75] FAN X H，LI Y C. Nitrogen release from slow-release fertilizers as affected by soil type and temperature [J]. Soil Science Society of America Journal，2010，74（5）：1635-1641.

[76] FULLER W H，CLARK K G. Microbiological studies on urea-formaldehyde preparations [J]. Soil Science Society of America Journal，1948，12：198-202.

[77] HADAS A，PELED A，KAFKAFI U. Ureaform as a nitrogen fertilizer for bananas [J]. Experimental Agriculture，1976，12（2）：121-128.

[78] LI Y F，HU S D，CHEN J H，et al. Effects of biochar application in forest ecosystems on soil properties and greenhouse gas emissions：a review [J]. Journal of Soils and Sediments，2018，18（2）：546-563.

[79] LIU G Y，YANG Z P，DU J，et al. Adding NBPT to urea increases N use efficiency of maize and decreases the abundance of N-cycling soil microbes under reduced fertilizer-N rate on the North China Plain [J]. PLoS One，2020，15（10）：e0240925.

[80] LIU J L，YANG Y C，GAO B，et al. Bio-based elastic polyurethane for controlled-release urea fertilizer：Fabrication，properties，swelling and nitrogen release characteristics [J].

Journal of Cleaner Production, 2019, 209: 528-537.

[81] MA X X, CHEN J Q, YANG Y C, et al. Siloxane and polyether dual modification improves hydrophobicity and interpenetrating polymer network of bio-polymer for coated fertilizers with enhanced slow release characteristics [J]. Chemical Engineering Journal, 2018, 350: 1125-1134.

[82] MODOLO L V, DE SOUZA A X, HORTA L P, et al. An overview on the potential of natural products as ureases inhibitors: a review [J]. Journal of Advanced Research, 2015, 6 (1): 35-44.

[83] NING J F, AI S Y, CUI L H. Dicyandiamide has more inhibitory activities on nitrification than thiosulfate [J]. PLoS One, 2018, 13 (8): e0200598.

[84] PAN B B, LAM S K, MOSIER A, et al. Ammonia volatilization from synthetic fertilizers and its mitigation strategies: A global synthesis [J]. Agriculture, Ecosystems & Environment, 2016, 232: 283-289.

[85] QIAO C L, LIU L L, HU S J, et al. How inhibiting nitrification affects nitrogen cycle and reduces environmental impacts of anthropogenic nitrogen input [J]. Global Change Biology, 2015, 21 (3): 1249-1257.

[86] RECIO J, VALLEJO A, LE-NOË J, et al. The effect of nitrification inhibitors on NH_3 and N_2O emissions in highly N fertilized irrigated Mediterranean cropping systems. Science of the Total Environment, 2018, 636: 427-436.

[87] SHRESTHA G, TRAINA S, SWANSTON C. Black carbon's properties and role in the environment: a comprehensive review [J]. Sustainability, 2010, 2 (1): 294-320.

[88] SIMSIMAN G V, DE DATTA S K, MOOMAW J C. Sources of nitrogen and methods of application for flooded rice: I. comparison of two methods of applying slow release and standard fertilizer materials [J]. The Journal of Agricultural Science, 1967, 69 (2): 189-196.

[89] TLUSTOS P, BLACKMER A M. Release of nitrogen from ureaform fractions as influenced by soil pH [J]. Soil Science Society of America Journal, 1992, 56 (6): 1807-1810.

[90] TOLLENS B. Ueber den methylen-harnstoff [J]. Berichte Der Deutschen Chemischen Gesellschaft, 1896, 29 (3): 2751-2752.

[91] TOLLENS B. Ueber einige derivate des formaldehyds [J]. Berichte der Deutschen Chemischen Gesellschaft, 1884, 17: 653-659.

[92] TRENKEL M E. Improving fertilizer use efficiency-controlled release and stabilized fertilizers in agriculture [C]. Paris: IFA, 1997.

[93] WU K K, GONG P, ZHANG L L, et al. Yield-scaled N_2O and CH_4 emissions as affected by combined application of stabilized nitrogen fertilizer and pig manure in rice fields [J]. Plant Soil and Environment, 2019, 65 (10): 497-502.

[94] XU X K, ZHOU L K, VAN CLEEMPUT O, et al. Fate of urea-^{15}N in a soil-wheat system as influenced by urease inhibitor hydroquinone and nitrification inhibitor dicyandiamide [J]. Plant and Soil, 2000, 220: 261-270.

[95] ZERULLA W, BARTH T, DRESSEL J, et al. 3, 4-Dimethylpyrazole phosphate (DMPP)-a new nitrification inhibitor for agriculture and horticulture-An introduction [J]. Biol-

ogy and Fertility of Soils, 2001, 34 (2): 79-84.

[96] ZHANG A F, LIU Y M, PAN G X, et al. Effect of biochar amendment on maize yield and greenhouse gas emissions from a soil organic carbon poor calcareous loamy soil from Central China Plain [J]. Plant and Soil, 2012, 351 (1/2): 263-275.

[97] ZHANG A, CUI L Q, PAN G, et al. Effect of biochar amendment on yield and methane and nitrous oxide emissions from a rice paddy from Tai Lake plain, China [J]. Agriculture, Ecosystems \ &Environment, 2010, 139 (4): 469-475.

[98] ZHANG S G, YANG Y C, GAO B, et al. Superhydrophobic controlled-release fertilizers coated with bio-based polymers with organosilicon and nano-silica modifications [J]. Journal of Materials Chemistry A, 2017, 5 (37): 19943-19953.